1級もくじ

検定試験各部門のポイント　－学習を進めていく前に－	
速度	●　基本的に「入力の正確性」が重視されています。 ●　「審査者によって審査結果が異ならない」審査基準が採用されています。
実技	●　いくつかあるバリエーションから、実施回によって出題内容が異なります。 本冊 **様々なタイプの問題を登載し、どの問題形式にも対応できるようにしています。**
筆記	●　実務で必要な「機械・文書」の用語を問う内容が出題されます。 ●　ワープロソフトを利用して作文するのに必要な「ことばの知識」を問う内容が出題されます。 本冊 **頻出事項を網羅し、「特に注意して覚えたい箇所」を青字で登載しています。**
模擬	本冊 **実際の検定試験に沿った内容の模擬問題を登載しています。**

1 書式・初期設定（Word2019）

①リボンについて

Word2019（2016）では、ユーザーインターフェースの一部として「リボン」が使用されています。リボンは、常に表示される「タブ」と、表や図などを選択したときに表示される[コンテンツタブ]の２種類に分かれます。

A．ユーザーインターフェースの構成

B．タブ　※ビジネス文書実務検定試験では使用しない[参考資料]・[差し込み印刷]・[校閲]は省略します。

①[ファイル]タブ　ファイルに対する操作（開く・保存・印刷）やオプションの設定を行います。

②[ホーム]タブ　フォントや段落などの編集作業の操作を行います。

③[挿入]タブ　表や画像、図形などの挿入やヘッダーを設定する作業の操作を行います。

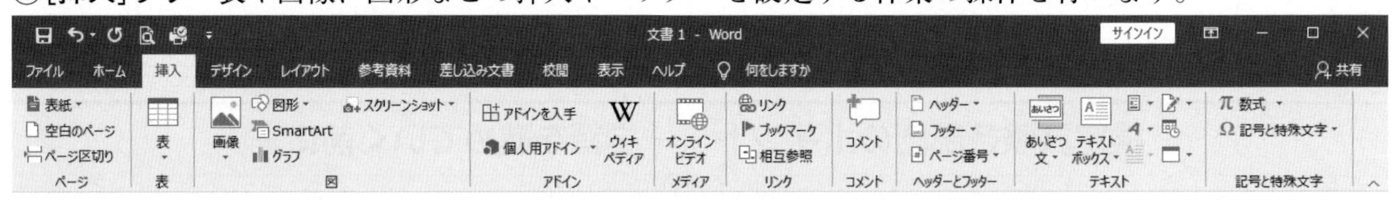

④[デザイン]タブ　透かしを挿入する作業の操作を行います。

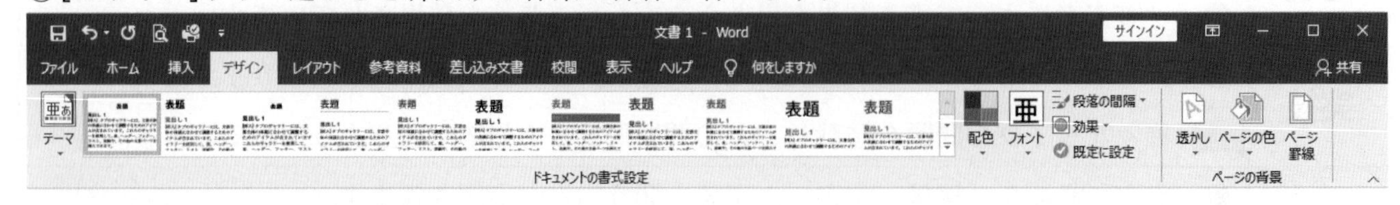

⑤[レイアウト]タブ　書式設定の作業の操作を行います。

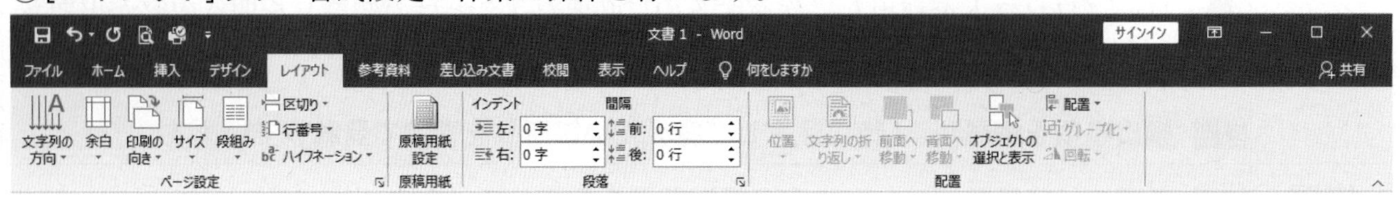

⑥[表示]タブ　画面表示を設定する操作を行います。

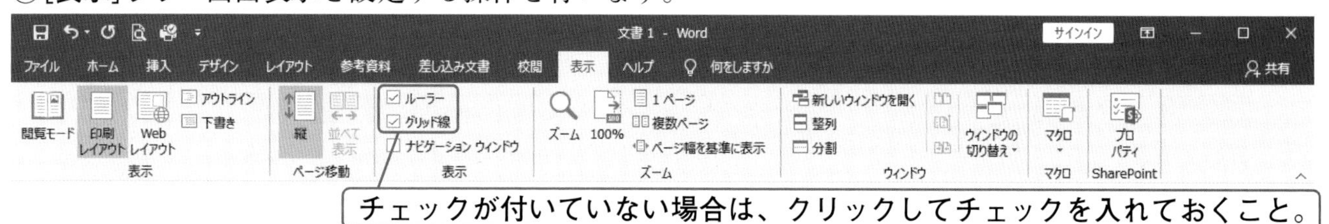

C．コンテンツタブ ［表ツール］

※表を選択しているときに表示されます。

①[テーブル デザイン]タブ　罫線の太さの変更や塗りつぶしなどの操作を行います。

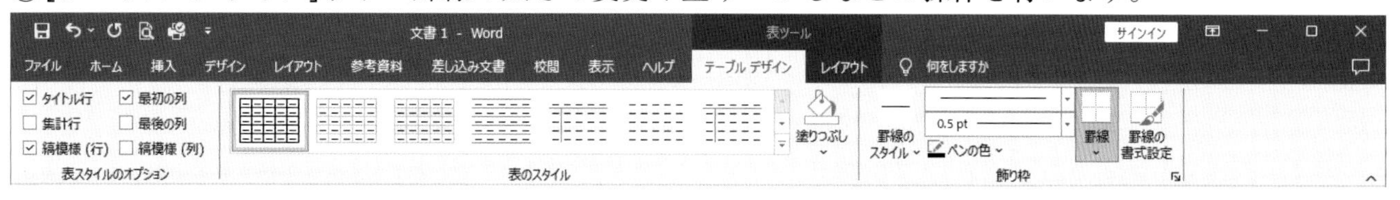

②[レイアウト]タブ　罫線の削除やセルの結合、ソート、計算などの操作を行います。

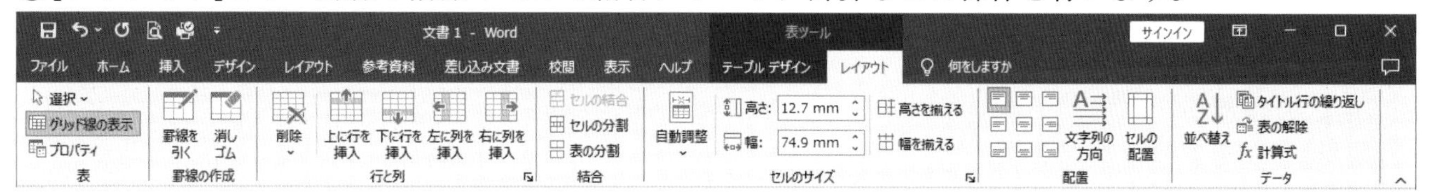

D．コンテンツタブ ［図ツール］

※画像（オブジェクト）を選択しているときに表示されます。

○[書式]タブ　図の設定をする作業の操作を行います。

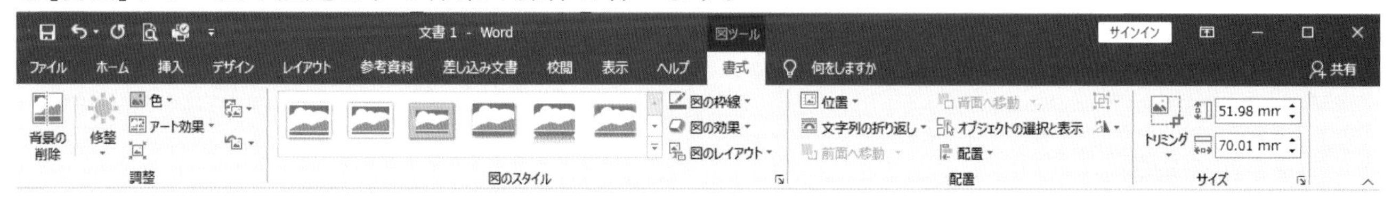

E．コンテンツタブ ［描画ツール］

※図形やテキストボックスを選択しているときに表示されます。

○[書式]タブ　図形やテキストボックスの設定をする作業の操作を行います。

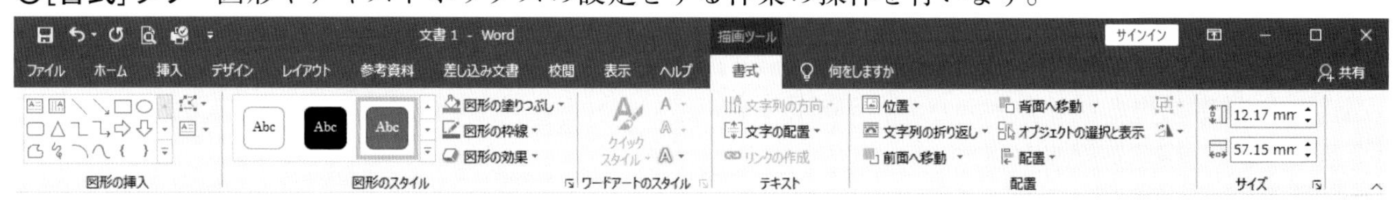

級ごとの操作に必要となるタブ・グループ

※問題によっては使用しない場合もあります。

タブ	グループ	3級	2級	1級
ファイル	－	○	○	○
ホーム	フォント	○	○	○
	段落	○	○	○
挿入	表	○	○	○
	図	－	○(画像のみ)	○
	テキスト	－	－	○
デザイン	ページの背景	－	－	○
レイアウト	ページ設定	○	○	○
表示	表示	○	○	○
表ツール／テーブル デザイン		－	○	○
表ツール／レイアウト		－	○	○
図ツール／書式		－	○	○
描画ツール／書式		－	－	○

②書式設定について

書式設定では、速度問題・実技問題で次のように指示されています。

速度問題	実技問題
〔 書 式 設 定 〕	〔 書 式 設 定 〕
a．１行の文字数を３０字に設定すること。	a．余白は上下左右それぞれ２５ｍｍとすること。
b．フォントの種類は明朝体とすること。	b．指示のない文字のフォントは、明朝体の全角で入力し、サイズは１２ポイントに統一すること。（１２ポイントで書式設定ができない場合は、１１ポイントに統一すること。） ただし、プロポーショナルフォントは使用しないこと。
c．プロポーショナルフォントは使用しないこと。	c．複数ページに渡る印刷にならないよう書式設定に注意すること。

※１級実技は文字数・行数とも指定がないため、文字数４０字・行数４０行で設定し、あとで問題文に合わせて書式を変更する。
※実技問題の指示が多いので、書式設定は実技問題の基準に合わせ、速度問題はその基準から文字数と行数を修正して利用するとよい。

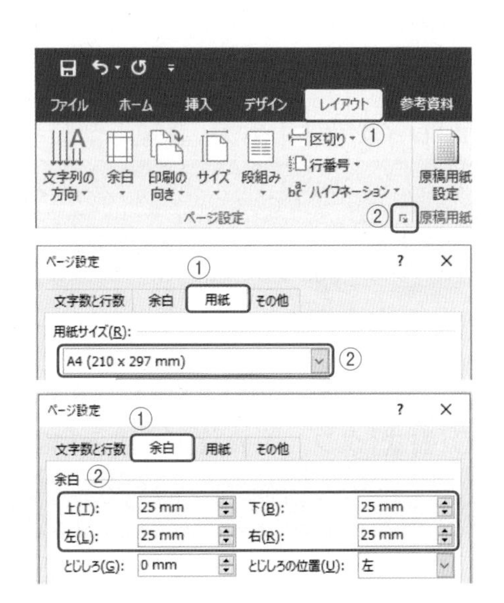

A．［ページ設定］ダイアログボックスの表示

①［レイアウト］タブをクリックします。
②［ページ設定］グループの［ページ設定ダイアログボックスランチャー］をクリックし、ダイアログボックスを表示します。

B．用紙の設定

①［用紙］タブをクリックします。
②［用紙サイズ］を「Ａ４」に設定します。

C．余白の設定

①［余白］タブをクリックします。
②［余白］の［上］［下］［左］［右］をいずれも「25 mm」に設定します。

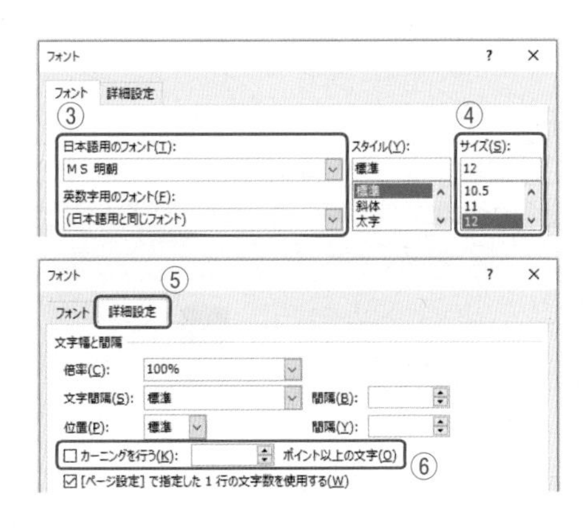

D．フォントの設定

①［文字数と行数］タブをクリックします。
②右下に表示されている［フォントの設定］ボタンをクリックします。
※［フォント］ダイアログボックスに表示が変わります。
③［日本語用のフォント］を「ＭＳ明朝」、［英数字用のフォント］を「(日本語用と同じフォント)」に設定します。
④［サイズ］を「12」に設定します。
⑤［詳細設定］タブをクリックします。
⑥［カーニングを行う］のチェックをはずします。
⑦右下に表示されている［ＯＫ］ボタンをクリックします。
※［ページ設定］ダイアログボックスに表示が戻ります。

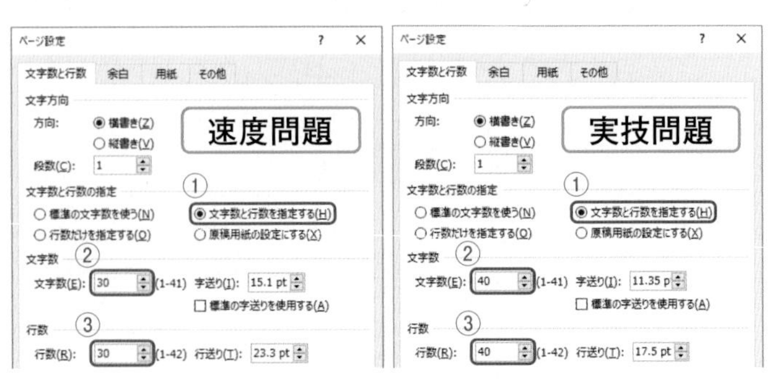

E．文字数と行数の設定

①［文字数と行数の指定］を「文字数と行数を指定する」に設定します。
②［文字数］を速度問題は「30」、実技問題は「40」に設定します。
③［行数］を速度問題は「30」、実技問題は「40」に設定します。

実技問題の［文字数］・［行数］は、問題ごとに違います。問題の書式設定を確認してください。

F．グリッド線の設定

①［グリッド線］ボタンをクリックします。
※［グリッドとガイド］ダイアログボックスに表示が変わります。
②［文字グリッド線の間隔］を「1字」、［行グリッド線の間隔］を「1行」に設定します。
③［グリッドの表示］の［グリッド線を表示する］のチェックを付けます。
④［文字グリッド線を表示する間隔（本）］のチェックを付け、「1」に設定します。
⑤［行グリッド線を表示する間隔（本）］を「1」に設定します。
⑥［ＯＫ］ボタンをクリックします。
※［ページ設定］ダイアログボックスに表示が戻ります。
⑦［ＯＫ］ボタンをクリックして、ダイアログボックスを閉じ、書式設定を終了します。

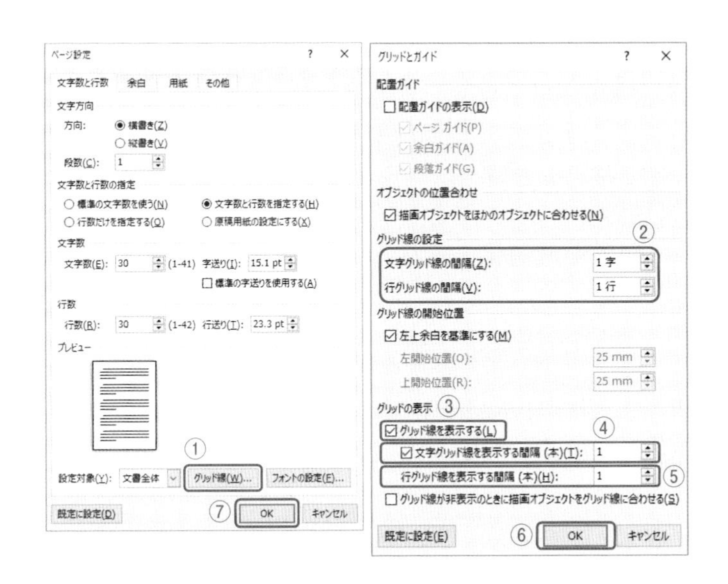

③Wordの文字ずれを防ぐ設定について

Wordには、文書作成のためのさまざまなオプションが用意されています。しかし、そのオプションが原因となり文字の間隔などがずれてしまうことがあります。書式設定のあとに、文字ずれを防ぐための設定を行ってから問題に取り組んで下さい。

A．段落の設定…【現象】日本語と半角英数字の間の間隔が調整され、ずれが生じる。禁則処理により1行の文字数がずれる。

①［ホーム］タブをクリックします。
②［段落］グループの［段落ダイアログボックスランチャー］をクリックし、［段落］ダイアログボックスを表示します。

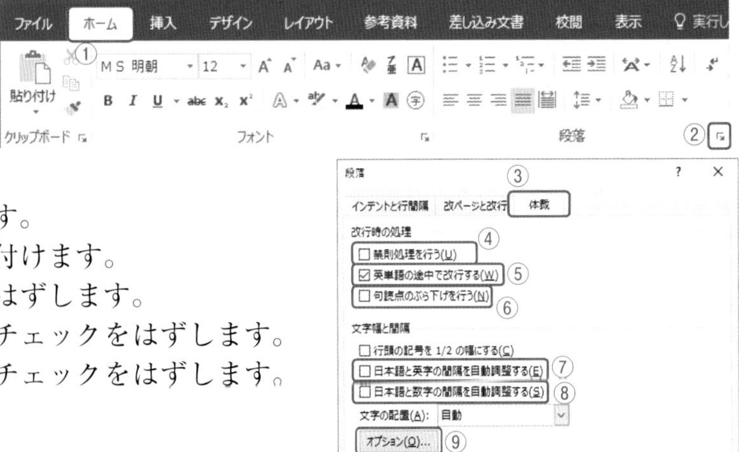

③［体裁］タブをクリックします。
④［禁則処理を行う］のチェックをはずします。
⑤［英単語の途中で改行する］のチェックを付けます。
⑥［句読点のぶら下げを行う］のチェックをはずします。
⑦［日本語と英字の間隔を自動調整する］のチェックをはずします。
⑧［日本語と数字の間隔を自動調整する］のチェックをはずします。
⑨［オプション］ボタンをクリックします。
※［Wordのオプション］ダイアログボックスが表示されます。

B．文字体裁の設定…【現象】区切り文字（カッコや句読点）の間隔が調整され、ずれが生じる。

①［文字体裁］をクリックします。
②［カーニング］を「半角英字のみ」に設定します。
③［文字間隔の調整］を「間隔を詰めない」に設定します。

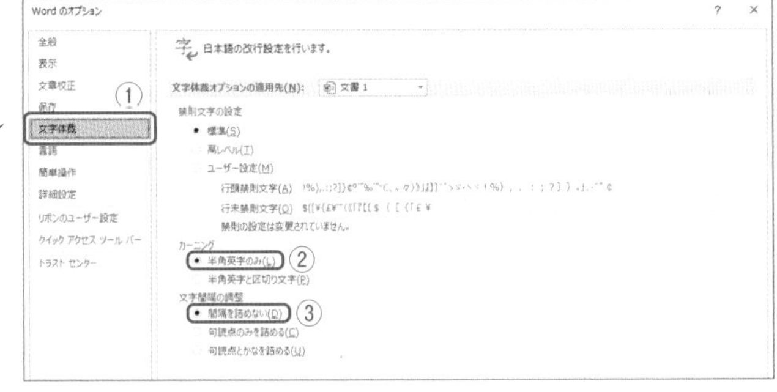

C．詳細設定の設定…【現象】入力した文字と文字グリッド線に若干のずれが生じる。

①［詳細設定］をクリックします。
②オプションの一覧画面を［表示］までスクロールさせて移動します。
③［読みやすさよりもレイアウトを優先して、文字の配置を最適化する］にチェックを入れます。

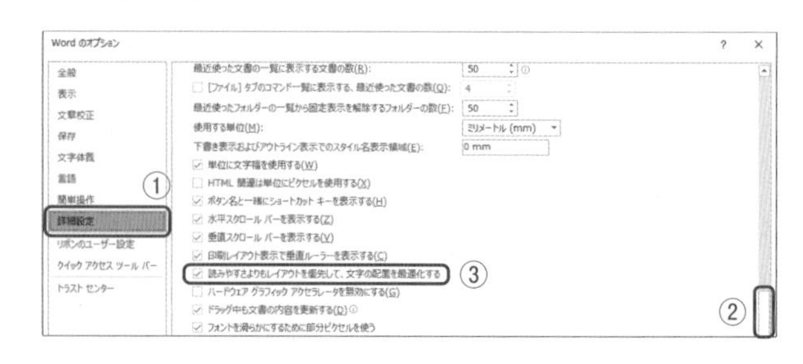

D．文章校正の設定…【現象】「1．」や記号（○など）から始まる文を改行すると「2．」や記号が自動的に挿入され、番号や記号とそのあとの文字との間に間隔が調整され、ずれが生じる。

①［文章校正］をクリックします。
②［オートコレクトのオプション］ボタンをクリックします。
※［オートコレクト］ダイアログボックスが表示されます。
③［入力オートフォーマット］タブをクリックします。
④［入力中に自動で書式設定する項目］の［箇条書き（行頭文字）］と［箇条書き（段落番号）］のチェックをはずします。
⑤［ＯＫ］ボタンをクリックします。
※［オートコレクト］ダイアログボックスが閉じます。
⑥［Wordのオプション］の［ＯＫ］ボタンをクリックします。
※［Wordのオプション］ダイアログボックスが閉じます。
⑦［段落］の［ＯＫ］ボタンをクリックして、文字ずれを防ぐ設定を終了します。
※［段落］ダイアログボックスが閉じます。

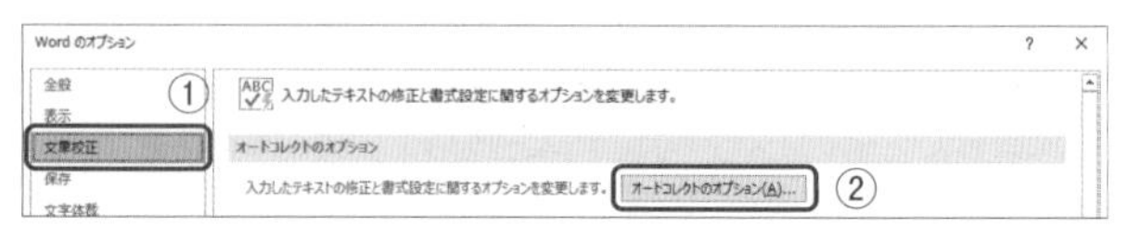

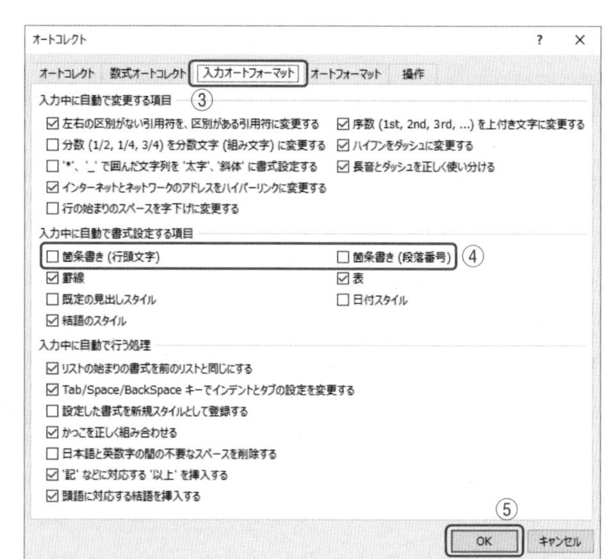

◎注意点

①「**A．段落の設定**」は、書式のクリアをした行、ダブルクリックで挿入した新たな行には適用されません。
②「**C．詳細設定の設定**」は、文字グリッド線に対してのオプションです。この設定を行っても、表を挿入したときに生じる行と行グリッド線のずれには対応しません。

○補足説明

［Wordのオプション］は、①**［ファイル］タブ**をクリックし、②**［オプション］**をクリックして表示することもできます。

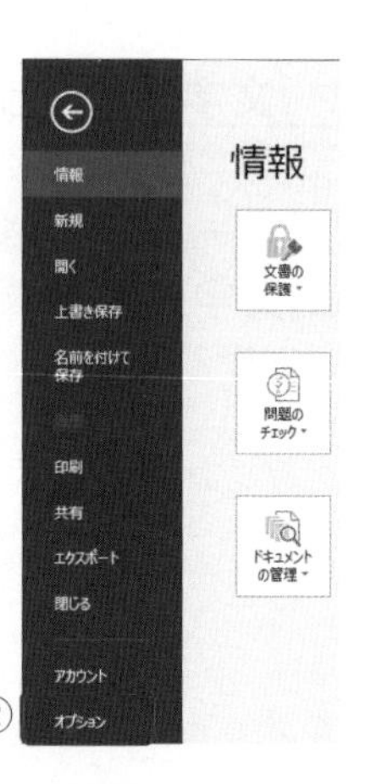

④ヘッダーの入力について

ヘッダーとは、ページの上余白の部分を指します。検定試験では、このヘッダーについて、以下のような指示がされています。

速度問題・実技問題共通
〔 注 意 事 項 〕
1．ヘッダーに左寄せで受験級、試験場校名、受験番号を入力すること。

①画面上の上余白でダブルクリックすると、ヘッダー内にカーソルが表示されます。

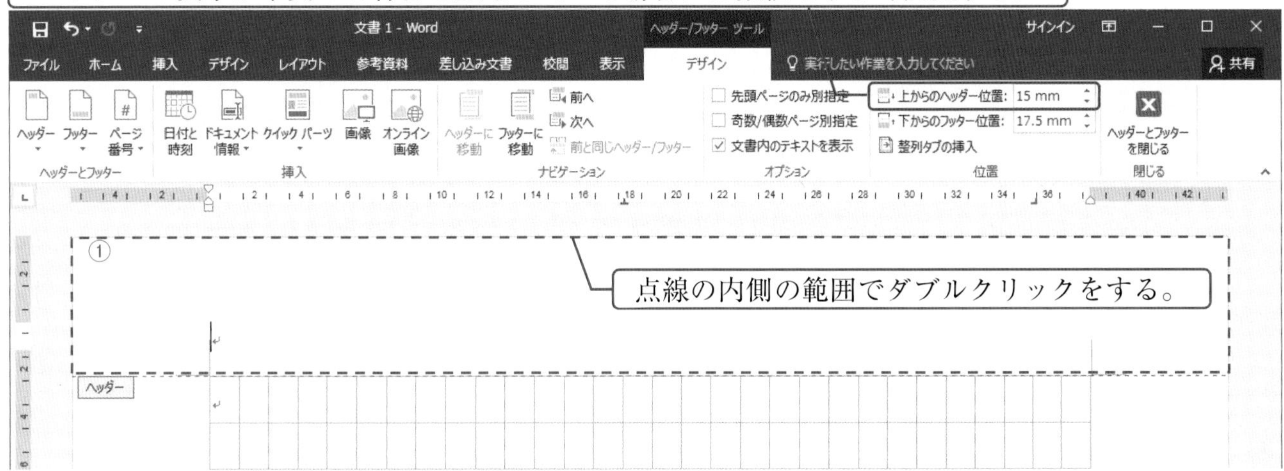

②問題文の指示のとおり、受験級・試験場校名・受験番号を入力する。入力が終わったら、[ヘッダーとフッターを閉じる]をクリックします。

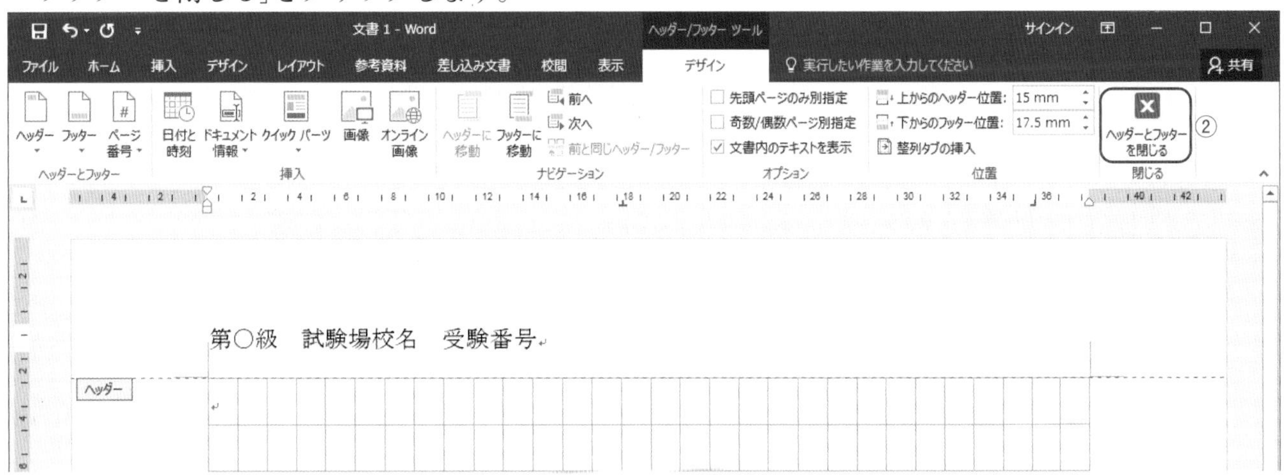

◎注意点

空白スペースが、画面に表示されていない場合は、上端の部分に合わせてダブルクリックする（①）と、上余白が再表示されます。

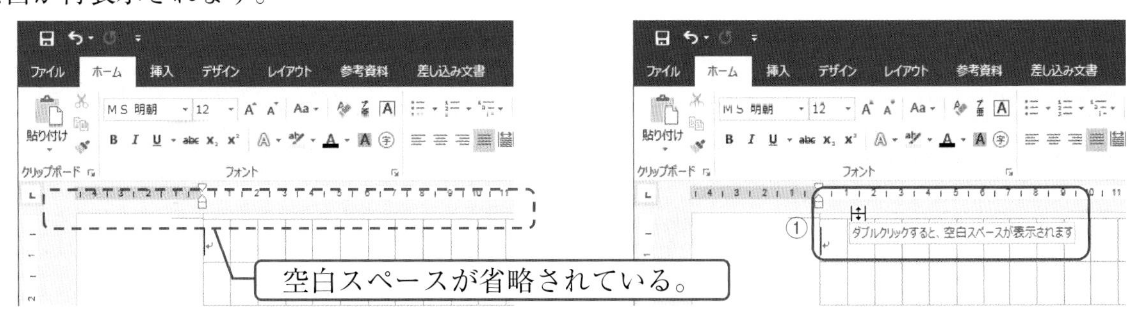

補足説明　[段落記号↵]を表示させる

文書作成では、[段落記号]が表示されていると、作成がしやすくなります。表示されていない場合は、[ファイル]タブをクリックし、[Wordのオプション]を表示します（⊖P.6）。[表示]をクリックし、[常に画面に表示する編集記号]の[段落記号]にチェックを入れます。

2 速度編

1回 **1行の文字数を30字に設定し、網掛けした漢字は同じ読みで間違って使われているため、正しい漢字に訂正して入力しなさい。ただし、網掛けをする必要はない。フォントの種類は明朝体とし、プロポーショナルフォントは使用しないこと。**（制限時間　10分）

☆書式設定と印刷は時間外

室内にいながらにして、満天の星空を楽しめるプラネタリウムは	30
多くの人から好まれる施設の一つである。趣向を凝らした多彩なプ	60
ログラムで、リアルな星空を楽しませてくれて、子ども連れでも楽	90
しめる施設や、デートにも最適なカップルシートのある施設など、	120
特徴は様々だ。	128
プラネタリウムという言葉は、惑星を意味する「プラネット」と	158
見る場所を示す「アリウム」を組み合わせた造語である。この言葉	188
が付けられた最古の施設は、オランダのアイゼ・アイジンガーとい	218
う人が、自宅で手作りした星を見る送致に名前を付けたものとされ	248
ている。	253
プラネタリウムの星空や映像が展開される中での解説や物語は、	283
目で見える様々な情報を、知識としてまとめたり、完成を揺さぶっ	313
たりしている。スマートフォンやＶＲと異なり、周りの人とともに	343
同じ時間を共有することができる。エンターテイメントの空間とし	373
て非日常の世界に入る楽しみをもたらしてくれることもある。	402
動物園や植物園は、生きている動物や植物、つまり実物や生態を	432
見ることができる。プラネタリウムは人工の星空を見るところだ。	462
その点が動物園などと全く違うところである。プラネタリウムは、	492
星空のシミュレーションなので、実際には長時間の変化を短時間で	522
表現できるし、ドームなどで、天候にも無関係で美しい星空にする	552
ことも容易である。そればかりでなく、最近は、地球と放れた太陽	582
系空間での星空の体験も可能な、新鋭機を備えた施設もある。	611
プラネタリウムは、天文学の普及のためにあるのではなく、本物	641
の星空と自然に目を向けさせることにある。広い視野と豊かな心を	671
もって、社会に貢献できる人間の形成に役立つ場所の一つとして、	701
大切なものである。	710

	総字数	－ エラー数	＝ 純字数
月　日			
月　日			

趣向（しゅこう）　凝らした（こらした）
新鋭機（しんえいき）　貢献（こうけん）

１回解答→Ｐ.10下

2回 1行の文字数を30字に設定し、網掛けした漢字は同じ読みで間違って使われているため、正しい漢字に訂正して入力しなさい。ただし、網掛けをする必要はない。フォントの種類は明朝体とし、プロポーショナルフォントは使用しないこと。（制限時間　10分）

近年、台風や豪雨などによる風水害や土砂災害が多発している。	30
地震も東日本大震災、北海道地震を経て現在も各地でよく起きてい	60
る。被災地の方々のみならず、自分が住む場所で、同じようなこと	90
が起きたらという不安は、多くの人々が感じていることだろう。そ	120
のような不安を解消させるには、まず、常に正しい情報を得ること	150
と、経済的なリスク対策に対する正しい認識が重要である。	178
大雨による洪水・土砂崩れ、台風・竜巻、雪災、ひょう災などに	208
よる被害は火災保険、地震・噴火・津波などによる被害は地震保険	238
で減速補償されている。また、建物だけでなく、家財も保険の対象	268
にすることで、自然災害により生じた家財の損害、第三社による汚	298
破損や盗難、建物から一時的に持ち出された家財に対する損害など	328
日常のハプニングによる損害までも、補償の対象とすることができ	358
るものが多い。	366
しかし、これらの保険は何にでも対応できるモノではない。火災	396
保険に限らず、どんな保険でも保険会社は契約時に「約款」を書面	426
または冊子・Ｗｅｂ上などの方法で契約者へ交付している。	454
また、この書類は細かい文字で書かれていて、表現が難しく何が	484
書かれているのか分かりづらい。そのため、実際にしっかりと約款	514
を理解する人は少ないと言われている。しかし、保険契約者が負担	544
する保険料の振込みや通知の義務・告知、保険会社が保険金を支払	574
う場合の条件や、支払わない場合の条件など、大変重要な取り決め	604
が起債されている。納得いくまで保険会社と話し合いをする必要が	634
ある。	638
自分に落ち度がない災害で被害を受けても、くらしは自力再建が	668
基本である。そのためにも、正しい情報とリスク対策を事前に調べ	698
ておくことが急務である。	710

	総字数	− エラー数 =	純字数
月　　日			
月　　日			

雪災（せつさい）　汚破損（おはそん）
約款（やっかん）　急務（きゅうむ）

2回解答→Ｐ.11下

3回 1行の文字数を30字に設定し、網掛けした漢字は同じ読みで間違って使われているため、正しい漢字に訂正して入力しなさい。ただし、網掛けをする必要はない。フォントの種類は明朝体とし、プロポーショナルフォントは使用しないこと。（制限時間　10分）

国際宇宙ステーション（ＩＳＳ）は、人類にとって国境のない場 30
所となる。サッカー場に治まるほどの大きさで、重さは４１９トン 60
もある。地上から約４００キロの上空に建設された巨大な有人の実 90
験施設である。宇宙服を着なくても生活ができるよう、地球の大気 120
とほとんど同じ状態が保たれる。 136

地球１周をおよそ９０分というスピードで回りながら、実験や研 166
究を行ったり、地球や天体の観測をしたりする。ＩＳＳは、その部 196
品を４０回以上に分けて打ち上げ、宇宙空間で組み立てた。打ち上 226
げに使用されたのは、スペースシャトルやロケットなどである。組 256
み立てはロボットアームの捜査や宇宙飛行士の船外活動によって行 286
われた。 291

おもな目的は、宇宙という環境を利用した実験や研究を長期間に 321
渡って実施し、そこで得られた成果により、科学や技術を一層進歩 351
させることにある。さらに、それを地上での生活や産業に役立てる 381
ことである。この計画には、日本やアメリカ、ロシアなど世界１５ 411
か国が参加している。 422

例えば、日本はＩＳＳの一部となる、宇宙飛行士が長期間活動で 452
きる有人施設「きぼう」を開発し、参加している。また、アメリカ 482
は各国と調整を取りながら、総合的なまとめ役を担当し、実験モジ 512
ュールやロボットアームを設置するトラス、太陽電池パドルを含む 542
電力供給系などを提供している。ロシアにおいては、基本機能モジ 572
ュールや実験モジュール、居住スペース、登場員の緊急帰還機など 602
を担当している。 611

多くの国々が最新の技術を結集させ、一つのものを作り上げると 641
いうプロジェクトはこれまでになかった。ＩＳＳは、世界の宇宙開 671
発を大きく前進させるための重要な施設で、国際協力と平和のシン 701
ボルでもあるのだ。 710

	総字数	－ エラー数	＝ 純字数
月　日			
月　日			

有人（ゆうじん）　観測（かんそく）
居住（きょじゅう）　帰還（きかん）

速度１回解答　248 送致→装置　313 完成→感性　582 放→離

3回解答→P.12下

4回 1行の文字数を30字に設定し、網掛けした漢字は同じ読みで間違って使われているため、正しい漢字に訂正して入力しなさい。ただし、網掛けをする必要はない。フォントの種類は明朝体とし、プロポーショナルフォントは使用しないこと。（制限時間　10分）

現在、高齢者や障がい者の住環境整備は緊急の課題である。そこ	30
で、住環境の整備や改修等に携わる人々と、住民との橋渡しができ	60
る人材として、専門知識を持つ福祉住環境コーディネーター（ＦＪ	90
Ｃ）の必要性が高まってきた。	105
この福祉住環境コーディネーターは、福祉・建築・医療関係者の	135
間で認知度が高まっているが、利用者となる高齢者や障がい者、そ	165
の家族には、余り知られていないのが現状だ。近年、急速に少子高	195
齢化が進んでいて、２０１３年には、６５歳以上の高齢者の割合が	225
国民の４人に１人を超えたことが分かった。高齢になると身体機能	255
は定価し、住み慣れたはずの家の中でもさまざまな不具合を感じる	285
ようになる。敷居や段差などにつまずいたり、階段を踏み外したり	315
する場合がある。また、高齢者による家庭内の事故の件数は同年代	345
の人が自動車事故に遭う件数よりも多く、家庭の中での事故が原因	375
で死亡したり、介護が必要になったりすることも少なくない。	404
そこで、本当にその人に適した住環境の整備を行うには、専門家	434
の共同作業が必要だ。たとえば、理学療法士や作業療法士が、身体	464
機能を判断し、ケアマネージャーが、介護保険をふまえて整備内容	494
を検討し、建築士が、最適な施工方法を考えるといった流れで行う	524
ことが望ましい。しかし、これらの専門家が、一同に会して話し合	554
う器械はなかなか持てないのが現状だ。	573
こうした状況を避けるために、専門家同士の橋渡しや調整を行う	603
のが、ＦＪＣの役割だ。介護する家族だけが気付くことや本人にし	633
か分からないこと、専門家でないと知らないことがある。これから	663
は、すべての人の立場や気持ちを尊重し、納得できるプランを作り	693
出す仕事が重要視される時代となる。	710

	総字数	－ エラー数	＝ 純字数
月　日			
月　日			

携わる（たずさわる）　敷居（しきい）
遭う（あう）　施工（せこう）

速度２回解答 268 減速→原則　298 社→者　634 起債→記載

４回解答→Ｐ.13下

5回 1行の文字数を30字に設定し、網掛けした漢字は同じ読みで間違って使われているため、正しい漢字に訂正して入力しなさい。ただし、網掛けをする必要はない。フォントの種類は明朝体とし、プロポーショナルフォントは使用しないこと。(制限時間　10分)

ここ数年、フロントガラスにカメラを取りつけた自動車をよく見	30
かける。このカメラは、ドライブレコーダーと呼ばれており、車外	60
や車内の様子を映像として記録する装置だ。もし、事故が発生した	90
ときには、加害者や被害者などによる証言だけでなく、その映像か	120
らより性格な事故の状況を得ることができる。現在では、アジアや	150
ヨーロッパの国々で普及しつつある。	168
日本では、タクシーへの導入が普及のきっかけとなった。現在で	198
は、全国のおよそ９割の車両に搭載されているという。また、バス	228
やトラックなどでも導入が進められ、貸し切りバスに対しては設置	258
が義務化されている。実際に装置を取り付けた企業では、事故率が	288
低下したとの報告も挙がっている。その理由として、急ブレーキや	318
急発進などを行った様子が、映像に記録されることにより、自分の	348
運転に対して危険性を認識できたことが大きいという。	374
一方で、自家用車への搭載率は５割低度にとどまる状況である。	404
だが、販売会社の売上は毎年上がっている状況から、普及率は増加	434
傾向にあるといえる。事故への対応だけではなく、あおり運転と呼	464
ばれる危険な運転に対する備えとして、購入する人が増えている。	494
このため、メーカーでは前方だけではなく、後方にもカメラをつけ	524
たり、３６０度の撮影ができたりする機種を開発し、消費者からの	554
ニーズをつかもうとしている。	569
登場した当時は、裁判などの証拠として採用できるかの議論もさ	599
れていた。近年では、ＧＰＳ永世による位置や日時の情報も記録で	629
きるようになり、改ざんが難しいことから有効だと見なされるよう	659
になってきた。事故が起きたとき、状況や原因の調査がスムーズに	689
行われるためにも、さらなる普及を望みたい。	710

	総字数	− エラー数 =	純字数
月　　日			
月　　日			

普及（ふきゅう）　搭載（とうさい）
自家用車（じかようしゃ）　証拠（しょうこ）

速度３回解答 60 治→収　286 捜査→操作　602 登場→搭乗

5回解答→Ｐ.14下

6回 1行の文字数を30字に設定し、網掛けした漢字は同じ読みで間違って使われているため、正しい漢字に訂正して入力しなさい。ただし、網掛けをする必要はない。フォントの種類は明朝体とし、プロポーショナルフォントは使用しないこと。(制限時間　10分)

地球上には１千万を超える生物種が存在するが、その４割は熱帯	30
林に生息している。現在熱帯林は急速に減少しつつあり、これによ	60
り近い将来、全世界の５～１５％の生物種が絶滅すると予測されて	90
いる。最悪の場合、１年で５万種の生物が姿を消す計算になる。	120
この危機的状況を打破するためには、生物とそれをとりまく生態	150
系をともに反故する必要があるという考えから、１９９２年の地球	180
サミットで「生物の多様性に関する条約」が採択された。この条約	210
では、生態系・種・遺伝子の３つのレベルでとらえた地球上のあら	240
ゆる生物の多様性と、その生息環境を確保することをおもな目的と	270
している。	276
生物種の減少は我が国にとっても人ごとではない。日本には亜熱	306
帯から亜寒帯にわたる気候帯と起伏に飛んだ地形があり、９万種以	336
上といわれる多様な生物が生息しているが、多くの種がその存続を	366
脅かされている。ＲＤＢ（レッドデータブック。絶滅のおそれのあ	396
る動植物をリストアップした報告書）によると、日本の絶滅危惧種	426
は３７００種以上にのぼる。	440
この減少の最大の原因は、開発による自然環境の変化である。自	470
然林や干潟が減少し、都市化に伴う水や土壌の汚染など生物の生息	500
環境は悪化した。さらに、里山や造機林に人の手が入らなくなった	530
ことも一因となっている。ほかにも、希少な動植物の乱獲や外来種	560
の増大があげられるだろう。	574
人類ははるか昔から、自然の恵みをうけて生活してきた。生物の	604
多様性が低下すれば、そこからもたらされる恵みも乏しくなるのは	634
当然のことである。一つの生物としての人類にとって、生態系も含	664
めた多様な生物を保全し、未来へ引き継いでいくことは、自らの生	694
存のためにも不可欠な課題である。	710

	総字数	－ エラー数	＝ 純字数
月　日			
月　日			

絶滅（ぜつめつ）　起伏（きふく）
危惧（きぐ）　干潟（ひがた）

速度４回解答　285 定価→低下　554 同→堂　573 器械→機会

６回解答→Ｐ.15下

7回 **1行の文字数を30字に設定し、網掛けした漢字は同じ読みで間違って使われているため、正しい漢字に訂正して入力しなさい。ただし、網掛けをする必要はない。フォントの種類は明朝体とし、プロポーショナルフォントは使用しないこと。**（制限時間　10分）

　育児休暇を取得する男性がいっこうに増えない。法律が制定され　30
て３０年ほどたつが、男性の取得率は未だに１０パーセント大であ　60
る。取得する人がいるとマスコミが取り上げるほどだから、珍しさ　90
がわかる。しかも、母親が育児を誰と分担しているか調べると、ア　120
メリカやイギリスでは父親が多いが、日本では祖父母などの親族が　150
多い。父親の子育てへの関わりが希薄なのだ。　172
　これには幾つかの理由がある。まず、子育ては母親の役割だとい　202
う考えが以前として社会に根強くあることだ。こうした意識は、企　232
業の働き方にも反映される。例えば、日本の女性の年齢別就業率は　262
３０歳代前半で大きく落ち込み、その後４０歳代後半にかけて再び　292
上昇する「Ｍ字型カーブ」を描いている。妊娠・出産を機に退職す　322
る人が多いことがわかる。厚生労働省の調査によると、フルタイム　352
で働く女性の４割が、最初の子が生まれる前後に辞めている。　381
　次に、職場での長時間労働があげられる。バブル経済崩壊以降、　411
企業はリストラとして人員削減を進めてきた。そのしわよせを受け　441
て３０歳代の長時間労働が増えている。休めば他の人に迷惑がかか　471
るし、傷心にも響くのではと、取得をためらう人は多いようだ。　501
　だが、他に頼れる人のいない核家族では、子育ての責任と負担は　531
母親一人で引き受けなければならない。社会から孤立した閉塞感や　561
重圧感は、育児ノイローゼにつながったり、ゆがんだ母子関係を作　591
ることになりかねない。それを防ぐのは、最も身近にいる父親の役　621
割である。　627
　実際に育児休暇を取った父親は、その後の子育てにも積極的で、　657
家事も進んで分担するようになるという。一人でも多くの父親が子　687
供の成長を身近に実感できる機会を持てるとよい。　710

	総字数	－ エラー数	＝ 純字数
月　日			
月　日			

希薄（きはく）　就業率（しゅうぎょうりつ）
妊娠（にんしん）　閉塞感（へいそくかん）

速度５回解答　150 性格→正確　404 低→程　629 永世→衛星

７回解答→Ｐ.16下

8回 1行の文字数を30字に設定し、網掛けした漢字は同じ読みで間違って使われているため、正しい漢字に訂正して入力しなさい。ただし、網掛けをする必要はない。フォントの種類は明朝体とし、プロポーショナルフォントは使用しないこと。(制限時間 10分)

オーロラは、太陽系の中で大気を有する惑星に存在する。もちろ	30
ん、地球でも観測することが可能である。オーロラはどこに出現す	60
るかという疑問に、寒い場所と表現されることがある。実際には、	90
地球上で観測が可能な場所は、アラスカや北欧、カナダまたは南極	120
地方などの寒い地域に限定されるが、寒いから観測できるのではな	150
く、観測が可能な場所は寒いという表現が政界である。例えば、寒	180
い場所という印象が強いアラスカでは、日中の気温が15度前後の	210
9月頃でも観測される場合もある。	227
オーロラは、地球の北極周辺や南極周辺でリング状になって発生	257
する。この形状をオーロラオーバル(楕円)と呼ぶ。そして、常に	287
形状や大きさ、場所を変化させている。上空が晴れていれば、夜空	317
の一面にオーロラを観測することが可能だ。しかし、その発生場所	347
が北欧側に偏っている場合、反対側のアラスカでは、いくら夜空が	377
晴れていても観測することは不可能である。オーロラオーバルは、	407
同じ場所と形状で存在するのではなく、場所や形状が常時変化して	437
いる。オーロラ観測へ行き、夜空が晴れていてもオーロラが出現し	467
ない時は、発生場所から外れているか、オーロラ自体が発生してい	497
ない場合である。	506
大気中の物質が発光する現象に、大気光という自然現象がある。	536
オーロラも大気光の一つである。発生する布中の大気中にある酸素	566
の原子は、電子から運動エネルギーを与えられる。通常の状態とは	596
異なった不安定な状態になる。その後、酸素の原子が緑色に発光す	626
る場合は、役0.7秒後に正常な状態に戻ろうとして、余分なエネ	656
ルギーを光として放出する。このようにして、オーロラが発生する	686
のだ。是非一度、この神秘の光を目にしたいものだ。	710

	総字数	− エラー数 =	純字数
月　日			
月　日			

惑星(わくせい)　楕円(だえん)
偏って(かたよって)　是非(ぜひ)

速度6回解答　180 反故→保護　336 飛→富　530 造機→雑木

8回解答→P.17下

9回 1行の文字数を30字に設定し、網掛けした漢字は同じ読みで間違って使われているため、正しい漢字に訂正して入力しなさい。ただし、網掛けをする必要はない。フォントの種類は明朝体とし、プロポーショナルフォントは使用しないこと。(制限時間　10分)

最近、判断能力のある元気なうちに子どもたちに財産管理を託す	30
方法として、家族信託という仕組みが注目されている。類似制度で	60
は、財産管理などを代わって行う後見人などを、家庭裁判所に申し	90
立てる成年後見人制度がある。この制度は、本人の財産保護が主な	120
目的であり、財産を子どもに贈与するといったことは、ほぼ困難に	150
なるとされている。	160
一方、親が元気なうちに契約する家族信託は、不動産の売却や新	190
たな賃貸借契約、ローンの借り換えなども柔軟に行える。これまで	220
の財産管理は、本人が元気なうちは委託契約で管理し、任地ができ	250
なくなった段階で成年後見人制度を基にした管理に移行していた。	280
そして、親が亡くなった後は、遺言や遺産分割協議によって財産の	310
分割を行うのが一般的だった。本人の財産を守るために、預貯金な	340
ども、そのまま維持するのが原則であった。家族のための生活費の	370
消費や贈与、不動産対策などは認められないので、節税対策は余り	400
できなかった。	408
しかし、家族信託では委託契約や成年後見、遺言を一つにまとめ	438
ることが可能になり、整然、家族に財産を託す契約をしておくこと	468
になる。財産を託された人が、本人に代わり資産の有効活用や円滑	498
な資産継承をすることができ節税にもなるという。平均寿命が８０	528
歳以上の現代では、相続までの間も財産や家族の変化に応じて適切	558
な対策を託す契約をしておけるものである。	579
この制度は、税務申告の手間が増すことや、実務に精通した専門	609
家が少ないことなどの課題はあるが、超高齢化社会に向けて信頼で	639
きる家族に託すという意味でも、招来、役に立つ財産管理や遺産の	669
相続の方法として広がりが予測される。この新制度をうまく活用し	699
ていきたいものである。	710

	総字数	− エラー数 =	純字数
月　日			
月　日			

託す（たくす）　後見人（こうけんにん）
贈与（ぞうよ）　遺言（ゆいごん）

速度７回解答　60 大→台　232 以前→依然　501 傷心→昇進

9回解答→Ｐ.18下

10回 1行の文字数を30字に設定し、網掛けした漢字は同じ読みで間違って使われているため、正しい漢字に訂正して入力しなさい。ただし、網掛けをする必要はない。フォントの種類は明朝体とし、プロポーショナルフォントは使用しないこと。(制限時間 10分)

気軽に利用できる自転車シェアリングが、大都市圏を中心に全国	30
へと広がっている。このシステムは従来のレンタルサイクルとは異	60
なり、利用者が一定区域内に複数配置された拠点で、自由に自転車	90
の貸し出しや返却をすることができる、大変便利なサービスのこと	120
である。	125
これを利用するには、会員登録または1日パスの購入が必要とな	155
り、スマートフォンまたはPCを利用して、基本的に事前申請する	185
必要がある。環境問題や重体、人口集中が問題になりやすい大都市	215
では、持続可能な都市の交通インフラとして、地方や観光地では、	245
観光客に向けた観光資源として、自転車シェアリングは、国内でも	275
注目されている。	284
自転車シェアリングの歴史は、1960年代の自転車大国のオラ	314
ンダにさかのぼる。当初、オランダで導入されたこの取り組みは、	344
盗難や破壊などが原因で運用停止になってしまった。しかし、近年	374
では、GPS(グローバル・ポジショニング・システム)で自転車	404
を管理することが可能となり、利用者は、事前に身分登録を行う。	434
さらに、転売や解体が不可能な特別モデルを発注することで、盗難	464
や破壊を防ぐことができるような工夫もされてきた。	489
だが、安全面の課題もある。2021年度までの10年間で交通	519
事故が約5割減ったのに対し、自転車の対歩行者事故は、ほぼ横ば	549
いである。国は占用道路や優先ゾーンなど、自転車通行空間の整備	579
計画を策定するよう市区町村に求めているが、1割程度と進んでい	609
ない。しかし、この制度は、大都市圏の活力を高め、国際競争力を	639
向上させる交通インフラとして位置付けられていて期待も大きい。	669
丁寧に課題解決するために関係機関で話し合い、是非とも精工して	699
もらいたい事業である。	710

	総字数	− エラー数	= 純字数
月　日			
月　日			

拠点(きょてん)　横ばい(よこばい)
策定(さくてい)　丁寧(ていねい)

速度8回解答 180 政界→正解　566 布巾→付近　656 役→約

10回解答→P.19下

11回 1行の文字数を30字に設定し、網掛けした漢字は同じ読みで間違って使われているため、正しい漢字に訂正して入力しなさい。ただし、網掛けをする必要はない。フォントの種類は明朝体とし、プロポーショナルフォントは使用しないこと。(制限時間　10分)

サメの祖先は、残念ながら現在でも明確ではないが、板皮類とい	30
う種族ではないかといわれている。板皮類は、約4億2000万年	60
前のシルル紀に登場した体を硬い殻に覆われた種族であるが、石炭	90
紀に絶滅したという。この板皮類の生存したシルル紀の地層から、	120
サメの特徴の一つである硬い盾鱗(じゅんりん)の化石が発見され	150
た。したがってサメ、エイ、ギンザメなどの軟骨魚類の祖先は、こ	180
の時代には既に登場していたと考えられる。	201
はっきりとしたサメの祖先は、デボン紀の書記(4億年前)に現	231
れ、それ以来進化の道を歩んで来たと推定される。これまで、最も	261
古いサメの化石は、4億1800万年前のものであり、歯しか発見	291
されていなかったが、昨年は4億9000万年前の古代ザメの、ほ	321
ぼ敢然な化石が発見された。これは、脳を納める部分(脳頭蓋)や	351
盾鱗、石灰化した軟骨、大きなヒレの骨格、一組になったはさみの	381
ような形をした歯が上あごと下あごについている状態で発見されて	411
いる。しかも軟骨魚類としては珍しく、胸ビレには骨格が残ってい	441
た。	444
サメには、死に耐えた系統と生き延びた系統とがあるが、これま	474
で体の構造も振る舞いもほとんど変えていない。今日のサメの仲間	504
は、恐竜の現れた1億年前から同じ姿なのである。この事は、サメ	534
が、どれ程サバイバルに適応した生き物であるかを物語っている。	564
残念ながら、サメは、歯を除いて体の大部分が筋肉や軟骨で出来て	594
いるため、死んでも化石化せずに解体してなくなってしまう。だか	624
ら、化石化した歯や偶然にも化石化した骨格から古代ザメの姿や形	654
や生態を推測するしかない。古代ザメの研究は、恐竜など形が明確	684
な古生物より、はるかに想像力が要求される分野である。	710

	総字数	− エラー数 =	純字数
月　日			
月　日			

板皮類(ばんぴるい)　殻(から)
軟骨(なんこつ)　脳頭蓋(のうとうがい)

速度9回解答 250 任地→認知　468 整然→生前　669 招→将

11回解答→P.20下

12回 1行の文字数を30字に設定し、網掛けした漢字は同じ読みで間違って使われているため、正しい漢字に訂正して入力しなさい。ただし、網掛けをする必要はない。フォントの種類は明朝体とし、プロポーショナルフォントは使用しないこと。（制限時間　10分）

コンピュータと人との関係は、近年大きく変化した。少し前まで	30
は、一台の大型コンピュータを複数の人間が使っていたが、今や自	60
宅や職場で一人一台のパソコンを使う時代になった。そして次に来	90
るのが、身のまわりの至る所に小さなコンピュータが溶け込んでい	120
て、いつでも、どこからでも、一人の人間が複数のコンピュータを	150
使える時代である。このような、新しい情報化社会を差して「ユビ	180
キタス社会」という。ユビキタスの原義は「遍在、どこにでも存在	210
する」である。	218
ユビキタス社会を実現させる代表的な技術に、ＩＣタグがある。	248
ＩＣタグは電子荷札とも呼ばれ、情報を蓄積・発信できる極小のコ	278
ンピュータで、米粒以下の物から校歌ぐらいの物まで、大きさや形	308
は様々だ。近い将来、食品や書籍や洋服などあらゆる商品に取り付	338
けられるといわれる。電子荷札の中に、各商品の値段、生産・流通	368
履歴など多彩な情報が記録され、ネットワークで結ばれることにな	398
る。	401
例えば、洗濯機が、服に取り付けたＩＣタグから繊維の種類や洗	431
い方の情報を読み取って、自動的に最適な洗い方を選択する。薬び	461
んには、副作用や危険な飲み合わせの情報が入ったＩＣタグが付い	491
ていて、万一飲み合わせの悪い２種類の薬を飲もうとすると警告し	521
てくれる。買い物時、商品に付いているＩＣタグの値段の情報をレ	551
ジですばやく読み取って、かごいっぱいに入った商品を一気に精算	581
する。牛肉や野菜などの精選食品に付けたＩＣタグを通じて、生産	611
者や使用農薬・肥料など食品の安全性を厳しく管理する。	638
これまで、価格や大きさに問題があり、ＩＣタグの利用は限定的	668
であった。しかし最近の技術の急速な進歩により、本格的な普及は	698
時間の問題になるだろう。	710

	総字数	－ エラー数	＝ 純字数
月　日			
月　日			

原義（げんぎ）　遍在（へんざい）
蓄積（ちくせき）　履歴（りれき）

速度10回解答　215 重体→渋滞　579 占→専　699 精工→成功

12回解答→Ｐ.21下

13回 １行の文字数を30字に設定し、網掛けした漢字は同じ読みで間違って使われているため、正しい漢字に訂正して入力しなさい。ただし、網掛けをする必要はない。フォントの種類は明朝体とし、プロポーショナルフォントは使用しないこと。（制限時間　10分）

ここ数年、異常気象により記録的豪雨が日本各地を遅い、甚大な	30
被害をもたらしている。世界気象機関（ＷＭＯ）では、年々変動す	60
る気象要素の３０年間の平均値を求め、この値を平年の気候と定義	90
し、この値から著しく変化した天候を異常気象としている。また、	120
ＷＭＯは、世界各地で起きている異常気象が、気候の変動に起因す	150
るものなのかどうかは特定できないが、温室効果ガス（ＧＨＧ）の	180
長期的な上昇傾向が関連しているとみている。	202
一般的に温室効果ガスが増加すると、年間の平均気温が上昇し、	232
地表の水分が蒸発しやすくなり、大気中の水蒸気量が増加する。す	262
ると地表は感想し、干ばつに見舞われる地域が増える。また、大気	292
中の水蒸気が増えると、それを地表に戻す作用が働き、豪雨や竜巻	322
などを発生しやすくする。世界各国では、温室効果ガスの排出削減	352
に努めているが、発展途上国の急激な経済成長もあり、思うような	382
効果が上げられていないのが現状である。	402
世界の科学者たちは、温暖化が進むと寒暖の差が広がり、竜巻の	432
頻発や台風の大型化などにつながると警告している。日本の気象庁	462
は、全国各所の高性能レーダーで雲などを観測し、ホームページで	492
竜巻の予測情報を発表している。ゲリラ豪雨対策も情報技術が進歩	522
し、スマートフォンや携帯電話に、地域ごとにきめ細かな情報を伝	552
えられるようになった。	564
すでに異常気象は、将来の問題ではなく、現在の問題になってい	594
るといっても過言ではない。これから異常気象に備えるには、ハー	624
ド面の整備も大切だが、より情報伝達などのソフト面にも力を注ぎ	654
温室効果ガスの排出量を減らす意識を、企業や過程で多くの人がも	684
てるような対策を講ずることが急務であると考えている。	710

	総字数	－ エラー数 ＝	純字数
月　日			
月　日			

甚大（じんだい）　頻発（ひんぱつ）
過言（かごん）　講ずる（こうずる）

速度11回解答　231 書記→初期　351 敢然→完全　474 耐→絶

13回解答→Ｐ.22下

速度編

14回 1行の文字数を30字に設定し、網掛けした漢字は同じ読みで間違って使われているため、正しい漢字に訂正して入力しなさい。ただし、網掛けをする必要はない。フォントの種類は明朝体とし、プロポーショナルフォントは使用しないこと。（制限時間　10分）

日本では、５年ごとに国内に住んでいる人を対象に、国勢調査が	30
実施されている。国が行っている調査の中でも、最も重要で基本的	60
なものと位置付けられており、国内の人口や世帯、産業構造などを	90
調べる。この結果は、政治や行政といった公的に使われるだけでは	120
なく、民間企業の経営や研究などの活動でも活用される。調査が始	150
まってから、１００年異常がたっており、その間に国にどのような	180
変化があったのかを知ることもできる。	199
この調査は、国際連合の統計委員会によって決められた定義を用	229
いて、海外でも多くの国が実施している。この定義には、調査対象	259
を個別に把握し、国土の範囲を網羅しており、同一時点で行われ、	289
定められた秋季で実施されるという４つの要件が挙げられている。	319
国勢調査は、これらをすべて満たすべきものとされており、これに	349
従って各国の調査機関が行っている。また、集計された結果は、国	379
の統計に関する基本原則が同じ機関により定められており、個別の	409
データを除いて広く公開されている。	427
調査は、非常勤の国家公務員として任命された調査員が、個別に	457
訪問して行われている。昔は、調査員を行うことが名誉なことと受	487
け留められていた。しかし、近年では、人員を確保することが難し	517
く、プライバシーの保護も求められている。そのような状況から、	547
郵送やインターネットでの回答も認められるようになった。	575
国を挙げて大規模に行われる調査だが、それが何のために行うの	605
か知られていないという課題もある。調査結果は、地域行政の規模	635
を決めたり、社会福祉や災害対策といった計画に用いられたりして	665
いる。私たちの生活を正しく反映するためにも、一人ひとりが忘れ	695
ずに回答することが必要である。	710

	総字数	ー エラー数	＝ 純字数
月　　日			
月　　日			

国勢調査（こくせいちょうさ）　把握（はあく）
網羅（もうら）　名誉（めいよ）

速度12回解答　180 差→指　308 校歌→硬貨　611 精選→生鮮

14回解答→Ｐ.23下

15回 1行の文字数を30字に設定し、網掛けした漢字は同じ読みで間違って使われているため、正しい漢字に訂正して入力しなさい。ただし、網掛けをする必要はない。フォントの種類は明朝体とし、プロポーショナルフォントは使用しないこと。（制限時間　10分）

ナショナルトラスト運動とは、都市化や開発の波から美しい自然	30
環境や貴重な歴史的建造物を守るため、広く一般市民から至近を募	60
って土地を取得・管理していこうという運動である。発祥の地はイ	90
ギリスで、１８９５年に３人の市民によって、国民のために土地を	120
共有する団体として設立された。世界中の子供や大人たちに愛され	150
ているピーターラビットの絵本作家ビアトリクス・ポターも、この	180
団体の活動に尽力した一人である。	197
ビアトリクスは、１８６６年英国のロンドンに生まれた。裕福な	227
家庭に育った彼女は、毎年夏になると家族で湖水地方を訪れた。そ	257
こで弟と共に森や野原を探検し、野生の動物をたくさんスケッチし	287
た。その中から誕生したのが、うさぎやその仲間たちが活躍する絵	317
本のシリーズである。彼女は、小さい頃から愛した湖水地方の素晴	347
らしい自然をそのまま残したいと思い、絵本の出版で得た印税収入	377
で次々と新しい土地を購入し、そこで農場経営をしながら作家活動	407
を続けた。	413
１９４３年に彼女が亡くなると、所有していた４０００エーカー	443
（約１６００ｈａ）の広大な土地が、遺言によりナショナルトラス	473
トに全て寄贈された。ここは、彼女の遺志通り大切に意地・管理さ	503
れ、今でも１００年前と同じ自然環境が残っていて、毎年何千人も	533
の人々が英国内外から訪れる観光スポットになっている。	560
日本におけるナショナルトラスト運動は、１９６０年代に始まっ	590
た。高度経済成長による環境の激編や観光化の中で、このままでは	620
歴史的景観や自然が破壊されると懸念した人たちが、この運動に取	650
り組み始めたのである。鎌倉風致保存会の鶴岡八幡宮の裏山買取り	680
や知床国立公園内の知床１００平方メートル運動等が有名である。	710

	総字数	－ エラー数 ＝	純字数
月　日			
月　日			

発祥（はっしょう）　寄贈（きぞう）
遺志（いし）　懸念（けねん）

速度13回解答　30 遅→襲　292 感想→乾燥　684 過程→家庭

15回解答→Ｐ.24下

16回 **1行の文字数を30字に設定し、網掛けした漢字は同じ読みで間違って使われているため、正しい漢字に訂正して入力しなさい。ただし、網掛けをする必要はない。フォントの種類は明朝体とし、プロポーショナルフォントは使用しないこと。**（制限時間　10分）

やや赤みがかった６月の満月は、ストロベリームーンと呼ばれて	30
いる。６月はイチゴの収穫時期であり、ちょうどその頃に満月が赤	60
くなることから、ニックネームでストロベリームーンと呼ばれるよ	90
うになった。他にもローズムーンやホットムーンと呼ばれることも	120
ある。	124
他の時期と比べて赤く見えるのは、高さに関係がある。満月の高	154
さは太陽と逆の関係で、夏至の頃は低く、反対に冬至の頃は高くの	184
ぼる。夕日が赤く見える理由と同じで、波長の短い青い光が、地球	214
の大気により散乱され、散乱しにくい波長の長い赤い光が残るため	244
だ。逆に空が青いのもこの理由からで、青い光が散乱されて青く見	274
えるというわけだ。満月も高さが低いほど、大気の影響を受けて赤	304
く見える。そのため夏至の頃は、いつもより赤く見えるのだ。	333
東京の６月と１２月の満月の高さを比べると、６月は最も高くて	363
も３０度程度なのに対し、１２月は高さが８０度近くになる。冬に	393
太陽の高さが低くなるのは、地軸が地球の荒天面に対して傾いてい	423
るからである。満月が見えるのは、太陽と反対側の地球の暗い側に	453
なる。冬に満月を見る角度は、夏に太陽を見る角度に似ているから	483
冬は高度が高いのだ。	494
ストロベリームーンは、イチゴの過日のように赤くはない。実際	524
の色は、やや赤みがかった程度である。これは、空気中に存在する	554
水蒸気の量によっても変わるが、高さが低いほど赤く見えるので、	584
一番高くのぼる時間帯よりも、満月が出てすぐのほうがより赤く見	614
える。かわいくて、ロマンティックな名前のストロベリームーンを	644
好きな人と一緒に見ると、鯉が成就する言い伝えもある。この時期	674
は、梅雨入り後の場合が多く観測するのが難しいが、晴れることを	704
期待したい。	710

	総字数	ー　エラー数	＝　純字数
月　　日			
月　　日			

収穫（しゅうかく）　夏至（げし）
地軸（ちじく）　成就（じょうじゅ）

速度14回解答　180 異常→以上　　319 秋季→周期　　517 留→止

16回解答→Ｐ.25下

17回 1行の文字数を30字に設定し、網掛けした漢字は同じ読みで間違って使われているため、正しい漢字に訂正して入力しなさい。ただし、網掛けをする必要はない。フォントの種類は明朝体とし、プロポーショナルフォントは使用しないこと。(制限時間　10分)

私達がスーパーマーケットなどで購入する野菜の多くには、農薬	30
や化学肥料が多く使われている。農薬は、植物の病気や害虫の被害	60
を防ぎ、化学肥料は、野菜を多量に育てるために使われている。ど	90
ちらも化学的に合成されたものなので、過剰に摂取すると、進退に	120
は悪影響があるという。	132
野菜の栽培方法の名称については、自治体独自の基準に基づいた	162
栽培方法や農家独自の栽培方法などもあり、多種多様な手法が存在	192
している。一般的なものとして４つ挙げられる。	215
まず第１に、農薬および化学肥料を基準地（１９７１年改正）通	245
りに使用して栽培された、慣行栽培農産物がある。スーパーマーケ	275
ットや八百屋などで売られている多くの野菜がこれにあたる。化学	305
肥料や農薬、化学合成土壌改良剤などを必要に応じて利用している	335
が使用しても良い薬品の種類は、法律で定められている。第２に、	365
農薬および化学肥料を、慣行栽培の２分の１以下に減量して栽培し	395
た特別栽培農産物がある。	408
第３に、有機栽培農産物がある。種まきのときからさかのぼって	438
２年間、ＪＡＳ法で禁止された農薬や化学肥料を使用しない田畑で	468
栽培する手法である。最後に、一般的に農薬や化学肥料だけではな	498
く、有機肥料も使用せずに太陽の光と土と水のみで栽培された自然	528
栽培農産物がある。	538
栽培方法については、栽培のしかたや作り手の考え方によって異	568
なるが、作られた野菜のうち、どれが美味しいか、どれが安全かも	598
堆肥の質や堆肥の使う量などによって違ってくる。また、自然との	628
共同で育てた野菜には、ビタミンやミネラルが豊富で何よりも野菜	658
本来の甘味が感じられるという。これからは、出来るだけ自然に近	688
い状態での作物を味わってみてはどうだろうか。	710

	総字数	− エラー数	＝ 純字数
月　日			
月　日			

摂取（せっしゅ）　慣行（かんこう）
八百屋（やおや）　堆肥（たいひ）

速度15回解答　60 至近→資金　503 意地→維持　620 編→変

17回解答→Ｐ.26下

18回 1行の文字数を30字に設定し、網掛けした漢字は同じ読みで間違って使われているため、正しい漢字に訂正して入力しなさい。ただし、網掛けをする必要はない。フォントの種類は明朝体とし、プロポーショナルフォントは使用しないこと。（制限時間　10分）

遺伝子組み換え農作物とは、ある生物から使いたい役割を持った	30
遺伝子を取り出して、改良をする別の生物に組み込み、新しい性質	60
を持たせるという技術で作られた農作物のことである。例えば、お	90
いしいけれど病気に弱いジャガイモに、別のジャガイモから取り出	120
した病気に強い遺伝子を入れると、おいしくて病気に強いジャガイ	150
モに改良される。	159
この技術は、１９７３年にアメリカで初めて成功した。これまで	189
に除草剤の影響を受けない大豆や、外注に強いトウモロコシなどが	219
開発され商品化となった。国内でもウイルス病に強いイネなどの研	249
究が進んでいる。従来の交配より短期間で新品種を生み出すことが	279
可能となり、農薬をまくコストを減らし、良質の品種を効率的に生	309
産できる可能性を秘めた技術であると期待されている。	335
日本は、主にアメリカから遺伝子組み換えの大豆やジャガイモを	365
輸入しており、豆腐や冷凍フライドポテト、スナック菓子、家畜の	395
資料などとして流通している。輸入される遺伝子組み換え作物は、	425
開発された国での安全性が確認されている。さらに、農林水産省と	455
厚生労働省により、ほかの生物への影響などがチェックされる。輸	485
入が可能となるのは日本で承認された種類だけであるが、スナック	515
菓子から検出されたアメリカ産の２種類の組み換えジャガイモは、	545
未承認のものだった。	556
遺伝子組み換え食品が、人体に悪影響を及ぼしたという報告は、	586
厚生労働省には届いていない。しかし、未知の分野の研究のために	616
自然の法則に逆らっているとか、人体へ害が出るかもしれないとい	646
う不安が拡大している。食品の減量の管理は、もっと正確に行うべ	676
きであると同時に、安全だという判断の根拠も分かりやすく伝えて	706
欲しい。	710

	総字数	－ エラー数	＝ 純字数
月　日			
月　日			

遺伝子（いでんし）　未承認（みしょうにん）
悪影響（あくえいきょう）　根拠（こんきょ）

速度16回解答　423 荒天→公転　524 過日→果実　674 鯉→恋　18回解答→P.27下

19回

1行の文字数を30字に設定し、網掛けした漢字は同じ読みで間違って使われているため、正しい漢字に訂正して入力しなさい。ただし、網掛けをする必要はない。フォントの種類は明朝体とし、プロポーショナルフォントは使用しないこと。(制限時間　10分)

私たちの生活にとって、自動車の燃料やプラスチックの原材料と	30
なる石油は、非常に重要な存在である。また、石油消費量は、国や	60
地域の豊かさや経済力を示す指標としてよく用いられる。20世紀	90
は「石油の世紀」といわれるほど、石油の生産と消費が世界的な規	120
模で拡大した。そして、人々は豊かで便利な生活を手に入れること	150
に成功できた。	158
だが、その反面、石油の大量消費により、地球環境は危機的状況	188
へと向かっている。その最も顕著な礼として取り上げられるのが、	218
地球温暖化だ。これは、石油や石炭など化石燃料を燃やしたときに	248
発生する、二酸化炭素などの温室効果ガスが原因とされている。前	278
世界では、1秒間に252トンもの化石燃料が燃やされ、762ト	308
ンもの二酸化炭素を排出しているという統計がある。ある研究器官	338
によると、2100年には、地球の平均気温が現在に比べて、4度	368
上昇するとの試算も出ている。また、温暖化の影響はすでに起きて	398
おり、2002年には、1万2千年前からあった棚氷が、たったの	428
35日間で3250平方キロも崩壊する事態が発生した。その他、	458
北極や南極では棚氷が急速に溶け出しているのだ。これが原因とな	488
り、海水面の上昇が起きて、海抜が低い地域では、水没の危険性も	518
警告されている。	527
この事態に対し、温室効果ガスの排出量削減を義務づけた京都議	557
定書が、採択から8年後の2005年に発効した。しかしその間に	587
も、中国など新たな市場を忠心に、石油の需要は急速に膨らみ続け	617
ており、2030年の需要量は現在の1.6倍にも膨れ上がると試	647
算が出ている。経済成長と環境保護を巡って、今後も各国間で議論	677
は続くが、地球の危機がすぐ目の前にあることだけは忘れてはなら	707
ない。	710

	総字数	－ エラー数	＝ 純字数
月　日			
月　日			

指標（しひょう）　顕著（けんちょ）
棚氷（たなごおり）　採択（さいたく）

速度17回解答　120 進退→身体　245 地→値　658 共同→協働

19回解答→P.28下

20回 **1行の文字数を30字に設定し、網掛けした漢字は同じ読みで間違って使われているため、正しい漢字に訂正して入力しなさい。ただし、網掛けをする必要はない。フォントの種類は明朝体とし、プロポーショナルフォントは使用しないこと。**（制限時間　10分）

自然環境に配慮し、金属缶に代わる紙製のカートカンが不朽している。カートカンとは、紙製の容器を意味する英語のカートンと、缶を組み合わせた造語である。東京にある印刷会社が、１９９６年に開発した。すでに使い始めている飲料メーカーや、製紙会社などが参加して、研究が進んでいる。	30 60 90 120 136
紙の原料に、国産の間伐材などを約３０％使用し、飲み終わった後は、牛乳パックと同様にリサイクルできる。間伐材とは、森林の生育を促すため、密生した木の一部を伐採したものである。間伐材が活用され、林業者の採算が取れるようになると、さらに間伐が進み山の後輩防止につながると期待されている。仮に１億本が使われると、東京の日比谷公園（約１６ヘクタール）ほどの森の間伐が進む計算になる。	166 196 226 256 286 316 324
この容器は、自動販売機の取り出し口に落ちた時に大きな音が出ないため、病院などに向いている。安全面から金属缶を導入しない野球場にも設置できる。すでにお茶やコーヒー、ジュースなどの容器として使用されているが、この容器の単料はまだ割高である。ソフトドリンク飲料に占める割合は約０．１％である。数十万本単位ならば、金属缶より安くなるという。	354 384 414 444 474 492
さらに、焼却しても有毒ガスを発生せず、燃焼エネルギーが石油の約２分の１程度であるため、熱資源として回収ができる。無菌充填包装されるので、内容物本来の味と香りが損なわれない。粘性の飲料にも対応し、乳飲料の充填も厚生労働省より承認されている。ホットの販売にも対応でき、電子レンジでも温めることが可能である。様々な加工にも適性があり、見た目も抜群である。ファッショナブルで手に軽い、このカートカンが金属缶に代わる日も、そう遠くないであろう。	522 552 582 612 642 672 702 710

	総字数	－ エラー数 ＝	純字数
月　日			
月　日			

間伐材（かんばつざい）　密生（みっせい）
割高（わりだか）　充填（じゅうてん）

速度18回解答　219 外注→害虫　425 資→飼　676 減量→原料

20回解答→Ｐ.29下

21回 1行の文字数を30字に設定し、網掛けした漢字は同じ読みで間違って使われているため、正しい漢字に訂正して入力しなさい。ただし、網掛けをする必要はない。フォントの種類は明朝体とし、プロポーショナルフォントは使用しないこと。(制限時間　10分)

私たちは、花や緑を見ていると、楽しい穏やかな気分になる。ま	30
た、精魂込めて作った野菜を収穫したときの喜びは大きい。「土を	60
耕し、花や野菜の種をまいて育て、干渉したり、収穫してそれを味	90
わったりする」という一連の園芸の作業は、心身に程よい刺激を与	120
え、様々な効果をもたらしている。	137
精神的には、緊張感をほぐし不安感を緩和する、情緒を安定させ	167
気分を高揚させる、創造性を育成する、衝動を抑制する、忍耐力や	197
集中力を養う、自信や責任感を養う、最後に、判断力や自己決定力	227
を養う、などの効果があげられる。身体的には、全身の軽い運動に	257
なり、感覚を刺激する７つの効果がある。社会的には、コミュニケ	284
ーションを促進し、公共心や道徳心を養成する効果がある。最近は	314
医療・福祉施設などでも、園芸を治療やリハビリテーションに取り	344
入れようとする動きが出てきている。	362
たとえば、情緒不安定の人は、花の香りを感じ、風にそよぐ葉音	392
を聴き、とれたての野菜や果物を味わうことで、五感が刺激され気	422
分が落ち着いてくる。自分の将来に希望が持てない人は、草花を育	452
てながら、いつ発芽するか、いつ開花するか、次の季節には何を植	482
えようかとあれこれ思案するうちに、将来への寒心を呼び起こすき	512
っかけをつかむ。手足に運動機能の後遺症が残っている人には、苗	542
の移植や草むしりが機能回復の手助けとなる。	564
また、高齢者が近隣の園芸活動に参加することで、単に自分の楽	594
しみや健康のためだけにとどまらず、地域の人たちとのコミュニケ	624
ーション作りも可能だ。園芸を通じて、環境美化やコミュニティ作	654
りに積極的役割を果たすことで、孤立感から開放され、まだ役に立	684
てるという気持ちを換気して新たな生きがいに結び付く。	710

	総字数	－ エラー数	＝ 純字数
月　日			
月　日			

精魂（せいこん）　情緒（じょうちょ）
高揚（こうよう）　後遺症（こういしょう）

22回 1行の文字数を30字に設定し、網掛けした漢字は同じ読みで間違って使われているため、正しい漢字に訂正して入力しなさい。ただし、網掛けをする必要はない。フォントの種類は明朝体とし、プロポーショナルフォントは使用しないこと。（制限時間　10分）

キリスト教や仏教、イスラム教は、民族の壁を越えて広く世界の	30
人々の間に広まっており、世界三大宗教と呼ばれている。この中で	60
ニュース等に頻繁に出てくる割に断片的な知識しかなく、偏った印	90
章を持ってしまいがちなのがイスラム教である。	113
７世紀にアラビア半島で生まれたイスラム教は、現在、世界に約	143
１６～１７億人の信者がいると推定される。信者数は増加を続けて	173
いて、２０７０年頃にはキリスト教と並び世界で最も信者数が多く	203
なるという試算もある。その特徴は、信者たちが唯一の神アッラー	233
を絶対の存在と信じ、その言葉や宗教上の仕来りに従った暮らしを	263
しているということである。それ以外の神々を全て否定し、偶像崇	293
拝も硬く禁じられている。創始者のムハンマドは「預言者」と呼ば	323
れる。彼が神から受けた啓示を書き留めたものがコーラン（聖典）	353
で、信者の信仰対象と様々な義務がここに期されている。	380
信者が信じなければならないのは「六信」で、神、天使、使徒、	410
経典、来世、天命を指す。また、宗教的な義務として「五行」があ	440
る。第一のシャハーダとは、イスラム教徒であること表す一文を、	470
アラビア語で証言することをいう。第二のサラーは、メッカの奉公	500
に向かい、礼拝を１日に５回行うことである。第三のザカートは、	530
豊かな人は貧しい人に対して施しをすることをいう。第四のサウム	560
は断食を指しており、ラマダーンと呼ばれる月には日の出から日没	590
まで、一切の飲食を行わない決まりがある。第五のハッジは、一生	620
に一度は聖地であるメッカに巡礼をすることをいう。この他にも、	650
豚肉を口にしない、女性は男性に肌を見せてはならないなど、日常	680
生活の中で、守らなければならない規範が細かく定められている。	710

	総字数	－ エラー数 ＝	純字数
月　　日			
月　　日			

頻繁（ひんぱん）　経典（きょうてん）
施し（ほどこし）　断食（だんじき）

速度20回解答　30 不朽→普及　286 後輩→荒廃　444 科→価

22回解答→Ｐ．31下

23回 1行の文字数を30字に設定し、網掛けした漢字は同じ読みで間違って使われているため、正しい漢字に訂正して入力しなさい。ただし、網掛けをする必要はない。フォントの種類は明朝体とし、プロポーショナルフォントは使用しないこと。（制限時間　10分）

ジェネリック医薬品は、これまで使われてきた新しい薬（先発医　30
薬品）の特許が切れた後に、同等の品質で製造販売される低価格の　60
薬のことである。新薬の後から創られるので「後発医薬品」とも呼　90
ばれている。　97

この薬は、新薬の特許期間の満了までに多くの患者に仕様され、　127
その成分の有効性・安全性が確認されたのち、薬事法に基づく新薬　157
との生物学的な同等性を確認した上、承認され新薬と同じ規制のも　187
と製造・販売される。政府は、今後も高齢者の増加や、医療の技術　217
の高度化による高額医療の普及で、医療費が増えると見られること　247
から、様々な医療費抑制策を打ち出していて、厚生労働省も、この　277
医薬品の普及を促進している。　292

ジェネリック医薬品を取り巻く日本の状況は、２０１０年をター　322
ニングポイントに大きく変わりつつあり、使用率も年々伸びてきて　352
いる。しかし、欧米諸国と比較すると進んでいないのが現状だ。　382

その大きな要因の一つに、安い薬を使うことに対するネガティブ　412
なイメージがある。安かろう、悪かろうと思い、効き目や副作用を　442
不安に感じる人もいるのだ。だが実際には、その効果は新薬と変わ　472
らず、品質も厳しく管理されている。この薬が安く提供される理由　502
は、開発費や開発期間が少なく済むためである。形や大きさ、味な　532
どを改良し、より服用しやすいように工夫されたものもある。　561

医療費は高齢者などのいる家計に重くのしかかる。その負担を減　591
らすのに、ジェネリック医薬品は大いに役に立つであろう。そのた　621
めにはまず、この薬についての正しい情報を収集し、書法のしかた　651
をきちんと知ることが必要である。その上で、医師に対してきちん　682
と要望することが、賢い患者になるための特効薬といえそうだ。　710

	総字数	－ エラー数	＝ 純字数
月　日			
月　日			

特許（とっきょ）　承認（しょうにん）
医療費（いりょうひ）　特効薬（とっこうやく）

速度21回解答　90 干渉→観賞　512 寒→関　710 換気→喚起

23回解答→Ｐ.32下

24回 1行の文字数を30字に設定し、網掛けした漢字は同じ読みで間違って使われているため、正しい漢字に訂正して入力しなさい。ただし、網掛けをする必要はない。フォントの種類は明朝体とし、プロポーショナルフォントは使用しないこと。（制限時間　10分）

室内で農作物を育てる時、光量や温度などをコンピュータ管理で	30
行う野菜工場が広がっている。雑菌が少なく、農薬を使わないこと	60
を売り物に異業種企業が相次いで参入しているためだ。電気代など	90
のコストがかさみ販売価格が割高になるのが難点だが、後継者不足	120
や安い海外産の流入など日本の農業が抱える問題の解決策としての	150
期待も大きい。	158
野菜工場は、旧製鉄会社が１９７０年代から多角化の一環で研究	188
していた事業で、年間の売上高は２つの工場であわせて約４億円ほ	218
どになる。担当者は「採算は、単年度で黒字が計上できるレベルに	248
改善してきた。工場を格調するなどして、できるだけ早く１０億円	278
以上の売り上げを目指したい」と意気込む。	299
このような工場は１９９０年代から増加し、現在では全国に数百	329
箇所ある。当初は農家や自治体による開設が目立ったが、ここ数年	359
は企業の参入が多い。農業とは畑違いの企業が野菜工場に取り組む	389
動機は、本業の不振や遊休地の活用など様々だが、割高でも一定の	419
受容が見込まれるようになったことが背景にある。	443
通常の畑作と比べると、工場内での栽培は雑菌が格段に少なく、	473
無農薬栽培ができる。また、天候に左右されず生産量が安定してい	503
る点も強みだ。ある市では、閉校した小学校を野菜工場に開設する	533
企業に貸し出し地区の活性化に貢献した。だが、大きな課題はコス	563
ト面だ。光源として使う電灯などの電気代である。ある振興会が出	593
した試算によると、電気代は生産原価の３割近くを閉める。	621
近年は、ロボットやＡＩ（人工知能）といった先端技術を活用し	651
たスマート農業も推進されている。こうした取り組みによって、日	681
本の農業のあり方も今後大きく変化していくこととなるだろう。	710

速度編

	総字数	－ エラー数 ＝	純字数
月　日			
月　日			

雑菌（ざっきん）　異業種企業（いぎょうしゅきぎょう）
一環（いっかん）　遊休地（ゆうきゅうち）

速度22回解答　113 章→象　323 硬→固　380 期→記　500 奉公→方向

24回解答→Ｐ.33下

25回 1行の文字数を30字に設定し、網掛けした漢字は同じ読みで間違って使われているため、正しい漢字に訂正して入力しなさい。ただし、網掛けをする必要はない。フォントの種類は明朝体とし、プロポーショナルフォントは使用しないこと。(制限時間　10分)

地球の表面の3分の2は海で覆われている。世界中の海の深さの	30
平均は3800m。最も深いマリアナ海溝の最深部は1万1000	60
mもある。	66
こんな深い海にも生物は存在する。もっとも、太陽光は届かない	96
から植物は生きられない。つまり、深海とは光と植物の無い世界な	126
のだ。水温は1～2度、水圧も海面近くに比べれば何百倍もある。	156
暗いや冷たい、降圧など生物には厳しい条件がそろっているように	186
思えるが、変化の幅が小さいという意味では、深海は地球上で最も	216
安定した環境といえる。	228
ただ、食べ物を得るのは難しい。食料となる有機物は地上や海面	258
近くで生産されるが、死体や排せつ物といった形で海底まで届く量	288
はわずかしかない。だから生物の密度は低いが、種類はきわめて多	318
く、数万種の生物が知られるほど多様性に富んでいる。人から見れ	348
ば、姿や形がグロテスクであるものが多い。だがそれは、確実にえ	378
さを捕まえ、配偶者を得て子孫を残すため、何億年もかけ環境に適	408
応した真価の結果なのだ。	421
深海には別種の生態系も存在する。海の底から熱水がわき出てく	451
る「熱水噴出孔」では、熱水に含まれる金属元素が沈殿して煙突状	481
のチムニー(Chimney)を作る。だがその周囲には、シロウ	511
リガイやハオリムシなどの口も胃も持たない不思議な生物たちが群	541
れて密集している。	551
彼らは自給自足生活を送っているらしい。体内に寄生するバクテ	581
リアが、熱水に含まれる猛毒の硫化水素を参加してエネルギーを取	611
り出し、宿主の体も維持している。メタンガスを栄養とする体内細	641
菌と共生する貝もいる。	653
「毒」を「糧」として利用する。深海には地球の内部エネルギー	683
に支えられた、光合成とは全く別の生態系が展開している。	710

	総字数	− エラー数	= 純字数
月　日			
月　日			

覆われて(おおわれて)　熱水噴出孔(ねっすいふんしゅつこう)
沈殿(ちんでん)　糧(かて)

26回 1行の文字数を30字に設定し、網掛けした漢字は同じ読みで間違って使われているため、正しい漢字に訂正して入力しなさい。ただし、網掛けをする必要はない。フォントの種類は明朝体とし、プロポーショナルフォントは使用しないこと。(制限時間　10分)

悪質な商法による被害が後をたたない。全国の消費生活センター 30
に寄せられる相談件数は年間約９０万件にもなる。小学で泣き寝入 60
りしている人も多いだろうから、実際何らかの被害を受けた人は少 90
なく見積もってもその７、８倍になると推測される。 115
被害の原因となる商品やサービスは多様だ。若い女性に多いのが 145
化粧品やエステ。子供の学習用教材や内職に関する被害は４０歳代 175
に多くなる。商品相場や投資信託で損失を出したとか、架空請求が 205
来たという金銭被害についての相談件数も多い。最近では特に、イ 235
ンターネットの球速な普及に伴って、ショッピングやオークション 265
での苦情が急増している。 278
最近大きな社会問題になったのが、高齢者をねらったリフォーム 308
詐欺である。自宅を訪問し、屋根や柱が傷んでいると診断して不安 338
にさせて必要ない工事を行うものだ。同じ業者が次から次へと勧誘 368
して被害額が増えることも多く、被害金額は平均で３３０万円。な 398
かには数千万円もの大金を請求され支払った人もいる。ターゲット 428
になった人は一人暮らしが多く、相談できる人もいないので、周囲 458
が気づいたときには既に大金を失ってしまっている。 483
一度失った金を取り戻すのは用意ではない。悪質な業者は様々な 513
方法で消費者をカモにしようとするので、そういう業者には近寄ら 543
ないのが最善の策だ。断るときは意志を明確に示す。否定とも肯定 573
とも受け取れる「結構です」という言葉は、相手からつけこまれる 603
もとなので、はっきり「いらない」と断る必要がある。もし被害に 633
あったら、又は不安に思ったら、急いで最寄りの公共機関に相談す 663
るべきだ。消費者団体やＮＰＯでもよい。悪質商法は違法なものが 693
多いが、個人で解決するのは難しい。 710

	総字数	ー エラー数	＝ 純字数
月　日			
月　日			

内職（ないしょく）　架空（かくう）
詐欺（さぎ）　既に（すでに）

速度24回解答　278 格調→拡張　443 受容→需要　621 閉→占

26回解答→Ｐ.35下

27回 1行の文字数を30字に設定し、網掛けした漢字は同じ読みで間違って使われているため、正しい漢字に訂正して入力しなさい。ただし、網掛けをする必要はない。フォントの種類は明朝体とし、プロポーショナルフォントは使用しないこと。(制限時間　10分)

地球は太陽光線によって表面が暖められ、目に見えない赤外線を	30
雨中に向けて放出することによって冷やされる。地表から放出され	60
たエネルギーの一部は、大気中の二酸化炭素やメタン、フロンなど	90
(温室効果ガスという)によって吸収・放射され、地表を暖める。	120
もし、これらのガスがなかったら、地表の平均気温はマイナス18	150
度となり生物の住めない星になってしまう。この大気の自然のバラ	180
ンスのおかげで、人は地球に住んでいられるのである。	206
しかし、人間の活動によって温室効果ガスが大量に排出され、大	236
気中濃度が増加すると、地表の気温が上昇することになる。これが	266
地球温暖化である。温暖化の最大の原因物質は二酸化炭素であり、	296
排出量の60%を占めている。石油、石炭など化石燃料の大量消費	326
や森林の伐採によって排出されるが、その3～4割は吸収されずに	356
大気中にたまり続けている。この量が2倍になると、平均気温は約	386
2度上がると予測されている。	401
このまま気温の上昇が続けば異常気象も増える。弦に、温暖化が	431
問題となり始めた1980年代半ばから各地で干ばつや洪水、台風	461
の大きな被害が多発している。さらに海面の上昇、生態系の崩壊、	491
食糧生産の減少、熱帯性感染症の増加など、被害は広範囲にわたる	521
だろう。すでに樹木の開花や鳥の産卵時期が早まったり、食性の分	551
布が変化するなど、動植物に影響が及び始めている。	576
これ以上の温暖化を防ぐことは、未来の人類と地球に対する責務	606
である。そのためには、省エネルギー・省資源を徹底した循環型社	636
会を作り上げなければならない。それには我々一人ひとりの意識を	666
変える必要があるだろう。まずは日常生活でのこまめな省エネをそ	696
の第一歩とすることにしよう。	710

	総字数	－ エラー数	＝ 純字数
月　　日			
月　　日			

排出(はいしゅつ)　伐採(ばっさい)
崩壊(ほうかい)　循環(じゅんかん)

速度25回解答　186 降→高　421 真価→進化　611 参加→酸化

27回解答→P.36下

28回 1行の文字数を30字に設定し、網掛けした漢字は同じ読みで間違って使われているため、正しい漢字に訂正して入力しなさい。ただし、網掛けをする必要はない。フォントの種類は明朝体とし、プロポーショナルフォントは使用しないこと。(制限時間　10分)

本文	字数
企業などが仕事と育児を両立するため、職場に設ける託児所とし	30
て、事業所内託児所が再び増え始めている。少子化と不興の影響で	60
いったん数は減った。だが、少子化対策を迫られる行政の後押しに	90
加え、業績回復で人材確保が課題の企業も、働きやすい環境の整備	120
を意識するようになった。託児サービス業各社は、工夫をしながら	150
事業拡大を狙っている。	162
この託児所は、企業が従業員のために職場内などに設置する保育	192
施設で、働きながら子育てをする女性のニーズが強い。仕事と育児	222
の両立という面でさまざまなメリットがあるためだ。例えば、自宅	252
や会社から離れた保育所に連れていく手間が省け、急な残業にも、	282
比較的柔軟に対応してもらえる。子どもと一緒に出勤し、昼食を共	312
にできれば、子どもと触れ合う時間も長くなる。	335
一方、企業側も、託児所の設置によって女性従業員の出産を理由	365
とした退職を減らすことができ、企業イメージの工場や入社希望者	395
の増加などの効果も得られる。双方にメリットがあるものの、この	425
託児所は厚生労働省の外郭団体であり、現在全国には四千弱の施設	455
しかない。普及しない理由は、企業負担の重さにあるようだ。この	485
ため主に資金的に余裕のある大企業を中心に設置が進み、余力のな	515
い中小企業では取り組みが遅れてきた。	534
近年は、中小企業への導入を促すために、原稿の助成制度を拡充	564
し、国として、税制面で新たな支援制度を創設した。現在、このよ	594
うな託児所に対して、国は設置費や増築費の3分の1、運営費につ	624
いては2分の1の金額を助成しているが、中小企業に限っては、そ	654
の助成率をさらに引き上げている。これからは、税制面以外でも、	684
多くの人たちに望まれる抜本的な制度の改革が急務である。	711

	総字数	－ エラー数 ＝	純字数
月　　日			
月　　日			

託児所（たくじしょ）　外郭（がいかく）
余力（よりょく）　拡充（かくじゅう）

3 ビジネス文書編

1 実技問題

例題

①検定試験（実技問題）の第１ページ目の見本

〔 書 式 設 定 〕
ａ．余白は上下左右それぞれ２５ｍｍとすること。
ｂ．指示のない文字のフォントは、明朝体の全角で入力し、サイズは１２ポイントに統一すること。（１２ポイントで書式設定ができない場合は１１ポイントに統一すること。）
ただし、プロポーショナルフォントは使用しないこと。
ｃ．複数ページに渡る印刷にならないよう書式設定に注意すること。
〔 注 意 事 項 〕
１．ヘッダーに左寄せで受験級、試験場校名、受験番号を入力すること。
２．Ａ４判縦長用紙１枚に体裁よく作成し、印刷すること。
３．訂正・挿入・削除・適語の選択などの操作は制限時間内に行うこと。

②検定試験（実技問題）の出題例

【問 題】 次のⅠ～Ⅳに従い、右のような文書を作成しなさい。

Ⅰ 標題の挿入
出題内容に合った標題のオブジェクトを、用意されたフォルダなどから選び、指示された位置に挿入しセンタリングすること。

Ⅱ 表作成
下の資料Ａ・Ｂ並びに指示を参考に表を作成すること。

資料A 単位：人

コード	団 地 名	特色・現状	在住人口
ＳＥ１	若松台	最初に開発され、現在では再開発が進む	16,544
ＳＥ２	さくらの丘	桜丘駅に近く、利便性が高く人気がある	5,271
ＳＥ３	ベイサイド希望が崎	南国風のマンションが立ち並んでいる	9,382
ＳＷ１	本町三丁目	来年度からの建て替え工事が決定している	12,435
ＳＷ２	十里ニュータウン	市内で最も大きな規模を誇る	39,867
ＳＷ３	東沼グリーンハイツ	自然との共生をコンセプトに造成がされた	7,069

資料B

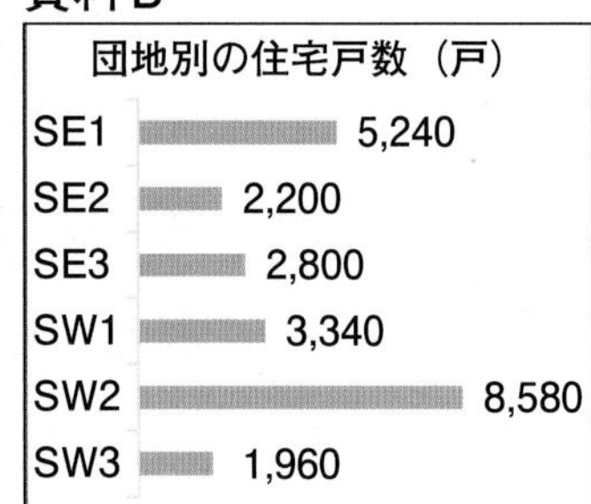

指示
１．表は、行頭・行末を越えずに作成し、行間は、２．０とすること。
２．罫線は右の表のように太実線と細実線とを区別すること。
３．表の枠内の文字は１行で入力し、上下のスペースが同じであること。
４．右の表のように項目名とデータが正しく並んでいること。
５．表内の「住宅戸数」と「在住人口」の数字は、明朝体の半角で入力し、３桁ごとにコンマを付けること。
６．ソート機能を使って、表全体を「住宅戸数」の多い順に並べ替えること。
７．表の「在住人口」の合計は、計算機能を使って求めること。
８．表の「若松台」の行全体に網掛けをして、フォントをゴシック体にすること。

Ⅲ テキスト・グラフの挿入
１．挿入する文章は、用意されたフォルダなどにあるテキストファイルから取得し、校正および編集すること。
２．出題内容に合ったグラフのオブジェクトを、用意されたフォルダなどから選び、指示された位置に挿入すること。

Ⅳ その他
１．問題文にある校正記号に従うこと。
２．①～⑬の処理を行うこと。
３．右の問題文にない空白行を入れないこと。
４．右の問題文の［ａ］にあてはまる語句を以下から選択し入力すること。
さくらの丘　　本町三丁目　　十里ニュータウン

オブジェクト（標題）の挿入・センタリング

市内には、南部地域を中心に現在６つの団地があります。老朽化による建て替えも一部では始まっており、今回はその現状をまとめました。

①一重下線を引く。

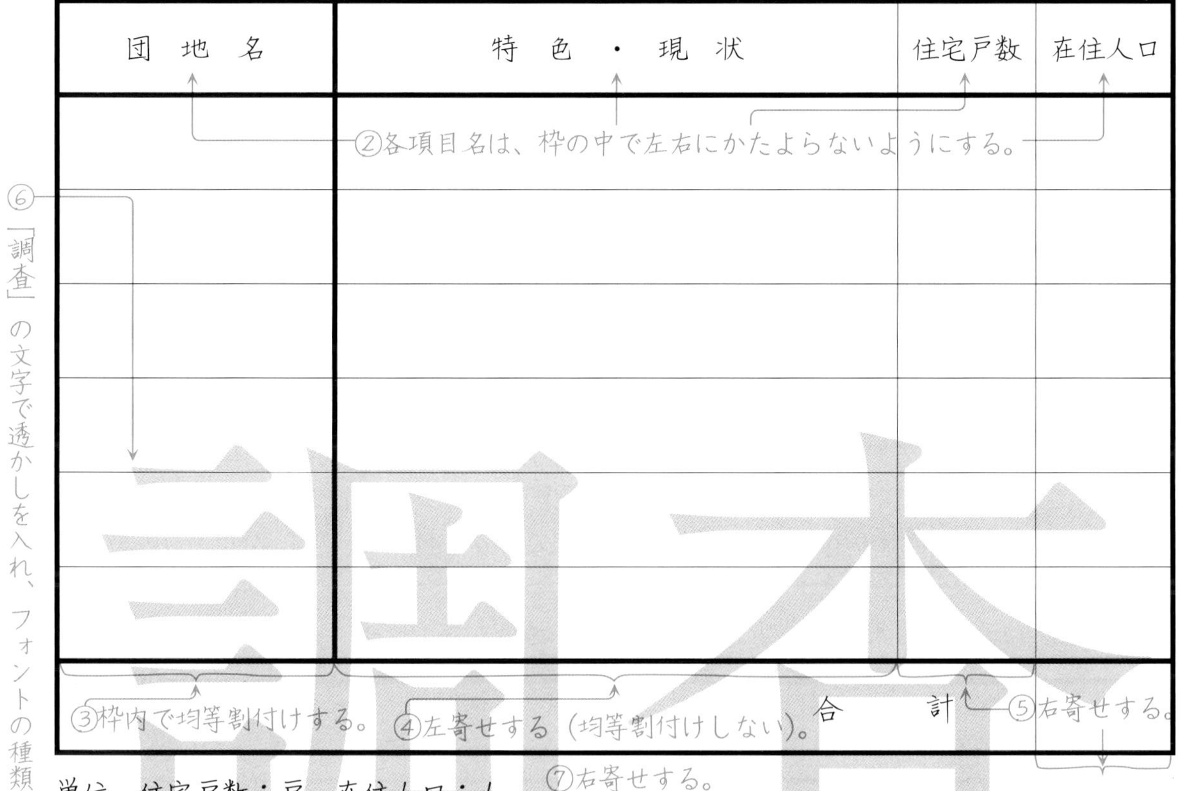

団　地　名	特　色　・　現　状	住宅戸数	在住人口
	合　　計		

②各項目名は、枠の中で左右にかたよらないようにする。

③枠内で均等割付けする。

④左寄せする（均等割付けしない）。

⑤右寄せする。

⑥「調査」の文字で透かしを入れ、フォントの種類は明朝体、文字の位置は水平とする。

単位　住宅戸数：戸　在住人口：人

⑦右寄せする。

新駅が北部地域に来年３月に開業することが決まっており、これに合わせて新たなニュータウンの造成も進んでいる。規模開発は、若松台と同程度の予定であり、駅前は大型の商業施設が建設されることも決まっている。

⑧取得した文章のフォントの種類は明朝体、サイズは12ポイントとし、３段で均等に段組みをし、境界線を細実線で引き、「新」を２行の範囲で本文内にドロップキャップする。

テキストファイルの挿入位置

⑨枠を挿入し、枠線は細実線とする。

団地の再開発

３年前より若松台では、Ａ地区から順に再開発工事が行われている。今年４月からは新しい住宅への入居も開始されている。

また、 a は、来年度からの建て替え工事により、高齢者向け住宅を中心とした団地となる。

⑩枠内のフォントの種類はゴシック体、サイズは12ポイントとし、横書きとする。

⑪20ポイントで、文字を線で囲み、１行で入力する。

オブジェクト（グラフ）の挿入位置

⑫矢印の先端が棒グラフの「若松台」の部分に達するように、枠線から図形描画機能で矢印を挿入する。

作成：咄谷（とつたに）　栄治

⑬明朝体のひらがなでルビをふり、右寄せする。

③「②」の模範解答例

第１級　○○高等学校　受験番号

市内の団地世帯状況調査

市内には、南部地域を中心に現在６つの団地があります。老朽化による建て替えも一部では始まっており、今回はその現状をまとめました。

団　地　名	特　色　・　現　状	住宅戸数	在住人口
十里ニュータウン	市内で最も大きな規模を誇る	8,580	39,867
若　松　台	**最初に開発され、現在では再開発が進む**	**5,240**	**16,544**
本　町　三　丁　目	来年度からの建て替え工事が決定している	3,340	12,435
ベイサイド希望が崎	南国風のマンションが立ち並んでいる	2,800	9,382
さ　く　ら　の　丘	桜丘駅に近く、利便性が高く人気がある	2,200	5,271
東沼グリーンハイツ	自然との共生をコンセプトに造成がされた	1,960	7,069
	合　計		90,568

単位　住宅戸数：戸　在住人口：人

新駅が北部地域に来年３月に開業することが決まっており、これに合わせて新たなニュータウンの造成も進んでいる。開発規模は、若松台と同程度の予定であり、駅前には大型の商業施設が建設されることも決まっている。

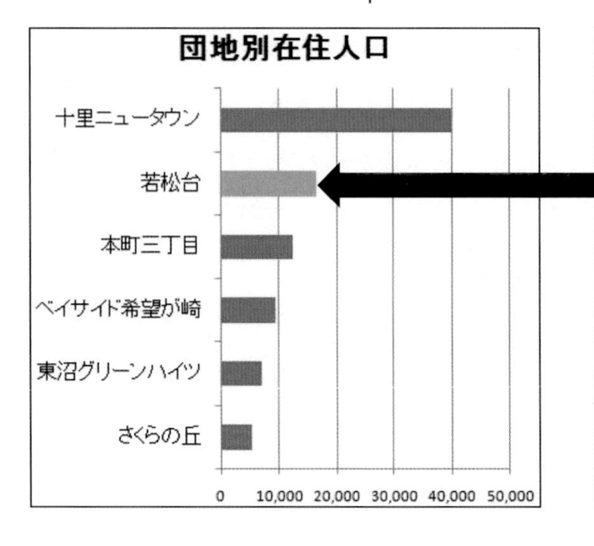

団地の再開発

３年前より若松台では、Ａ地区から順に再開発工事が行われている。今年４月からは新しい住宅への入居も開始されている。

また、本町三丁目は、来年度からの建て替え工事により、高齢者向け住宅を中心とした団地となる。

作成：咄谷（とったに）　栄治

試験の流れ

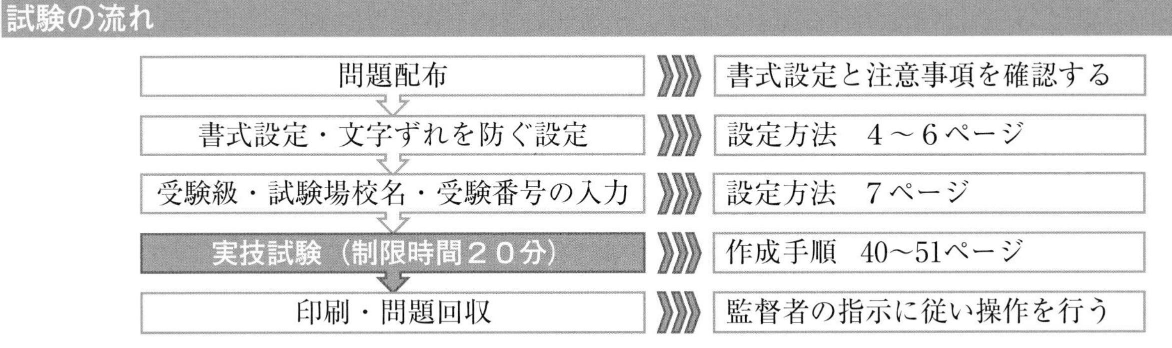

1級作成手順（Word2019）

作成前の確認事項

書式設定・文字ずれを防ぐ設定を行うときに、描画キャンパスのオプション、オートコレクトの入力オートフォーマットについても合わせて設定を行ってください。

●描画キャンパスを非表示にします。

❶Wordのオプションを表示します。
❷［詳細設定］をクリックします。
❸［編集オプション］の中の［オートシェイプ挿入時、自動的に新しい描画キャンパスを作成する］のチェックをはずします。

●スペースキーによる字下げの機能を解除します。

❶［文章校正］をクリックします。
❷［オートコレクトのオプション］ボタンをクリックします。
※［オートコレクト］ダイアログボックスが表示されます。
❸［入力オートフォーマット］タブをクリックします。
❹［入力中に自動で行う処理］の設定にある［Tab/Space/BackSpace キーでインデントとタブの設定を変更する］のチェックをはずします。
❺［ＯＫ］ボタンをクリックします。
※［オートコレクト］ダイアログボックスを閉じます。
❻［Wordのオプション］の［ＯＫ］ボタンをクリックします。
※［Wordのオプション］ダイアログボックスを閉じます。

オートコレクト
オートコレクト　数式オートコレクト　入力オートフォーマット　オートフォーマット　操作
入力中に自動で変更する項目
☑ 左右の区別がない引用符を、区別がある引用符に変更する
☑ 序数 (1st, 2nd, 3rd, ...) を上付き文字に変更する
☐ 分数 (1/2, 1/4, 3/4) を分数文字 (組み文字) に変更する
☑ ハイフンをダッシュに変更する
☐ '*'、'_' で囲んだ文字列を '太字'、'斜体' に書式設定する
☑ 長音とダッシュを正しく使い分ける
☑ インターネットとネットワークのアドレスをハイパーリンクに変更する
☐ 行の始まりのスペースを字下げに変更する
入力中に自動で書式設定する項目
☐ 箇条書き (行頭文字)
☐ 箇条書き (段落番号)
☑ 罫線
☑ 表
☐ 既定の見出しスタイル
☐ 日付スタイル
☑ 結語のスタイル
入力中に自動で行う処理
☑ リストの始まりの書式を前のリストと同じにする
☐ Tab/Space/BackSpace キーでインデントとタブの設定を変更する
☐ 設定した書式を新規スタイルとして登録する
☑ かっこを正しく組み合わせる
☐ 日本語と英数字の間の不要なスペースを削除する
☑ '記' などに対応する '以上' を挿入する
☑ 頭語に対応する結語を挿入する
OK　キャンセル

例題の「文字数と行数の設定」→１ページの文字数：４０字　１ページの行数：３７行

表の行間２の設定およびルビの挿入により、上記の１ページの行数（３７行）では１ページに収まらない場合があります。初期設定（→本誌Ｐ.4）では、文字数４０字・行数４０行に設定し、設定の最後に行数を再設定してください。

作成前の確認

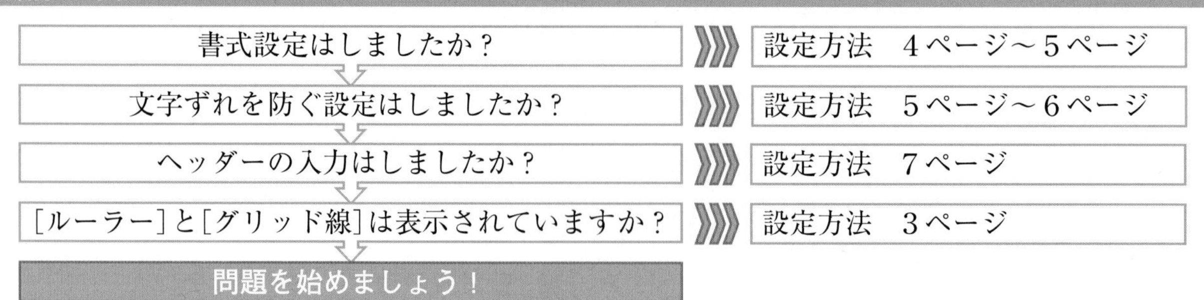

作成手順

1 オブジェクト（標題）の挿入

❶［挿入］タブをクリックします。
❷［図］グループの［画像］をクリックします。
❸［このデバイス］をクリックすると、［図の挿入］ダイアログボックスが表示されます。
❹挿入したいオブジェクトが保存されているフォルダを選択します。
❺挿入したいオブジェクトのファイルをクリックし、右下の［挿入］ボタンをクリックします。

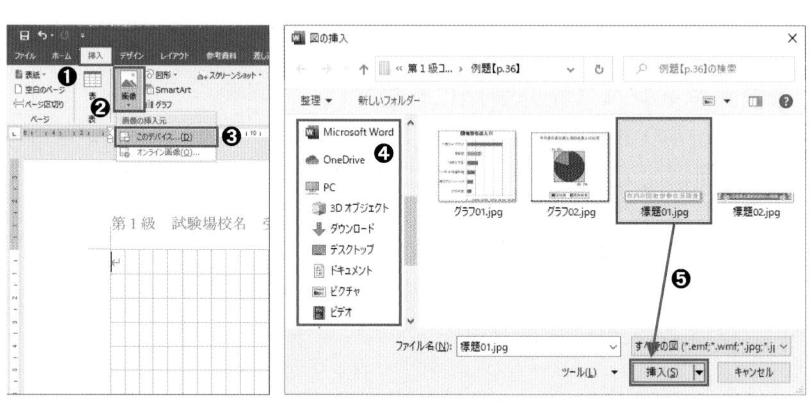

2 オブジェクト（標題）の位置合わせ　※行内でのセンタリング（中央揃え）

❶センタリングをするオブジェクトをクリックします。
❷［ホーム］タブをクリックします。
❸［段落］グループの［中央揃え］をクリックします。

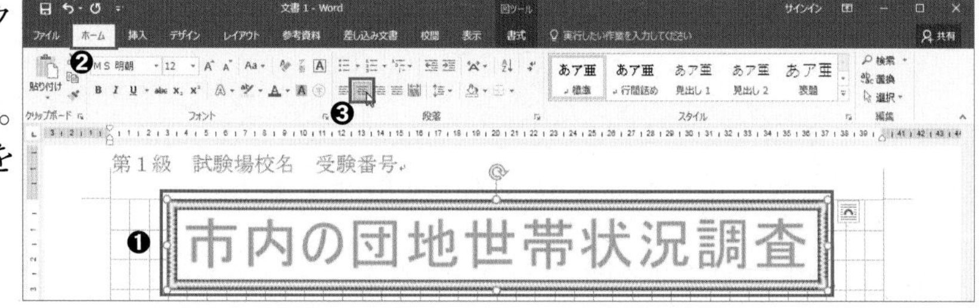

3 文字の入力・文字数の設定

❶標題の下の文字を入力します。
❷ページ設定ダイアログボックスを表示して、文字数を合わせます。次ページ解説を参照。

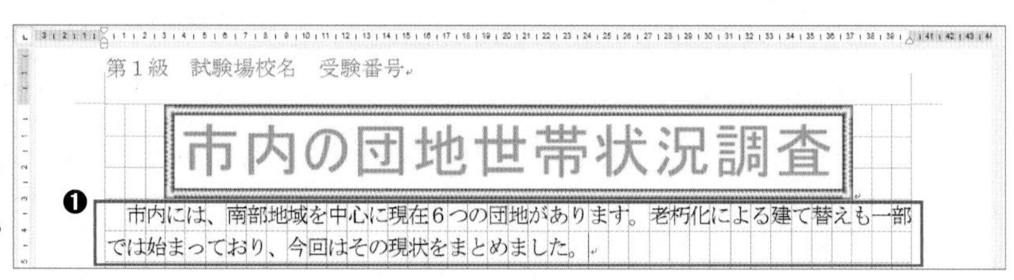

4 文字の入力・編集（校正記号による書体（フォント）の変更）

❶指示①に従い、一重下線を引くと指示されている「老朽化による建て替え」をドラッグします。
❷［ホーム］をクリックします。
❸［フォント］グループの［下線］の▼をクリックし、［一重下線］をクリックします。

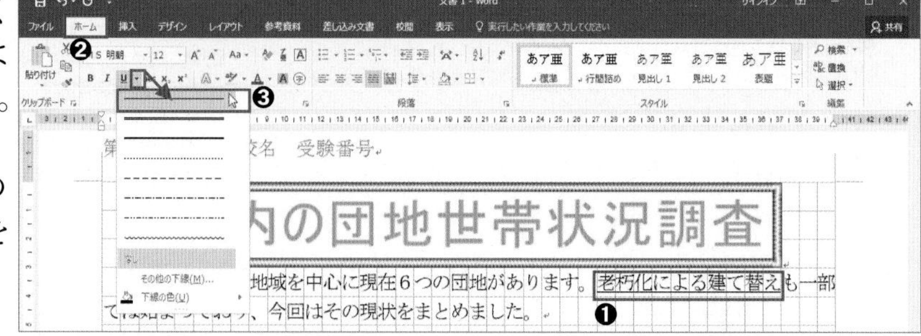

注意！　**１級実技問題の文字数について**
１級の実技問題では、文字数および行数の設定に関する指示はありません。
文字数については、3で入力した文字が基準となります。入力ミスによる誤字や余分字があるとページ設定を正しく行うことができません。ミスのない入力を心がけましょう。

文字入力後のスペース挿入による「字下げ」について
文字を入力した後に先頭にスペースを挿入すると字下げのインデント設定が行われ、１行目の文字数がずれます。39ページの入力オートフォーマット機能の解除をあらかじめしておきましょう。

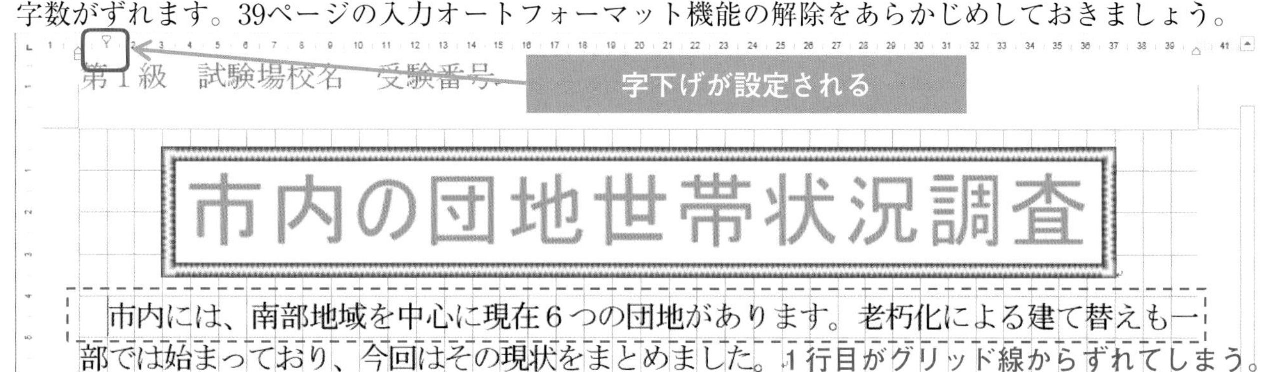

5 表の挿入

❶表を挿入したい位置にカーソルを移動します。
❷［挿入］タブをクリックします。
❸［表］グループの［表］をクリックすると、グリッドが表示されます。
❹作成する表の行列までマウスカーソルを移動します。
（例題では８行×４列）
❺移動したセル上でクリックをすると、表が挿入されます。

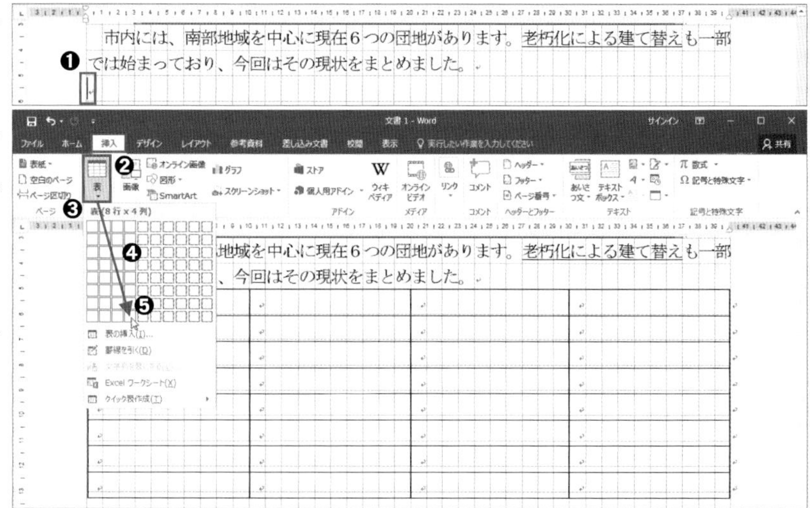

6 表の編集（縦罫線の調整）

❶位置を変更したい縦罫線上にマウスカーソルを合わせます。
❷マウスカーソルが縦罫線の列幅調整の形に変わったら、3で入力した文字の位置を参考に縦罫線をドラッグして移動します。

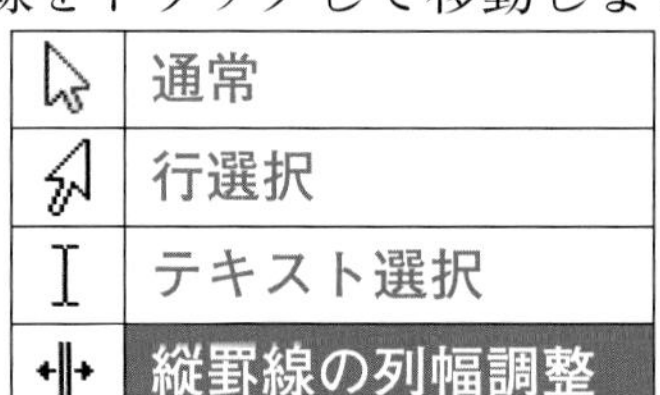

	通常
	行選択
	テキスト選択
	縦罫線の列幅調整

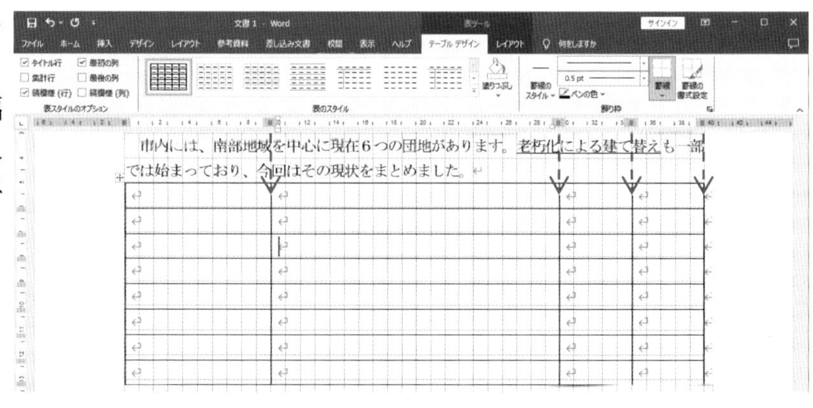

7 表の編集（セルの配置）

❶表にマウスカーソルを合わせると、表の左上に表全体を選択できるアイコンが表示されます。
❷❶で表示したアイコンをクリックして、表全体を選択します。
❸［表ツール］の［レイアウト］タブをクリックします。
❹［配置］グループの［中央揃え（左）］をクリックします。

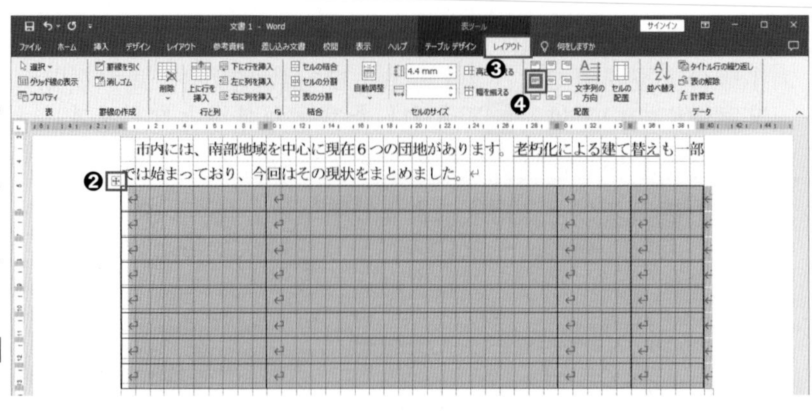

8 表の編集（セルの結合）

❶結合したいセルをドラッグして選択します。
❷［表ツール］の［レイアウト］タブをクリックします。
❸［結合］グループの［セルの結合］をクリックします。（左図）または、選択範囲内で右クリックし、ショートカットメニューから［セルの結合］をクリックします。（右図・❷は省略）

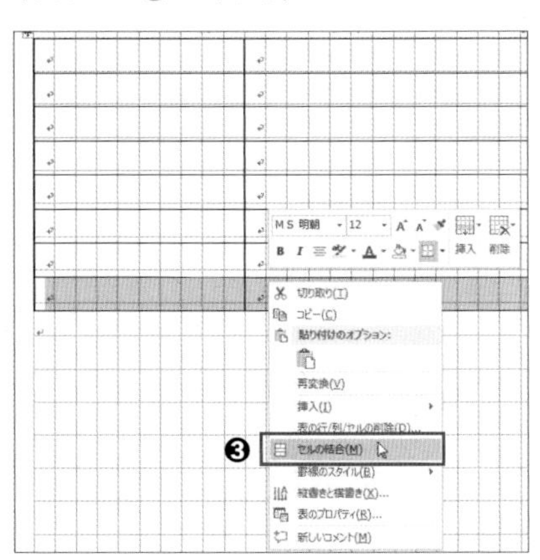

9 表内の入力

●表内に文字を入力します。

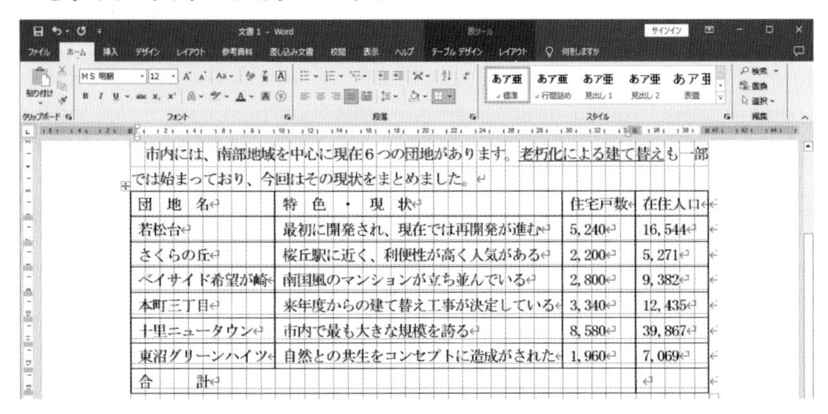

市内には、南部地域を中心に現在6つの団地があります。老朽化による建て替えも一部では始まっており、今回はその現状をまとめました。

団　地　名	特　色　・　現　状	住宅戸数	在住人口
若松台	最初に開発され、現在では再開発が進む	5, 240	16, 544
さくらの丘	桜丘駅に近く、利便性が高く人気がある	2, 200	5, 271
ベイサイド希望が崎	南国風のマンションが立ち並んでいる	2, 800	9, 382
本町三丁目	来年度からの建て替え工事が決定している	3, 340	12, 435
十里ニュータウン	市内で最も大きな規模を誇る	8, 580	39, 867
東沼グリーンハイツ	自然との共生をコンセプトに造成がされた	1, 960	7, 069
合　　計			

補足説明　7・9　表内の入力とセルの幅の修正

　セルの幅により1行に収まらない場合には、下記の方法で修正することもできます。

❶［表ツール］の［レイアウト］タブをクリックする。
❷［セルのサイズ］グループの［自動調整］をクリックする。
❸［文字列の幅に自動調整］をクリックする。
※グリッド線と多少ずれます。

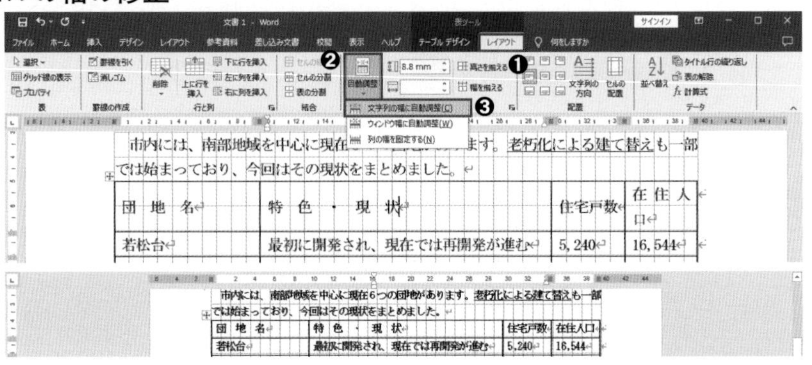

10 表内の編集（項目名のセンタリング（中央揃え）・合計の位置修正）

❶項目名をドラッグします。
❷［ホーム］タブをクリックします。
❸［段落］グループの［中央揃え］をクリックします。
❹合計を選択し、［右揃え］をクリックし、文末に３文字分の空白を挿入します。

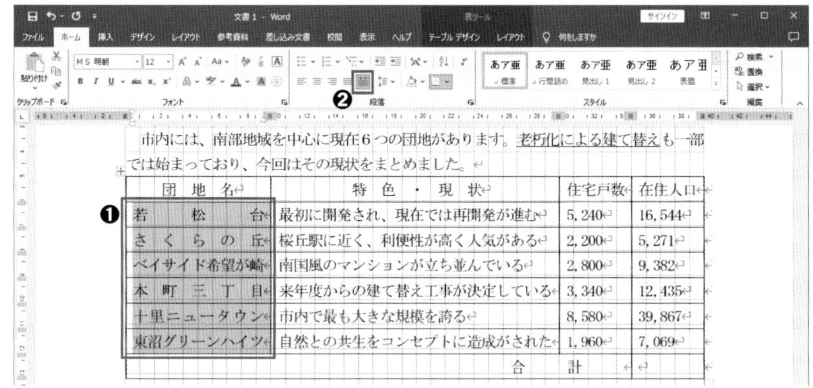

11 表内の編集（「団地名」の均等割付け）

❶「団地名」の均等割付けするセルをドラッグします。
❷［段落］グループの［均等割り付け］をクリックします。

※全商では「割付け」、Wordでは「割り付け」と表記します。

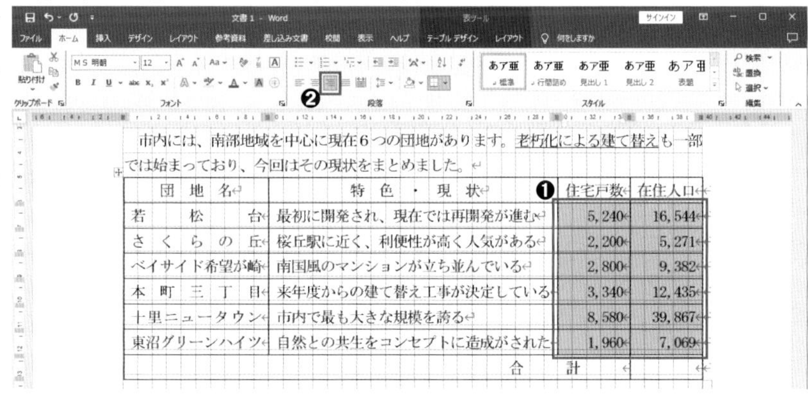

12 表内の編集（「住宅戸数」・「在住人口」・「合計」の右寄せ（右揃え））

❶「住宅戸数」と「在住人口」の右寄せするセルをドラッグします。
❷［段落］グループの［右揃え］をクリックします。
❸同じ手順で、合計の数値の入力欄も右寄せをする。

13 表の並べ替え（「住宅戸数」を基準としたソート（並べ替え））

❶「合計」の行以外をドラッグします。
❷［表ツール］の［レイアウト］タブをクリックします。
❸［データ］グループの［並べ替え］をクリックします。
❹［並べ替え］ダイアログボックス内の［最優先されるキー］で「住宅戸数」を選択し、リード順を降順に設定して、［ＯＫ］をクリックします。

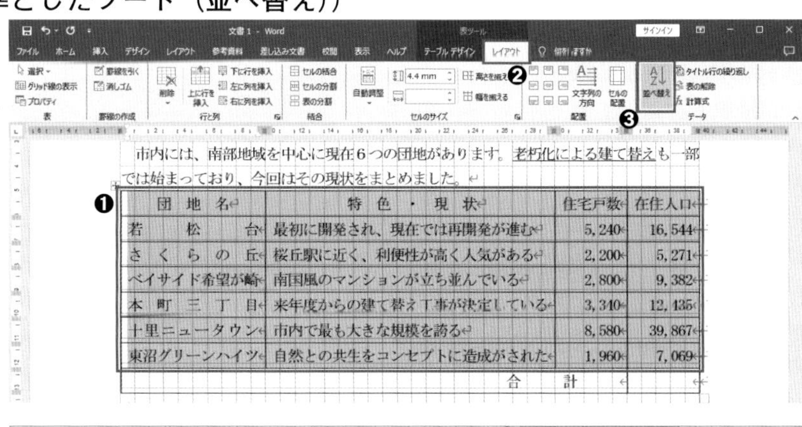

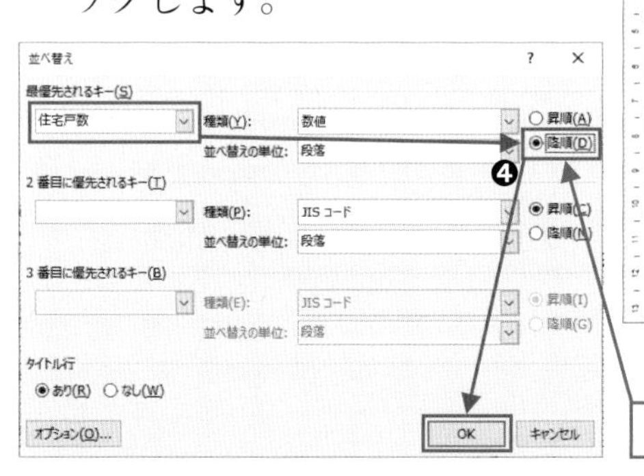

では始まっており、今回はその現状をまとめました。

団　地　名	特　色　・　現　状	住宅戸数	在住人口
十里ニュータウン	市内で最も大きな規模を誇る	8,580	39,867
若　松　台	最初に開発され、現在では再開発が進む	5,240	16,544
本　町　三　丁　目	来年度からの建て替え工事が決定している	3,340	12,435
ベイサイド希望が崎	南国風のマンションが立ち並んでいる	2,800	9,382
さ　く　ら　の　丘	桜丘駅に近く、利便性が高く人気がある	2,200	5,271
東沼グリーンハイツ	自然との共生をコンセプトに造成がされた	1,960	7,069
	合　　計		

昇順→小さい順／少ない順　降順→大きい順／多い順

14 表の合計（「在住人口」の合計（計算式））

❶「在住人口」の合計の結果を求めるセルをクリックします。
❷［表ツール］の［レイアウト］タブをクリックします。
❸［データ］グループの［計算式］をクリックします。
❹計算式が［=SUM(ABOVE)］であることを確認し、表示形式を［#,##0］に変更して、［ＯＫ］をクリックします。
❺右揃えをします。

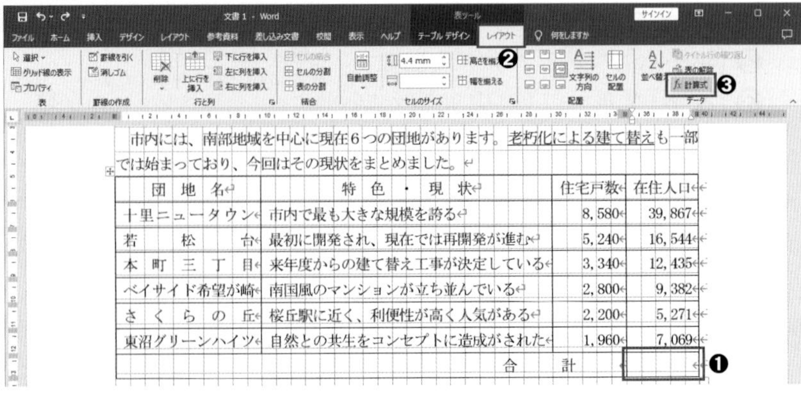

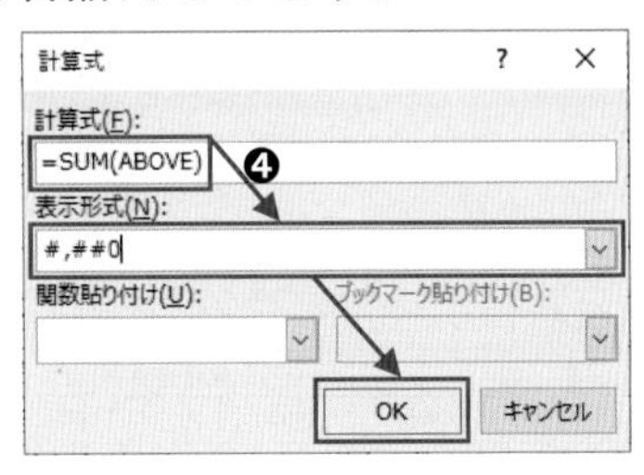

15 表内のフォントの変更と網掛け（「若松台」の行全体に網掛け）

❶「若松台」の行全体をドラッグします。
❷［表ツール］の［テーブル デザイン］タブをクリックします。
❸［表のスタイル］グループの［塗りつぶし］をクリックします。
❹カラーパレットの［白、背景 1、黒 + 基本色 35%］をクリックします。
❺［ホーム］タブをクリックします。
❻［フォント］グループの［フォント］の▼をクリックし、［ＭＳゴシック］をクリックします。

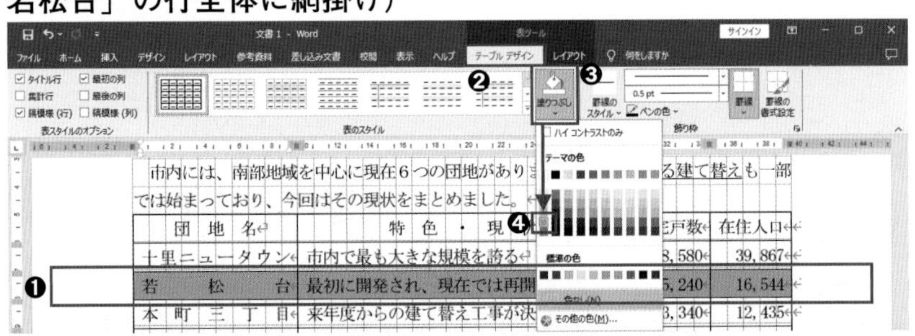
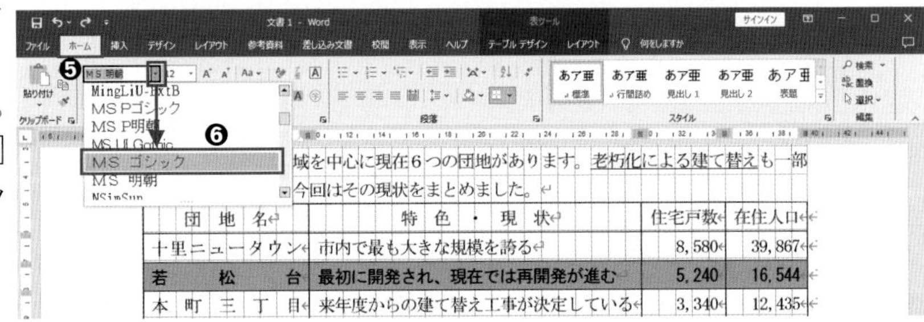

16 罫線の線種変更

❶項目名の行をドラッグします。
❷［表ツール］の［テーブル デザイン］タブをクリックします。
❸［飾り枠］グループの［ペンの太さ］をクリックし、［2.25 pt］をクリックします。
❹［飾り枠］グループの［罫線▼］から［外枠］をクリックします。
❺太罫線を引く範囲を選択し、他の罫線の線種も変更します。

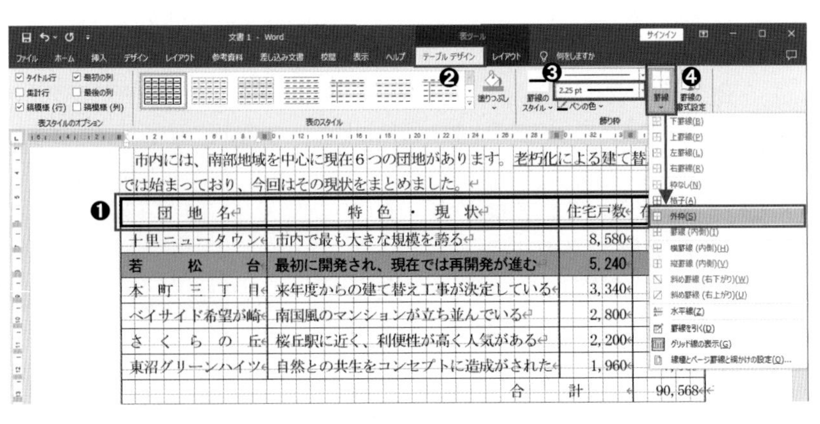

17 罫線の行間変更

❶表全体を選択します。
❷［ホーム］タブをクリックします。
❸［段落］グループの［行と段落の間隔］をクリックし、［2.0］をクリックします。

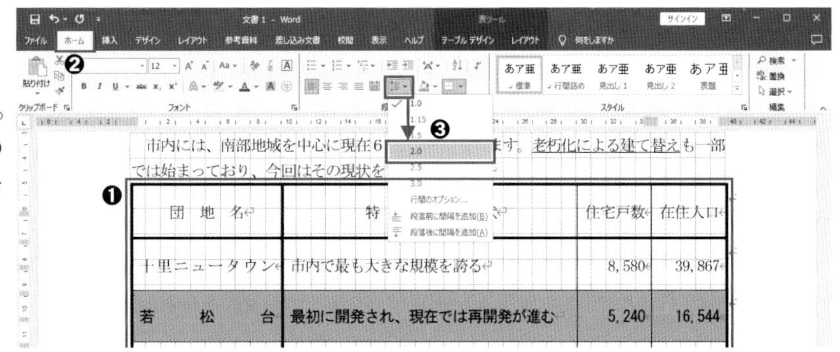

18 単位の入力・右寄せ（右揃え）

❶単位を入力します。
❷［ホーム］タブをクリックします。
❸［段落］グループの［右寄せ］をクリックします。

19 テキストファイルの挿入・編集

❶テキストファイルを挿入する位置にカーソルを合わせます。
❷［挿入］タブをクリックします。
❸［テキスト］グループの［オブジェクト▼］の▼をクリックし、［テキストをファイルから挿入］をクリックする。
❹［ファイルの挿入］ダイアログボックスが表示されたら、挿入したいオブジェクトが保存されているフォルダを選択します。
❺ファイルの種類から［すべてのファイル］をクリックする。
❻挿入したいテキストファイルをクリックし、右下の［挿入］ボタンをクリックします。
❼［ファイルの変換］ダイアログボックスが表示されたら、［Windows（既定値）］のまま、［OK］をクリックします。
❽テキストが挿入されたら、フォントの種類を［MS明朝］、フォントサイズを［12］に変更します。
❾校正記号に従って、必要な校正を行います。

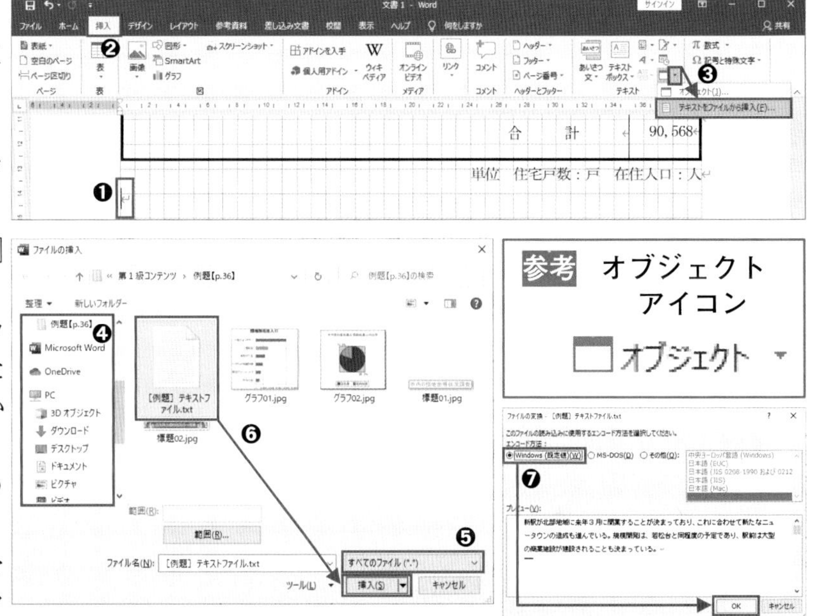

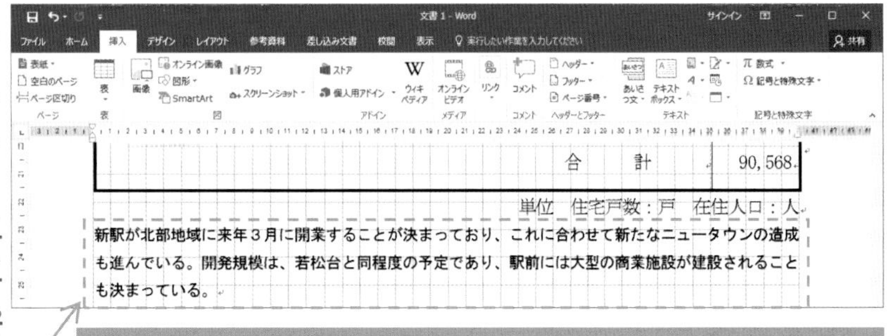

補足説明　19　テキストファイルの挿入・編集について

●テキストデータがあるフォルダを開き、テキストファイルを開き（❶）、［編集］から［すべて選択］をクリックし（❷）、［コピー］をクリックして（❸）Wordに戻り、［貼り付け］をすることでも挿入できます。この方法では、フォントの種類・サイズは変わりません。

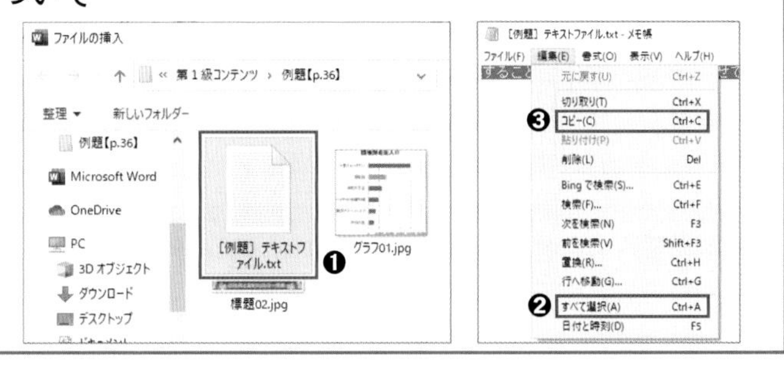

20 テキストファイルの段組み

❶段組みを設定する文書をドラッグして選択します。
❷［レイアウト］タブをクリックします。
❸［ページ設定］グループの［段組み］をクリックし、［段組みの詳細設定］をクリックします。
❹［段組み］ダイアログボックスが表示されたら、問題の指示に従って［種類］から［3段］を選択し、［境界線を引く］のチェックをクリックします。
❺設定ができたら右下の［ＯＫ］をクリックします。

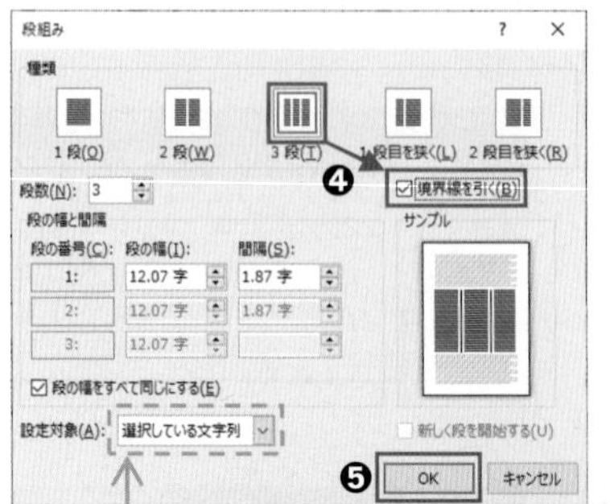

補足　段組みダイアログボックス
問題に合わせて、種類から段数、境界線を引くのチェックを設定してください。
なお、❶の文書の選択をせずに行うと、全体が段組みされるので注意しましょう。

表示が[文書全体]・[これ以降]のときは操作をやり直す

21 ドロップキャップの設定

❶ドロップキャップを指定する文字をドラッグして選択します。
❷［挿入］タブをクリックします。
❸［テキスト］グループの［ドロップキャップの追加▼］をクリックして、［ドロップキャップのオプション］をクリックします。
❹［ドロップキャップ］ダイアログボックスが表示されたら、問題に従って［位置］から［本文内に表示］を選択して、［ドロップする行数］を［2］に変更します。
❺設定ができたら右下の［ＯＫ］をクリックします。

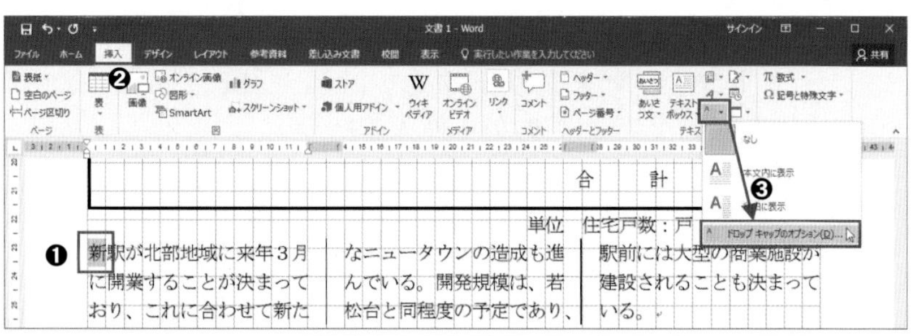

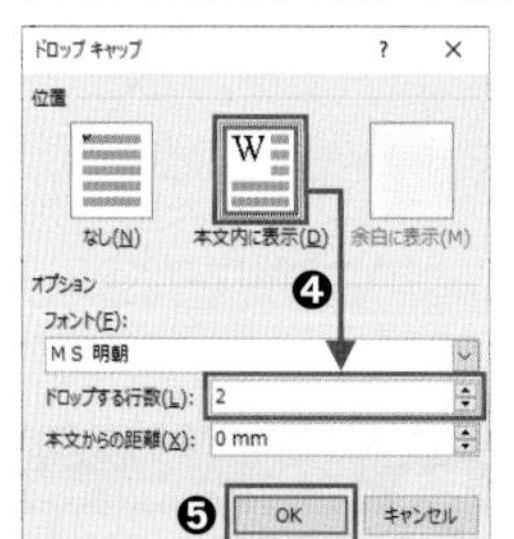

参考　ドロップキャップアイコン

参考　ドロップキャップダイアログボックス
問題に合わせて、ドロップする行数を設定してください。また、フォントの指定がある場合には、オプションのフォントを確認・変更してください。

●完成見本

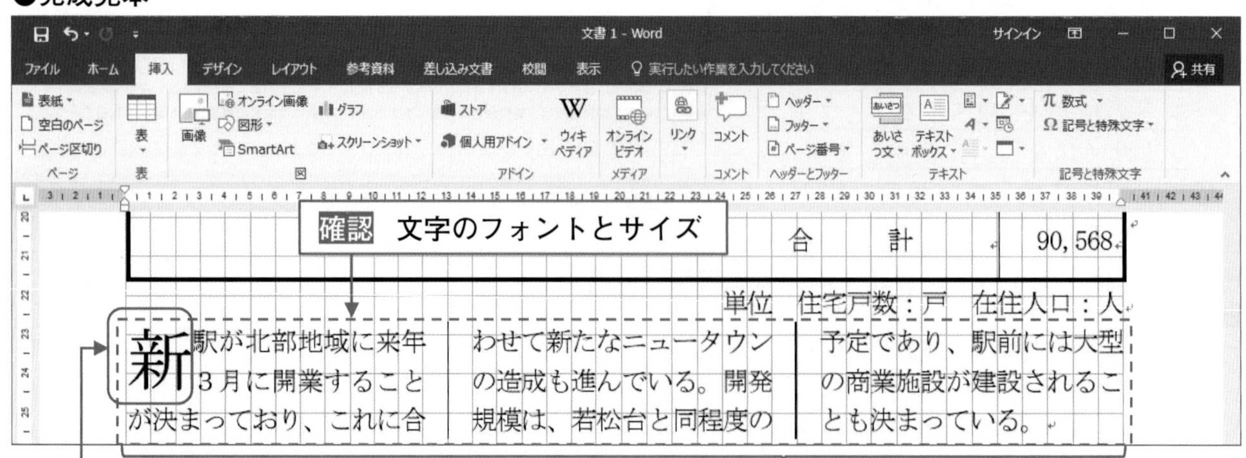

注意！ 20・21の段組みとドロップキャップについて

段組みとドロップキャップの両方が指示されている場合には、段組みの設定をしてからドロップキャップ作成を行ってください。

もし、逆の手順で作成した場合、下のような文書となる場合があります。

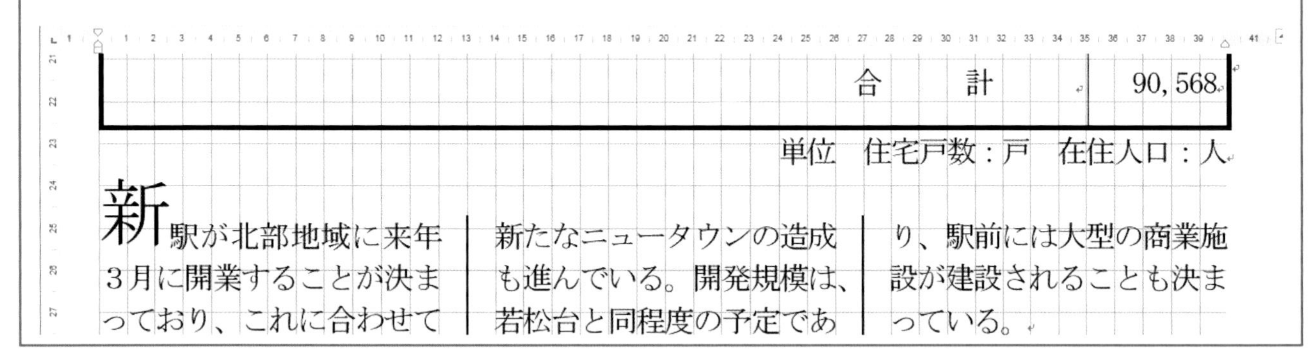

22 透かしの設定

❶［デザイン］タブをクリックします。

❷［ページの背景］グループの［透かし］をクリックし、表示メニューから［ユーザー設定の透かし］をクリックします。

❸［透かし］ダイアログボックスが表示されたら、［テキスト］をクリックします。

❹［テキスト］に指示された「調査」の文字を入力します。

❺［フォント］の項目から指示されたフォントの種類を選択します。

❻［レイアウト］から指示された表示方向をクリックします。

❼［OK］をクリックします。

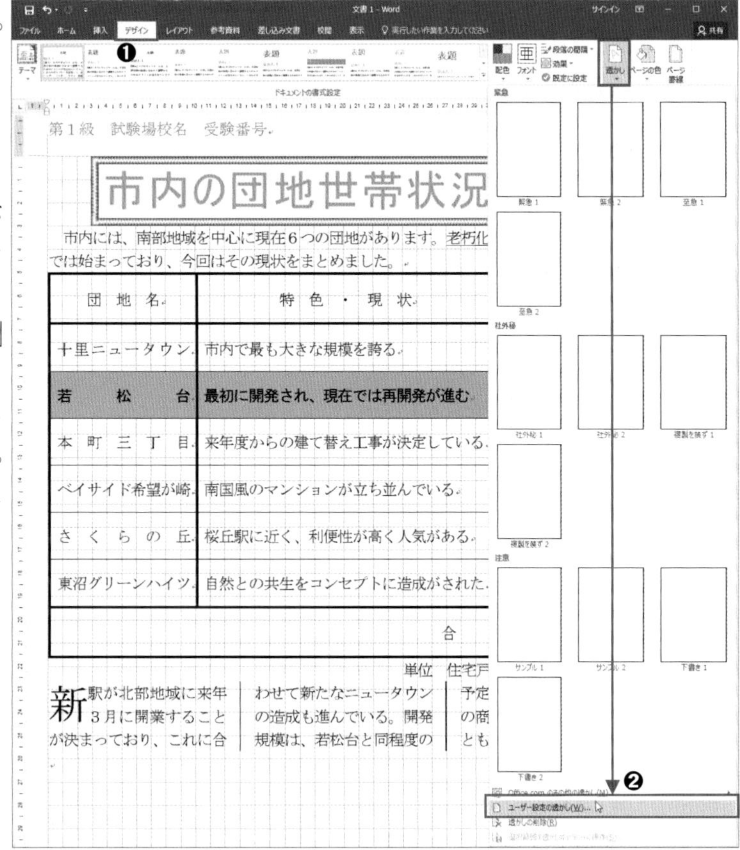

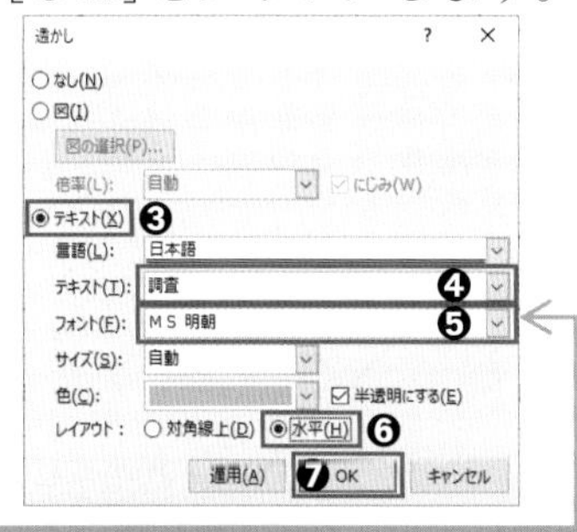

使用環境によっては、全角かな入力ができずに、半角英数または半角カナとなることがあります

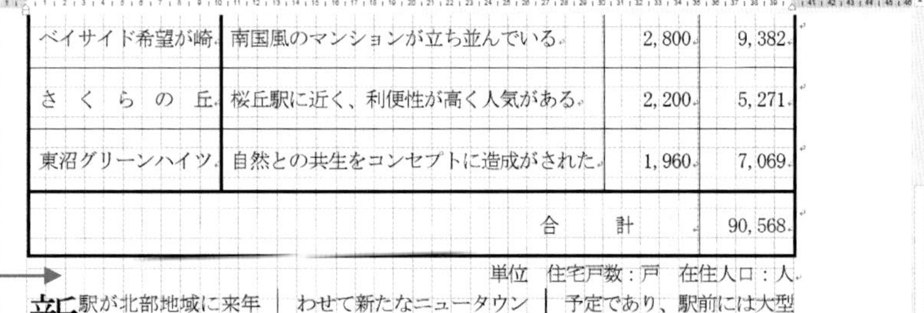

確認　透かしの文字・フォント・レイアウト

補足説明　22の透かしのエラーについて

●使用環境によって透かしの入力が正しくできない場合があります。（右図）

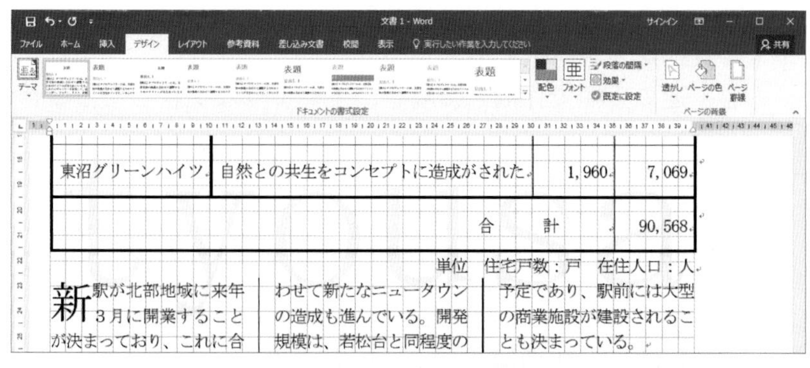

●このような場合には、正しい入力ができていると確認できた場合にはエラーとはなりません。あわてず正確に入力しましょう。

●あらかじめ本文中で文字を入力して、透かしダイアログボックスのテキストにコピー＆ペーストをすると作成することができます。

同じ現象はルビ機能でも発生する可能性があります

23 テキストボックスの挿入

❶［挿入］タブをクリックします。

❷［テキスト］グループの［テキストボックス］をクリックし、表示メニューから［横書きテキストボックスの描画］をクリックします。

❸カーソルの形が［＋］に変わったら、テキストボックスを挿入する位置をドラッグします。なお、枠のサイズは後で調整できますので、大まかなサイズで構いません。

❹テキスト内の文字を入力します。また、フォントの種類、フォントサイズなど指示された編集も行います。

❺問題に合わせて、テキストボックスの横幅のサイズを調整します。

団地の再開発

　３年前より若松台では、Ａ地区から順に再開発工事が行われている。今年４月からは新しい住宅への入居も開始されている。
　また、本町三丁目は、来年度からの建て替え工事により、高齢者向け住宅を中心とした団地となる。

確認　テキストボックス内の文字入力、フォント種類、その他指示されている編集

補足説明　23　テキストボックスの挿入について

テキストボックスの挿入は、［挿入］タブの［図］グループにある［図形］からでも行うことができます。

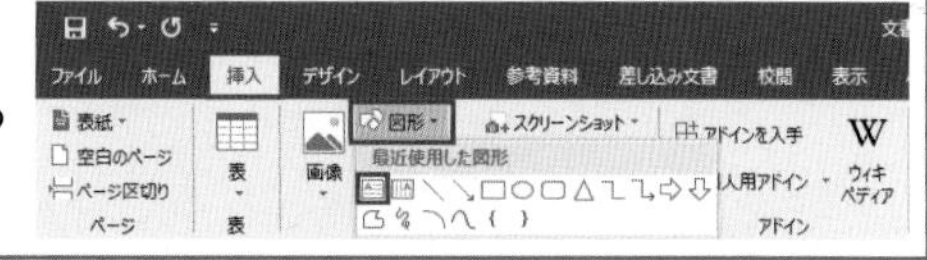

24 オブジェクト（グラフ）の挿入

❶［挿入］タブをクリックします。
❷［図］グループの［画像］をクリックします。
❸［このデバイス］をクリックすると、［図の挿入］ダイアログボックスが表示されます。
❹挿入したいオブジェクトが保存されているフォルダを選択します。
❺挿入したいオブジェクトのファイルをクリックし、右下の［挿入］ボタンをクリックします。

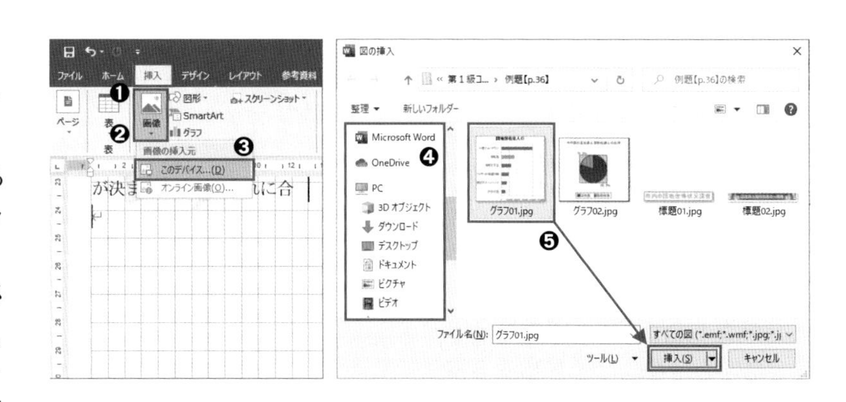

25 オブジェクト（グラフ）の位置の修正

❶24で挿入したオブジェクトをクリックすると、［図ツール］が表示されます。
❷［図ツール］の［書式］タブをクリックします。
❸［配置］グループの［文字列の折り返し］をクリックし、［背面］をクリックします。
❹オブジェクト上でマウスをドラッグすると、自由に動かすことができるようになります。
❺問題文で指示されている位置にオブジェクトを移動します。

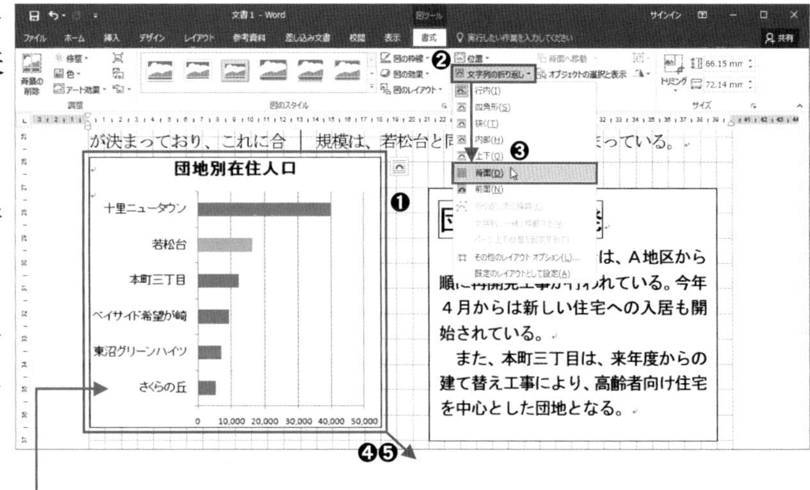

確認　オブジェクトの画像がテーマの内容に沿っている。

26 テキストボックスの縦サイズの修正

❶テキストボックスをクリックします。
❷テキストボックスの下枠の位置を24で挿入したオブジェクトと同じになるように調整します。

補足説明
オブジェクトの微調整について
オブジェクトの位置やサイズを微調整したい場合は、Altキーを押しながらドラッグしてください。

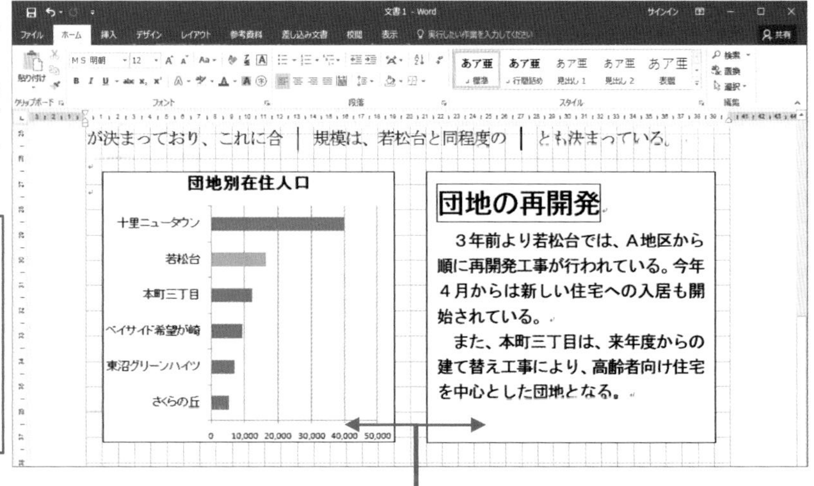

確認　❶オブジェクトとテキストボックスの大きさがほぼ同じになっている。
※オブジェクトのサイズを変更する必要はありません。
❷テキストボックスやオブジェクトが、他の部分に重なっていない。

27 図形（矢印）の挿入

❶［挿入］タブをクリックします。
❷［図］グループの［図形］をクリックし、表示されたメニューの［ブロック矢印］から、問題に合わせた向きの矢印をクリックします。
❸カーソルの形が［+］に変わったら、矢印を挿入する位置でドラッグをし、矢印を挿入します。
❹矢印のサイズを整えます。

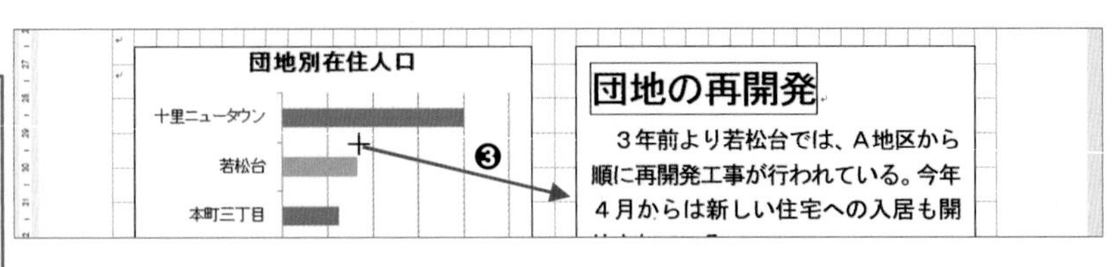

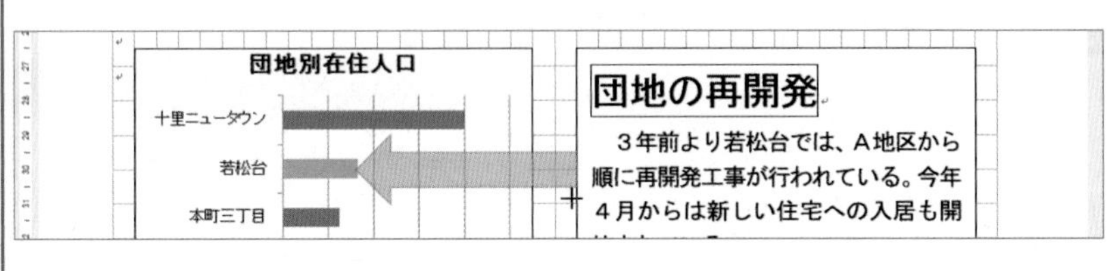

補足説明
27の矢印の調整について
矢印をクリックすると、矢印の四隅に小さなボタンが表示され、これをドラッグすると大きさが変更できます。

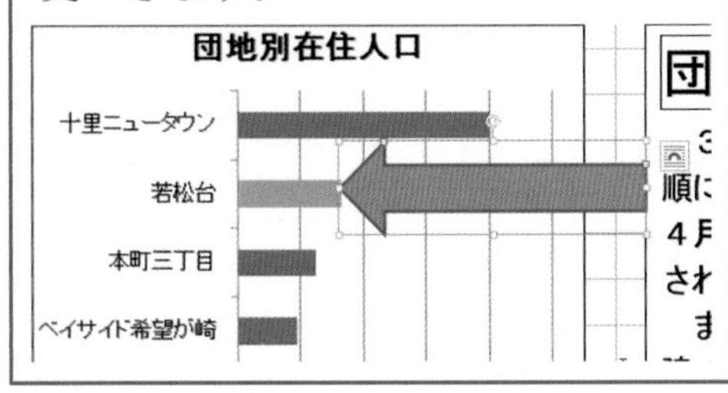

28 テキストボックスの配置変更（最前面）

❶テキストボックスをクリックします。
❷［描画ツール］の［書式］タブをクリックします。
❸［配置］グループの［前面へ移動▼］の▼をクリックし、［最前面へ移動］をクリックします。

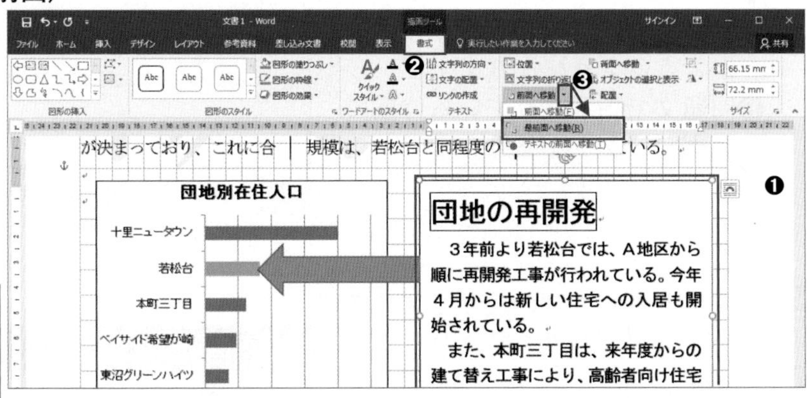

参考 前面へ移動アイコン 前面へ移動

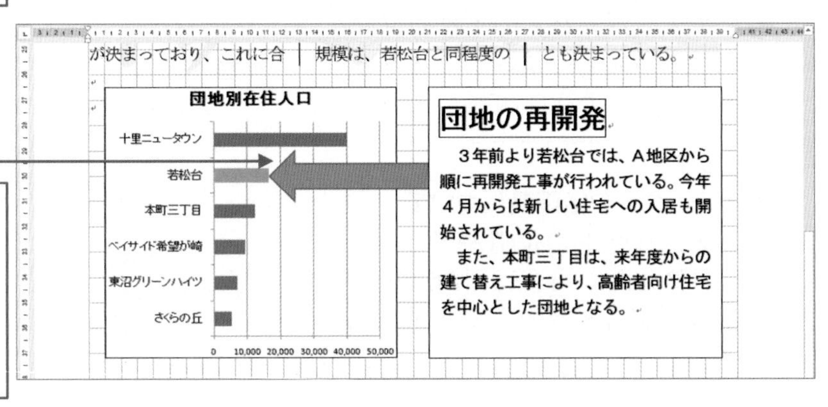

確認 ❶矢印が問題で指示された場所を指している。
❷矢印がテキストボックス内や本文中の文字などに重なっていない。

29 手書き入力（第二水準漢字の入力）

❶［ＩＭＥパッド］をクリックし、手書き入力画面を表示させます。
❷［ここにマウスで文字を描いてください］と表示された枠内にマウスをドラッグして、表示したい漢字を入力します。
❸右側の表示候補に表示されている文字から、表示したい漢字をクリックします。

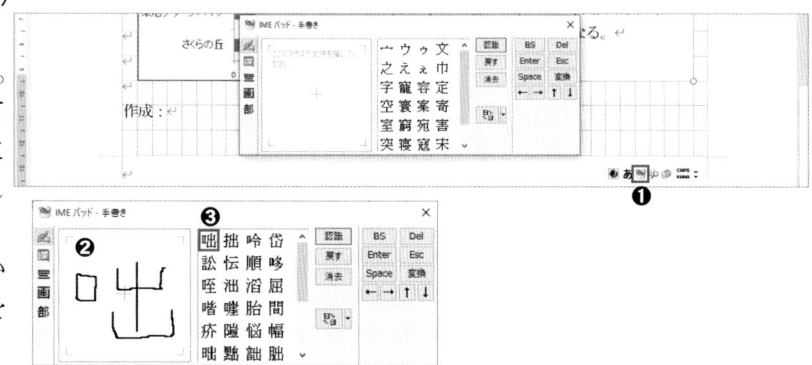

30 ルビの入力・編集（右寄せ（右揃え））

❶ルビを振る文字列をドラッグします。
❷［ホーム］タブをクリックします。
❸［フォント］グループの［ルビ］をクリックします。
❹［ルビ］ダイアログボックスが表示されたら、［ルビ］に問題で指示されたルビを入力し、［ＯＫ］をクリックします。
❺問題の指示に従い、文字列を右寄せします。

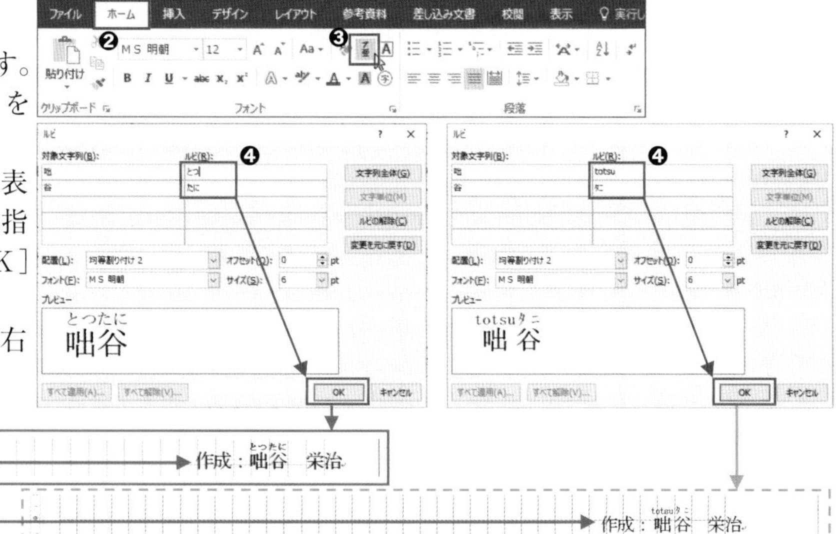

確認　ルビが振られ、右寄せされている。

ルビが半角英数または半角カナしか入力できない状態

> 補足説明　30のルビのエラーについて
> ●使用環境によってルビの入力が正しくできない場合があります。（上図）
> ●このような場合には、正しい入力ができていると確認できた場合にはエラーとはなりません。あわてず正確に入力しましょう。
> ●あらかじめ本文中で文字を入力して、ルビダイアログボックスのテキストにコピー＆ペーストをすると作成することができます。

31 行数の調整

❶文書全体を選択します。
方法１…［ホーム］タブをクリックし、［編集］グループの［選択］から［すべて選択］をクリックします。
方法２…キーボードの　Ctrl ＋ A を押します。
方法３…左余白でマウスポインタが右上を向いている時にトリプルクリック（３回連続）をします。
❷ページ設定の画面を表示する。
余分な行数を減らした行数を入力し「ＯＫ」をクリックします。
❸文書を確認する。
下部分のオブジェクト、テキストボックス、矢印について次の点を確認します。
❶本文中の文字に重なっていないか。
❷テキストボックス内の文字がすべて表示されているか。
もし、問題があれば Alt を押しながら、ドラッグをして微調整します。

1回 （制限時間　20分）

【書式設定】余白は上下左右それぞれ25㎜。指示のない文字のフォントは、明朝体の全角で入力し、サイズは12ポイントに統一。プロポーショナルフォントは使用不可。
【注意事項】ヘッダーに左寄せで年組、番号、氏名を入力する。
【問　　題】次の指示に従い、①～⑭の処理を行って下のような文書を作成しなさい。
表作成の指示　１．表は、行頭・行末を越えずに作成し、行間は、２．０とすること。
２．罫線は下の表のように太実線と細実線とを区別すること。

契約旅館一覧　←①標題のオブジェクトを選んで挿入し、センタリングする。

□会員および準会員が指定の旅行会社を利用して、下記の宿泊施設を利用する場合、割引料金で利用できます。なお、宿泊施設へ直接の予約はできません。

契約旅館　←②文字を線で囲む。　③各項目名は、枠の中で左右にかたよらないようにする。

旅　　館	コード	特　　　　色	平休日料金	休前日料金
大川観光ホテル	Ａ６４	新幹線の駅に近い観光の拠点	8,000	9,800
湯けむり荘	Ｂ４７	温泉街の中心にある温泉旅館	8,500	11,500
宿屋竹兵衛	Ｂ３９	旬の味覚でもてなす味の宿	9,800	10,800
御宿三日月	Ｂ９４	種類豊富な温泉と露天風呂	10,800	14,800
湯本谷山旅館	Ｂ５２	源泉の露天風呂が人気	11,000	13,700
シーサイド南海	Ａ７５	眺望のよい露天風呂と海鮮鍋	12,000	16,000
城山ビューホテル	Ａ１５	湖畔に建つリゾートホテル	14,000	16,000

④枠内で均等割付けする。　⑤左寄せする（均等割付けしない）。　⑥数字は、明朝体の半角で入力し、３桁ごとにコンマを付け、右寄せする。

単位：円　←⑦右寄せする。

温泉の基準　←⑧ゴシック体にする。

テキストファイルの挿入範囲

温泉は、温度や成分が基準を満たしているものをいいます。温度が２５度を超えていれば、成分が基準を満たしていなくても温泉の指定が受けられます。また、２５度以下でも成分が基準を満たしていれば温泉になります。

⑨取得した文章のフォントの種類は明朝体、サイズは１２ポイントとし、２段で境界線を引かずに均等に段組みをする。

⑩枠を挿入し、枠線は細実線とする。

□金額は一泊二食付で、大人２名以上でご利用の場合の、１名当たりの料金です。こども料金は、大人料金の７０％です。
□サービス料・消費税込みの値段ですが、入湯税がかかる場合は、別途お支払いください。

⑪枠内のフォントの種類はゴシック体、サイズは１２ポイントとし、横書きとする。　⑫網かけする。

⑬イラストのオブジェクトを選んで挿入する。

厚生課□桐田（くぬぎだ）□吉男

⑭明朝体のひらがなでルビをふり、右寄せする。

2回 （制限時間　20分）

【書式設定】余白は上下左右それぞれ25㎜。指示のない文字のフォントは、明朝体の全角で入力し、サイズは12ポイントに統一。プロポーショナルフォントは使用不可。
【注意事項】ヘッダーに左寄せで年組、番号、氏名を入力する。
【問　　題】次の指示に従い、①～⑭の処理を行って下のような文書を作成しなさい。
表作成の指示　１．表は、行頭・行末を越えずに作成し、行間は、２．０とすること。
２．罫線は下の表のように太実線と細実線とを区別すること。

最新ベッド入荷一覧表

①標題のオブジェクトを選んで挿入し、センタリングする。

□寝心地とデザインにこだわった、最近人気のベッドを入荷しました。各店舗で、販売促進活動に努力し、売上目標を達成してください。②各項目名は、枠の中で左右にかたよらないようにする。

品　番	品　　名	特　　　　　　色	種別	販売価格	在庫数
Ｈ２５	癒しのベッド	就寝前に極上のくつろぎを提供	国産	178,000	52
Ｑ７６	アンサンブル	シンプルな中にも優美さが漂う	輸入	155,000	46
Ｓ３８	京　の　月	和を取り入れたデザインで心和む	国産	148,000	72
Ｓ９１	ドルミール	優しいボリューム感が魅力	輸入	126,000	85
Ｃ６４	クルーズ	心地よい安定感で深い眠りへ	輸入	119,000	36
Ｈ６７	フォレスト	木目調、植物性塗料で仕上げ	輸入	100,800	59
Ｃ５７	エクレア	低ホルマリン仕様で安心	輸入	98,000	101
合　計					451

③枠内で均等割付けする。④左寄せする（均等割付けしない）。

⑤数字は、明朝体の半角で入力し、３桁ごとにコンマを付け、右寄せする。

⑥「資料」の文字で透かしを入れ、フォントの種類は明朝体で、文字の位置は水平とする。

単位□在庫数：台□販売価格：円　⑦右寄せする。

お客様にベッドを勧める場合に大切なことは、くつろげるサイズを選んでいただくことです。お部屋の間取りとライフスタイルを考慮し、検討していただきましょう。購入後に後悔しないよう、親身になって応対してください。⑬文字を線で囲む。

⑧取得した文章のフォントの種類は明朝体、サイズは12ポイントとし、「お」を２行の範囲で本文内にドロップキャップする。

範囲　テキストファイルの挿入

⑨イラストのオブジェクトを選んで挿入する。

売上目標

□５日（金）から１週間のセール期間で、各支店における売上目標は、前年同月比で１５０％です。必ず目標を達成してください。
□またセール期間中は、一部の店舗（金山支店・戸川支店）を除き閉店時間を１時間延長して、午後９時に変更します。

⑩枠を挿入し、枠線は細実線とする。
⑪枠内のフォントの種類はゴシック体、サイズは１２ポイントとし、縦書きとする。
⑫フォントサイズは２０ポイントで、１行で入力する。
⑬と同じ。

担当□暘谷（ようこく）□政夫

⑭明朝体のひらがなでルビをふり、右寄せする。

3回 （制限時間　20分）

【書式設定】 余白は上下左右それぞれ25㎜。指示のない文字のフォントは、明朝体の全角で入力し、サイズは12ポイントに統一。プロポーショナルフォントは使用不可。

【注意事項】 ヘッダーに左寄せで年組、番号、氏名を入力する。

【問　　題】 次のⅠ～Ⅳに従い、右のような文書を作成しなさい。

Ⅰ　標題の挿入

出題内容に合った標題のオブジェクトを、用意されたフォルダなどから選び、指示された位置に挿入しセンタリングすること。

Ⅱ　表作成

下の資料A・B並びに指示を参考に表を作成すること。

資料A　指定年・概況

国　立　公　園	指定年	公　園　の　概　況
阿寒摩周	1934	火山と森と湖が織りなす豊かな原始的景観
利尻礼文サロベツ	1974	日本最北端に位置し変化に富む景観を有する
大雪山	1934	火山群と連峰の構造山地を包含する山岳公園
釧路湿原	1987	全体の８割が低層湿原となっている
~~陸中海岸~~	~~1955~~	~~陸地の沈降によりできた典型的なリアス海岸~~　トル
知床	1964	長さ７０ｋｍ、基部の幅２５ｋｍの半島
支笏洞爺	1949	火山群の中心部を占める火山の公園

資料B　公園面積　＜単位：ヘクタール＞

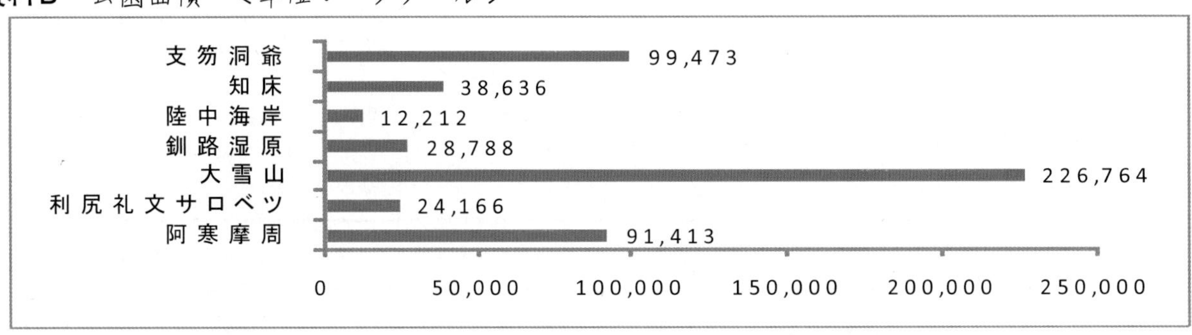

指示
1．表は、行頭・行末を越えずに作成し、行間は、２．０とすること。
2．罫線は右の表のように太実線と細実線とを区別すること。
3．表の枠内の文字は１行で入力し、上下のスペースが同じであること。
4．右の表のように項目名とデータが正しく並んでいること。
5．表内の「指定年」と「公園面積」の数字は、明朝体の半角で入力し、「公園面積」の数字は、３桁ごとにコンマを付けること。
6．ソート機能を使って、表全体を「公園面積」の広い順に並べ替えること。
7．表の「公園面積」の合計は、計算機能を使って求めること。

Ⅲ　テキスト・オブジェクトの挿入

1．挿入する文章は、用意されたフォルダなどにあるテキストファイルから取得し、校正および編集すること。
2．出題内容に合った写真のオブジェクトを、用意されたフォルダなどから選び、指示された位置に挿入すること。

Ⅳ　その他

1．問題文にある校正記号に従うこと。
2．①～⑫の処理を行うこと。
3．右の問題文にない空白行を入れないこと。
4．右の問題文の［ａ］に当てはまる数字を以下から選択し入力すること。

３２　　　３３　　　３４

オブジェクト（標題）の挿入・センタリング

①一重下線を引く。

日本の国立公園は、自然公園制度という体系の中に含まれる制度です。現在３３か所ありますが、そのうち北海道にあるものを調査しました。

国　立　公　園	公　園　の　概　況	指定年	公園面積
	合　　計		

②各項目名は、枠の中で左右にかたよらないようにする。

③枠内で均等割付けする。

④左寄せする（均等割付けしない）。

⑤右寄せする。

（単位　ヘクタール）←⑥右寄せする。

⑦取得した文章のフォントの種類は明朝体、サイズは12ポイントとし、３段で均等に段組みをし、境界線を細実線で引き、「自」を２行の範囲で本文内にドロップキャップする。

自然とふれあうことによって、私たちは深い感動や安らぎを得ることができる。国立公園は、次の世代の人々も私たちと同じ感動を味わったり、楽しんだりすることができるように、すばらしい自然を守り、構成に伝えていく場所である。国立公園は、日本のすぐれた自然の風景を保護するとともに、その利用の増進を図り、国民の保健・休養・教化に資することを目的としている。

テキストファイルの挿入範囲

⑧枠を挿入し、枠線は細実線とする。

⑨枠内のフォントの種類はゴシック体、サイズは12ポイントとし、横書きとする。

⑩フォントサイズは２０ポイントで、文字を線で囲み、1行で入力する。

オブジェクト（写真）の挿入位置

国立公園　⑪網掛けする。

自然公園法という法律に基づいて国の指定を受けて、管理されている。

現在は全国に［ａ］か所が指定されている。面積の合計は約２１９万ヘクタールで、日本の国土面積の約５．８％を占めている。

資料作成：山峩（やまが）　麻里←⑫明朝体のひらがなでルビをふり、右寄せする。

☆書式設定→本誌Ｐ．４　☆試験の流れ→本誌Ｐ．39　解答→本誌Ｐ．56

3回　解答

審査は、模範解答と審査基準、審査表をもとに審査箇所方式で行い、合格基準は70点以上です。

審査箇所は①～⑳の20箇所　各５点です。

■審査基準

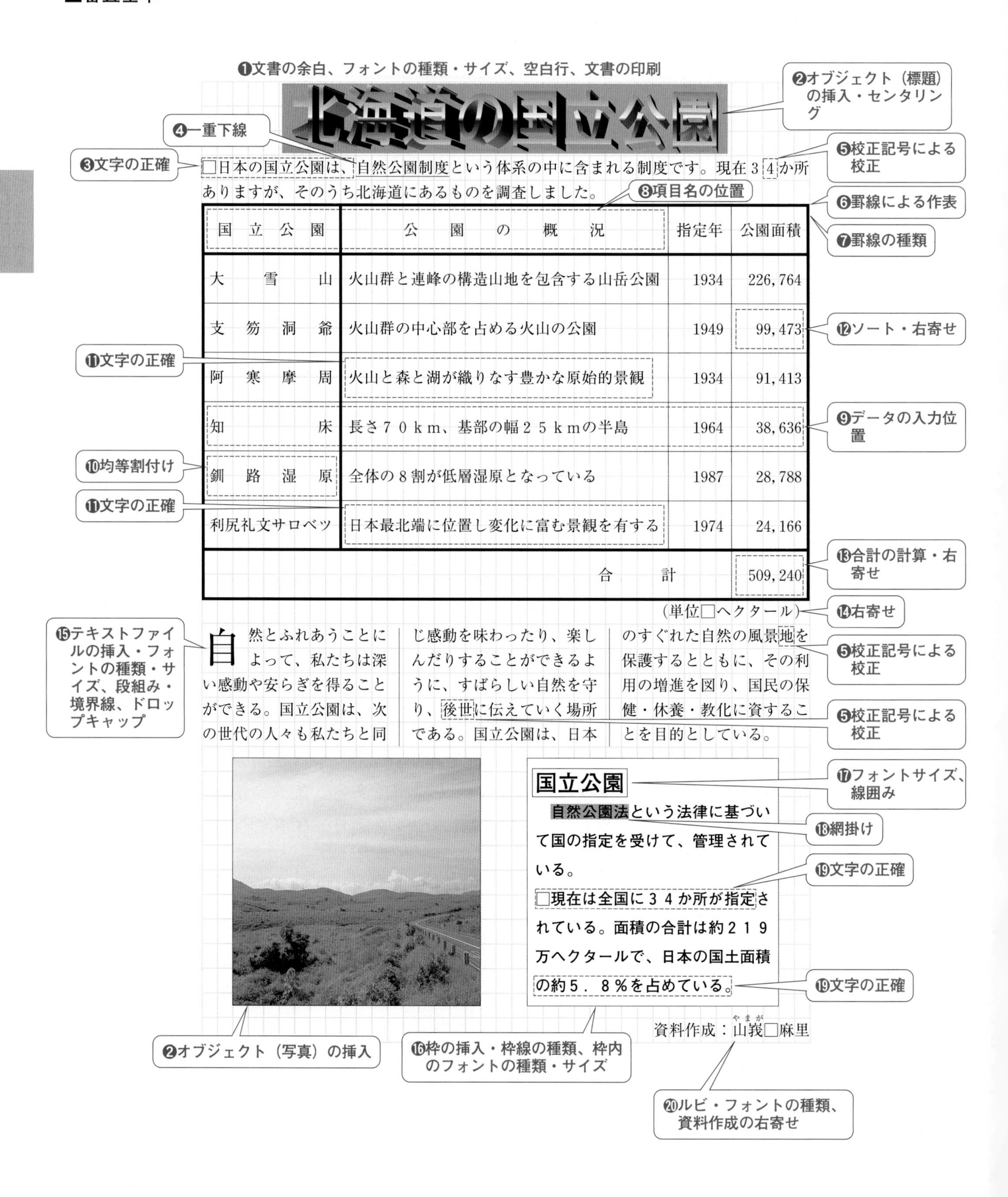

北海道の国立公園

□日本の国立公園は、自然公園制度という体系の中に含まれる制度です。現在３４か所ありますが、そのうち北海道にあるものを調査しました。

国　立　公　園	公　園　の　概　況	指定年	公園面積
大　　雪　　山	火山群と連峰の構造山地を包含する山岳公園	1934	226,764
支　笏　洞　爺	火山群の中心部を占める火山の公園	1949	99,473
阿　寒　摩　周	火山と森と湖が織りなす豊かな原始的景観	1934	91,413
知　　　　　床	長さ７０ｋｍ、基部の幅２５ｋｍの半島	1964	38,636
釧　路　湿　原	全体の８割が低層湿原となっている	1987	28,788
利尻礼文サロベツ	日本最北端に位置し変化に富む景観を有する	1974	24,166
	合　　計		509,240

（単位□ヘクタール）

自然とふれあうことによって、私たちは深い感動や安らぎを得ることができる。国立公園は、次の世代の人々も私たちと同じ感動を味わったり、楽しんだりすることができるように、すばらしい自然を守り、後世に伝えていく場所である。国立公園は、日本のすぐれた自然の風景地を保護するとともに、その利用の増進を図り、国民の保健・休養・教化に資することを目的としている。

国立公園

自然公園法という法律に基づいて国の指定を受けて、管理されている。

□現在は全国に３４か所が指定されている。面積の合計は約２１９万ヘクタールで、日本の国土面積の約５．８％を占めている。

資料作成：山義□麻里（やまが）

問題→本誌P．54

■審査表

※　審査箇所以外は、文字の正確エラーや編集エラーがあってもエラーにはならない。
※　白抜き番号（❸など）の審査箇所に未入力文字・誤字・脱字・余分字などのエラーが一つでもあれば、当該項目は不正解とする。

番号	審査項目	審　　査　　基　　準	点　数
①	文書の余白	余白が上下左右それぞれ20㎜以上30㎜以下となっていない場合はエラーとする。 ※ただし、下余白については30㎜を超えても35㎜以下となっていれば許容とする。	全体で５点
	フォントの種類・サイズ	審査箇所で指示のない文字は、フォントの種類が明朝体の全角（ただし「指定年」「公園面積」のデータのフォントは明朝体の半角）で、サイズは12ポイントに統一されていること。 ※枠内の文字のフォントの種類・サイズは、審査項目⑯で審査する。 ※挿入したテキストファイルのフォントの種類・サイズは、審査項目⓯で審査する。 ※ルビのフォントの種類は、審査項目⓴で審査する。	
	空白行	問題文にない１行を超えた空白行がある場合はエラーとする。	
	文書の印刷	逆さ印刷・裏面印刷・審査欄にかかった印刷・複数ページにまたがった印刷・破れ印刷など、明らかに本人による印刷ミスはエラーとする。	
②	オブジェクト（標題・写真）の挿入・センタリング	審査基準のように標題が体裁よく指示された場所に挿入され、センタリングされていること。 審査基準のように写真が体裁よく指示された場所に挿入されていること。 ※他の文字・罫線・枠線などにかかっている場合はエラーとする。	全体で５点
❸	文字の正確	❸の１箇所の文字が、正しく入力されていること。 ※フォントの種類が異なる場合や半角で入力した場合は、審査項目①で審査する。	５点
❹	一重下線	「自然公園制度」の文字に一重下線が引かれていること。 ※「自然公園制度」以外の文字に一重下線が引かれている場合はエラーとする。	５点
❺	校正記号による校正	❺の３箇所が指示のとおりに校正されていること。	全体で５点
⑥	罫線による作表	審査基準のように罫線により８行４列で行頭・行末を越えずに、行間２で作表されていること。表内の文字は１行で入力され、上下のスペースが同じであること。 ※行頭とは行頭文字のすぐ左側、行末とは行末文字のすぐ右側のことである。 ※罫線が行頭、または行末より外側の余白部分に引かれている場合はエラーとし、審査項目①ではエラーとしない。 ※罫線が行頭、または行末の内側に引かれている場合はエラーとしない。	全体で５点
⑦	罫線の種類	審査基準のように罫線の種類が太実線と細実線で引かれていること。	５点
❽	項目名の位置	「国立公園」と「公園の概況」は、枠内における左右のスペースが同じであること。	５点
❾	データの入力位置	「知床」のデータが左から「国立公園」「公園の概況」「指定年」「公園面積」の順に並んでいること。ただし、「公園面積」の数字には、３桁ごとにコンマが付いていること。 ※ソートされていなくてもエラーとしない。 ※文字の配置（均等割付け、左寄せ、センタリング、右寄せなど）は問わない。 ※フォントの種類やサイズが異なる場合は、審査項目①で審査する。	５点
❿	均等割付け	「釧路湿原」が枠内で均等割付けされていること。 ※ソートされていなくてもエラーとしない。	５点
⓫	文字の正確	⓫の２箇所の文字が、正しく入力されていること。 ※フォントの種類が異なる場合や半角で入力した場合は、審査項目①で審査する。	全体で５点
⓬	ソート・右寄せ	「支笏洞爺」の「公園面積…99,473」のデータがソートされて上から２番目の位置にあり、３桁ごとにコンマが付き、右寄せされていること。 ※列が違っていても、項目名と一致していればエラーとしない。 ※フォントの種類やサイズが異なる場合は、審査項目①で審査する。	５点
⓭	合計の計算・右寄せ	「公園面積」の合計が「508,308」で、３桁ごとにコンマが付き、右寄せされていること。 ※データの入力ミスで合計の数字が違う場合は、エラーとする。 ※フォントの種類やサイズが異なる場合は、審査項目①で審査する。	５点
⓮	単位の右寄せ	「（単位□ヘクタール）」が右寄せされていること。	５点
⓯	テキストファイルの挿入・フォントの種類・サイズ、段組み・境界線、ドロップキャップ	テキストファイルから文章を取得し、フォントの種類は明朝体、サイズが12ポイントで、審査基準のように３段で均等に段組みがされ、境界線が細実線で引かれていること。また、先頭の「自」の文字が、２行の範囲で本文内にドロップキャップされていること。 ※境界線が引かれていない場合はエラーとする。 ※改行の位置は問わないが、均等に段組みされていること。 ※「自」以外の文字にドロップキャップされている場合はエラーとする。 ※３行目が文頭から始まっていない場合はエラーとする。 ※各行の文字ずれはエラーとしない。 ※フォントの種類・サイズが異なる場合はエラーとする。	５点
⑯	枠の挿入・枠線の種類・枠内のフォントの種類・サイズ	審査基準のように枠が挿入され、枠線の種類は細実線で引かれ、枠内の文字が全てフォントの種類がゴシック体の全角、サイズが12ポイントで横書きに入力されていること。 ※他の文字・罫線・境界線などにかかっている場合はエラーとする。 ※文字が入力されていない場合はエラーとしない。	５点
⓱	フォントサイズの変更と文字の線囲み	「国立公園」の文字がフォントサイズ20ポイントで入力されていること。また、実線で囲まれ、１行で入力されていること。 ※「国立公園」以外の文字が20ポイントになっている場合はエラーとする。 ※「国立公園」以外の文字が線で囲まれている場合はエラーとする。	５点
⓲	網掛け	「自然公園法」の文字が網掛けされていること。 ※「自然公園法」以外の文字に網掛けがされている場合はエラーとする。	５点
⓳	文字の正確	⓳の２箇所の文字が、正しく入力されていること。 ※フォントの種類が異なる場合や半角で入力した場合は、審査項目⑯で審査する。	全体で５点
⓴	ルビ・資料作成の右寄せ	「山峩」の文字にひらがなでルビがふられており、「資料作成：山峩□麻里」が審査基準のように右寄せされていること。 ※ルビの配置（均等割付け、左寄せ、センタリング、右寄せなど）は問わない。	５点

＊　「□」は審査箇所であり、スペース１文字分とする。
＊　「指定年」と「公園面積」のデータ以外は、左右半角１文字分までのずれは許容する。

4回 （制限時間　20分）

【書式設定】余白は上下左右それぞれ25㎜。指示のない文字のフォントは、明朝体の全角で入力し、サイズは12ポイントに統一。プロポーショナルフォントは使用不可。
【注意事項】ヘッダーに左寄せで年組、番号、氏名を入力する。
【問　　題】次のⅠ～Ⅳに従い、右のような文書を作成しなさい。

Ⅰ　標題の挿入

出題内容に合った標題のオブジェクトを、用意されたフォルダなどから選び、指示された位置に挿入しセンタリングすること。

Ⅱ　表作成

下の資料Ａ・Ｂ並びに指示を参考に表を作成すること。

資料A

品　　名	お　弁　当　の　内　容
日替わり幕の内	その日に仕入れた新鮮な材料で調理します
高菜チャーハン	ぴりっと辛い大人のチャーハン
半熟オムライス	半熟玉子のオムレツに特製デミグラスソース
中華三昧	中国本場の味をお楽しみください
特選和膳	旬の素材を使ったちょっとぜいたくなお弁当
洋風ヘルシー弁当	女性に大人気のカロリー控えめのお弁当

資料B

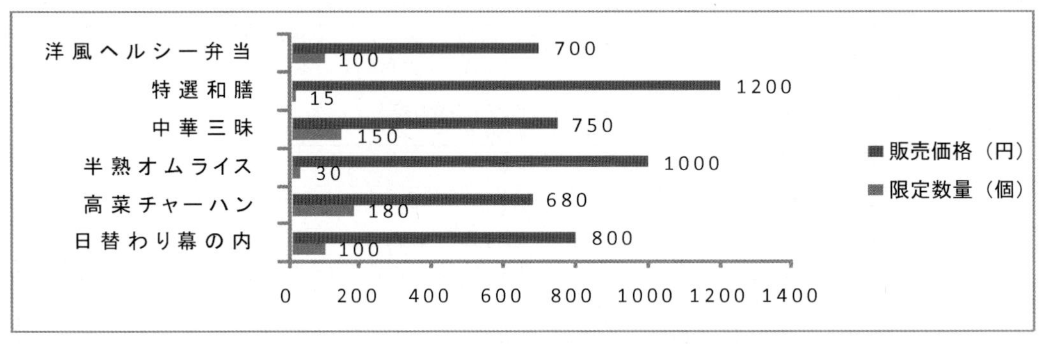

指示
1．表は、行頭・行末を越えずに作成し、行間は、２．０とすること。
2．罫線は右の表のように太実線と細実線とを区別すること。
3．表の枠内の文字は１行で入力し、上下のスペースが同じであること。
4．右の表のように項目名とデータが正しく並んでいること。
5．表内の「限定数量」と「販売価格」の数字は、明朝体の半角で入力し、３桁ごとにコンマを付けること。
6．ソート機能を使って、表全体を「販売価格」の高い順に並べ替えること。
7．表の「限定数量」の合計は、計算機能を使って求めること。

Ⅲ　テキスト・オブジェクトの挿入

1．挿入する文章は、用意されたフォルダなどにあるテキストファイルから取得し、校正および編集すること。
2．出題内容に合ったイラストのオブジェクトを、用意されたフォルダなどから選び、指示された位置に挿入すること。

Ⅳ　その他

1．問題文にある校正記号に従うこと。
2．①～⑪の処理を行うこと。
3．右の問題文にない空白行を入れないこと。
4．右の問題文の［ａ］に当てはまる語句を以下から選択し入力すること。

中華　　特選　　洋風

オブジェクト（標題）の挿入・センタリング

毎度ご利用いただきましてありがとうございます。当店がおすすめするお弁当をご照会（紹介）します。ご注文１つからお届けしますので、どうぞご利用ください。

品　　名	お　弁　当　の　内　容	販売価格	限定数量
		合　　計	

①各項目名は、枠の中で左右にかたよらないようにする。
②枠内で均等割付けする。
③左寄せする（均等割付けしない）。
④右寄せする。

単位　販売価格：円　限定数量：個　←⑤右寄せする。

テキストファイルの挿入範囲

特選和膳　←⑥フォントの種類は明朝体、サイズは２０ポイントとする。

季節に合った厳選した食材料（トル）と料理（長）のこだわりがコラボレーションし、味もボリュームもまさに［ a ］のお弁当です。料理人が丹精込めて肉、魚、野菜を多彩に織りまぜ、バラエティー豊かにお届けします。数に限りがありますので、お早目にご購入いただきますようお願いします。

⑦取得した文章のフォントの種類は明朝体、サイズは１２ポイントとし、「季」を２行の範囲で本文内にドロップキャップする。

当店の材料　←⑩フォントサイズは２０ポイントで、文字を線で囲み、１行で入力する。

当店で使用する肉類は、すべて国産のものを使用しています。

また、野菜は契約農家から新鮮な野菜を直接仕入れています。

水は、超純水で処理したアルカリイオン水を使用しています。

どうぞ安心してお召し上がりください。

⑧枠を挿入し、枠線は細実線とする。
⑨枠内のフォントの種類はゴシック体、サイズは12ポイントとし、横書きとする。

オブジェクト（イラスト）の挿入位置

販売担当　棕原（しゅはら）　久美　←⑪明朝体のひらがなでルビをふり、右寄せする。

解答→別冊①P．4

5回　(制限時間　20分)

【書式設定】 余白は上下左右それぞれ25㎜。指示のない文字のフォントは、明朝体の全角で入力し、サイズは12ポイントに統一。プロポーショナルフォントは使用不可。

【注意事項】 ヘッダーに左寄せで年組、番号、氏名を入力する。

【問　　題】 次のⅠ～Ⅳに従い、右のような文書を作成しなさい。

Ⅰ　標題の挿入

出題内容に合った標題のオブジェクトを、用意されたフォルダなどから選び、指示された位置に挿入しセンタリングすること。

Ⅱ　表作成

下の資料並びに指示を参考に表を作成すること。

資料

トル　単位　商船数：船

港湾名	都市名	港湾種別	特　部　徴	内航商船数	外航商船数
川崎	神奈川	国際戦略港湾	京浜工業地帯の中心に位置している	21,603	2,931
木更津	千葉	重要港湾	東京湾の東岸に位置し、製鉄所などがある	13,785	1,233
~~館山~~	~~千葉~~	~~地方港湾~~	~~観光分野での地域振興が期待されている~~	~~1,588~~	~~0~~
千葉	千葉	国際拠点港湾	港の広さは国内最大である	41,454	4,390
東京	東京	国際戦略港湾	日本で初めて、フルコンテナ船が入港した	18,011	5,725
横須賀	神奈川	重要港湾	浦賀水道航路を通らずに入港できる	3,361	197
横浜	神奈川	国際戦略港湾	日米修好通商条約により開港された	24,535	9,901

指示
1. 「国際戦略港湾・国際拠点港湾」と「重要港湾」の二つに分けた表を作成すること。
2. 表は、行頭・行末を越えずに作成し、行間は、２．０とすること。
3. 罫線は右の表のように太実線と細実線とを区別すること。
4. 表の枠内の文字は１行で入力し、上下のスペースが同じであること。
5. 右の表のように項目名とデータが正しく並んでいること。
6. 表内の「外航商船数」と「内航商船数」の数字は、明朝体の半角で入力し、３桁ごとにコンマを付けること。
7. ソート機能を使って、二つの表それぞれを「外航商船数」の多い順に並べ替えること。
8. 表の「外航商船数」と「内航商船数」の合計は、計算機能を使って求め、３桁ごとにコンマを付けること。
9. 「横浜」の行全体に網掛けすること。

Ⅲ　テキスト・オブジェクトの挿入

1. 挿入する文章は、用意されたフォルダなどにあるテキストファイルから取得し、校正および編集すること。
2. 出題内容に合ったイラストのオブジェクトを、用意されたフォルダなどから選び、指示された位置に挿入すること。

Ⅳ　その他

1. 問題文にある校正記号に従うこと。
2. ①～⑩の処理を行うこと。
3. 右の問題文にない空白行を入れないこと。
4. 右の問題文の［ａ］に当てはまる語句を以下から選択し入力すること。

特定　　　地方　　　重要

オブジェクト（標題）の挿入・センタリング

日本の貿易にとって、港湾は重要な施設です。日本には、９９３港あります。今回は、東京湾内の主要な港湾の入港船舶数について調査しました。

１．国際戦略港湾・国際拠点港湾

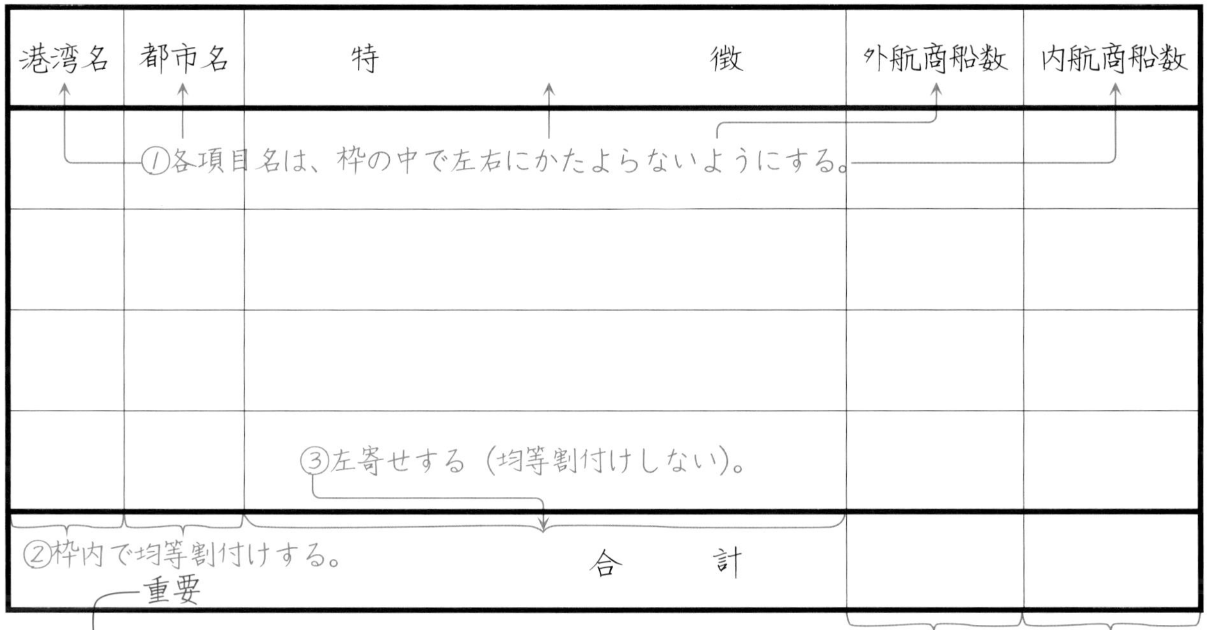

２．重要港湾

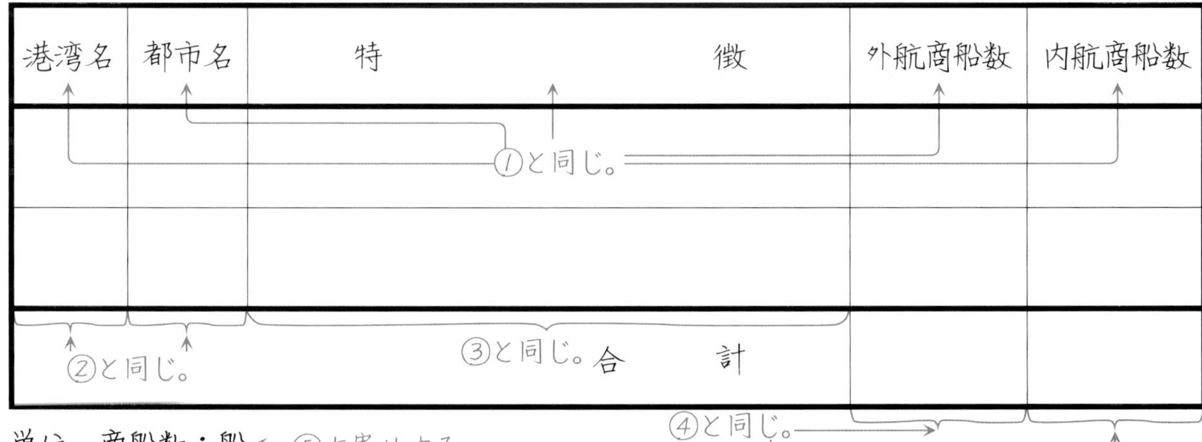

単位　商船数：船 ←⑤右寄せする。

テキストファイルの挿入範囲

[a] 港湾とは、海上輸送網の拠点となる港湾で、その他の国の利害に重大な関係を有する港湾として政令で定めるものをいう。←⑥取得した文章のフォントは明朝体、サイズは12ポイントとする。

⑦枠を挿入し、枠線は細実線とする。

⑧枠内のフォントの種類はゴシック体、サイズは12ポイントとし、縦書きとする。

⑨フォントサイズは20ポイントで、文字を線で囲み、１行で入力する。

国際戦略港湾

長距離の国際海上コンテナ運送に係る貨物輸送網の拠点となり、国内外の海上貨物輸送網を結節する機能が高く、競争国際力の強化を図ることが必要な港湾のことである。

オブジェクト（イラスト）の挿入位置

作成　疋田（ひきた）　隆俊 ←⑩明朝体のひらがなでルビをふり、右寄せする。

解答→別冊①Ｐ．６

6回 （制限時間　20分）

【書式設定】 余白は上下左右それぞれ25㎜。指示のない文字のフォントは、明朝体の全角で入力し、サイズは12ポイントに統一。プロポーショナルフォントは使用不可。
【注意事項】 ヘッダーに左寄せで年組、番号、氏名を入力する。
【問　　題】 次のⅠ～Ⅳに従い、右のような文書を作成しなさい。

Ⅰ　標題の挿入

出題内容に合った標題のオブジェクトを、用意されたフォルダなどから選び、指示された位置に挿入しセンタリングすること。

Ⅱ　表作成

下の資料Ａ・Ｂ並びに指示を参考に表を作成すること。

資料Ａ　「欧米地域」　　単位：人

都　　市	特　　　　徴	在留邦人	長期滞在
ロサンゼルス	アメリカ西海岸地域の商業や金融の最大都市	50,503	34,807
ニューヨーク	金融・経済・文化などの世界的な中心都市	59,285	46,360
ロンドン	２０１２年に夏季オリンピックが開催された	24,189	20,238

トル

資料Ｂ　「アジア地域」　　単位：人

都　　市	特　　　　徴	在留邦人	長期滞在
バンコク	東南アジア地域での金融や観光の一大都市	26,991	26,430
シンガポール	海上交通の要所にあり、産業海運が発達している	24,902	23,613
上海	中国経済の中心都市として、急成長を遂げている	40,264	40,226
香港	１９９７年にイギリスから中国に返還された	25,961	25,751

指示　１．「欧米地域」と「アジア地域」を一つにした表を作成すること。
２．表は、行頭・行末を越えずに作成し、行間は、２．０とすること。
３．罫線は右の表のように太実線と細実線とを区別すること。
４．表の枠内の文字は１行で入力し、上下のスペースが同じであること。
５．右の表のように項目名とデータが正しく並んでいること。
６．右の表の「地域」の欄には、資料Ａ・Ｂの「欧米地域」の場合は「欧米」、「アジア地域」の場合は「アジア」と入力すること。
７．表内の「長期滞在」の数字は、明朝体の半角で入力し、３桁ごとにコンマを付けること。
８．ソート機能を使って、表全体を「長期滞在」の多い順に並べ替えること。
９．表の「長期滞在」の合計は、計算機能を使って求め、３桁ごとにコンマを付けること。

Ⅲ　テキスト・オブジェクトの挿入

１．挿入する文章は、用意されたフォルダなどにあるテキストファイルから取得し、校正および編集すること。
２．出題内容に合ったグラフのオブジェクトを、用意されたフォルダなどから選び、指示された位置に挿入すること。

Ⅳ　その他

１．問題文にある校正記号に従うこと。
２．①～⑪の処理を行うこと。
３．右の問題文にない空白行を入れないこと。
４．右の問題文の［ａ］に当てはまる語句を以下から選択して入力すること。

海外移住　　**海運産業**　　**中心都市**

オブジェクト（標題）の挿入・センタリング

統計によると、海外に在留している日本人が１００万人を越（超）えたそうです。そこで、在留邦人数の中でも、長期滞在者の人数が多い上位６都市について調査しました。 ←①網掛けする。

都　市	地　域	特　　　　徴	長期滞在
		合　　　計	

②各項目名は、枠の中で左右にかたよらないようにする。
③枠内で均等割付けする。
④左寄せする（均等割付けしない）。
⑤右寄せする。

（単位：人） ←⑥右寄せする。

テキストファイルの挿入範囲

ここ数年間で、全体としての長期滞在者数の前年比増加率が、鈍化し続けている一方において、北米・西欧・大洋州・アジア地域の永住者数の増加率が上昇している。一般的には、国際結婚、定年後の［ a ］などが原因として考えられる。このような国際化の傾向は、今後も続くと考えられる。

⑦取得した文章のフォントの種類は明朝体、サイズは12ポイントとし、２段で均等に段組みをし、境界線を細実線で引く。

オブジェクト（グラフ）の挿入位置

在留邦人者数に占める長期滞在者の割合
割合が高いアジア地域の長期滞在者数は、９８．２％
割合が低い南米地（域）の長期滞在者数は、６．０％

⑧枠を挿入し、枠線は細実線とする。
⑨枠内のフォントの種類はゴシック体、サイズは12ポイントとし、横書きとする。
⑩グラフ内の「アジア」の棒を指すように、枠線から図形描画機能で矢印を挿入する。

作成：枚本（すぎもと）　慶子
⑪明朝体のひらがなでルビをふり、右寄せする。

実技問題 ビジネス文書編

解答→別冊① P．7

7回 （制限時間　20分）

【書式設定】余白は上下左右それぞれ25㎜。指示のない文字のフォントは、明朝体の全角で入力し、サイズは12ポイントに統一。プロポーショナルフォントは使用不可。

【注意事項】ヘッダーに左寄せで年組、番号、氏名を入力する。

【問　　題】次のⅠ～Ⅳに従い、右のような文書を作成しなさい。

Ⅰ　標題の挿入

出題内容に合った標題のオブジェクトを、用意されたフォルダなどから選び、指示された位置に挿入しセンタリングすること。

Ⅱ　表作成

下の資料並びに指示を参考に表を作成すること。

資料　　単位：人

名　称	特　　徴	大人人数	小人人数	合計人数	展開
昭和村	昭和のくらしを再現	21,459	10,694	32,153	全国
瀬戸内ランド	瀬戸内海を見渡す大観覧車からの眺め	13,658	21,367	35,025	全国
みなと21	駅前から渡し船で行くのが人気者（→トル）	2,576	4,394	6,970	地域
江戸川遊園地	東京の下町にある昔なつかしい遊園地	3,215	6,821	10,036	地域
海中遊園	海中トンネルが人気のテーマパーク	35,658	34,661	70,319	全国
浪速ランド	浪速ランド（名物）のたこ焼が評判	2,816	5,129	7,945	地域

指示　１．「全国展開型」と「地域密着型」の二つに分けた表を作成すること。

２．表は、行頭・行末を越えずに作成し、行間は、２．０とすること。

３．罫線は右の表のように太実線と細実線とを区別すること。

４．表の枠内の文字は１行で入力し、上下のスペースが同じであること。

５．右の表のように項目名とデータが正しく並んでいること。

６．表内の「大人人数」と「小人人数」と「合計人数」の数字は、明朝体の半角で入力し、3桁ごとにコンマを付けること。

７．ソート機能を使って、二つの表それぞれを「合計人数」の多い順に並べ替えること。

８．「海中遊園」の行全体に網掛けすること。

Ⅲ　テキスト・オブジェクトの挿入

１．挿入する文章は、用意されたフォルダなどにあるテキストファイルから取得し、校正および編集すること。

２．出題内容に合ったイラストのオブジェクトを、用意されたフォルダなどから選び、指示された位置に挿入すること。

Ⅳ　その他

１．問題文にある校正記号に従うこと。

２．作成指示①～⑫の処理を行うこと。

３．右の問題文にない空白行を入れないこと。

４．右の問題文の［ａ］に当てはまる語句を以下から選択し入力すること。

渡し船　　大観覧車　　トンネル

オブジェクト（標題）の挿入・センタリング

人気のある遊園地について、２０２３年４月の入場者数を調査しました。なお、招待券による入場者数は含めません。

①二重下線を引く。

Ａ．全国展開型

名　称	特　　徴	大人人数	小人人数	合計人数
合　計				

Ｂ．地域密着型

名　称	特　　徴	大人人数	小人人数	合計人数
合　計				

＜単位：人＞　⑦右寄せする。

⑧海中遊園の海中　a　は、厚さ５０ｍｍのアクリルガラス２枚を「接着重合」という方法で接着してつくられています。ガラスよりも軟らかく、安全かつ強度も高いアクリル素材を使っています。魚の姿を真下から、あるいは斜め下から眺められます。海の生物が悠々と泳ぐ姿は、まるで海の中を散歩しているかのような気分を味わえます。

テキストファイルの挿入範囲

⑧取得した文章のフォントの種類は明朝体、サイズは12ポイントとし、2段で境界線を引かずに均等に段組みをし、「海」を2行の長さでドロップする。

オブジェクト（イラスト）の挿入位置

⑨枠を挿入し、枠線は細実線とする。

遊園地とは娯楽のために いろいろな乗り物や設備を設けた施設をいう。

テーマパークとは、ある主題に基づいて、その中のショーや乗り物、展示物などが統一された大型娯楽施設のことをいう。

⑩枠内のフォントの種類はゴシック体、サイズは12ポイントとし、縦書きとする。

⑪網掛けする。

調査　長尾　愛佳（よりか）　⑫明朝体のひらがなでルビをふり、右寄せする。

解答→別冊①Ｐ．８

8回 （制限時間　20分）

【書式設定】余白は上下左右それぞれ25㎜。指示のない文字のフォントは、明朝体の全角で入力し、サイズは12ポイントに統一。プロポーショナルフォントは使用不可。
【注意事項】ヘッダーに左寄せで年組、番号、氏名を入力する。
【問　　題】次のⅠ～Ⅳに従い、右のような文書を作成しなさい。

Ⅰ　標題の挿入

出題内容に合った標題のオブジェクトを、用意されたフォルダなどから選び、指示された位置に挿入しセンタリングすること。

Ⅱ　表作成

下の資料Ａ・Ｂ並びに指示を参考に表を作成すること。

資料Ａ　新幹線の特色

名　称	特　　　　色	起　点	終　点
九州	新大阪から直通運転する列車もある	博多	鹿児島中央
山陽	全線の約２分の１がトンネルの区間を走る	新大阪	博多
上越	越後湯沢からガーラ湯沢もシーズン運転する	大宮	新潟
東海道	東京オリンピックの１９６４年に開業	東京	新大阪
東北	Ｅ５系「はやぶさ」は時速３２０ｋｍで走行	東京	新青森
北海道	２０３０年度末に札幌への開業を目指す	新青森	新函館北斗
北陸	和のエッセンスを散りばめた新型が登場（車両）	高崎	金沢

資料Ｂ　新幹線の営業キロ

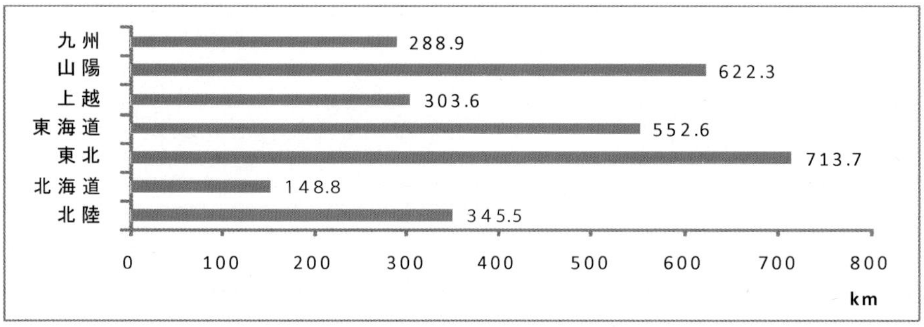

名称	営業キロ（km）
九州	288.9
山陽	622.3
上越	303.6
東海道	552.6
東北	713.7
北海道	148.8
北陸	345.5

指示
1．表は、行頭・行末を越えずに作成し、行間は、２．０とすること。
2．罫線は右の表のように太実線と細実線とを区別すること。
3．表の枠内の文字は１行で入力し、上下のスペースが同じであること。
4．右の表のように項目名とデータが正しく並んでいること。
5．表内の「営業キロ」の数字は、明朝体の半角で入力すること。
6．ソート機能を使って、表全体を「営業キロ」の長い順に並べ替えること。
7．「東海道」の行全体に網掛けをして、フォントをゴシック体にすること。

Ⅲ　テキスト・オブジェクトの挿入

1．挿入する文章は、用意されたフォルダなどにあるテキストファイルから取得し、校正および編集すること。
2．出題内容に合ったイラストのオブジェクトを、用意されたフォルダなどから選び、指示された位置に挿入すること。

Ⅳ　その他

1．問題文にある校正記号に従うこと。
2．①～⑩の処理を行うこと。
3．右の問題文にない空白行を入れないこと。
4．右の問題文の［ａ］に当てはまる駅名を以下から選択し入力すること。

新青森　　新大阪　　博多

オブジェクト（標題）の挿入・センタリング

２０１６年３月に、北海道新幹線が改行しました。現在、日本で営業運転しているフル規格の新幹線について調査しました。
（改行→開業）

フル規格の新幹線 ←①文字を線で囲む。

名　称	特　　　　　色	起　点	終　点	営業キロ

②各項目名は、枠の中で左右にかたよらないようにする。
③枠内で均等割付けする。
④左寄せする（均等割付けしない）。
⑤右寄せする。

単位：ｋｍ ←⑥右寄せする。

ミニ新幹線とは、新幹線と在来線を乗り変えなしで結ぶ「新在直通運転」を行う新幹線をいい、既存の在来線を新幹線も通れる企画に変更した路線のことを指す。ＪＲ東日本の秋田新幹線と山形新幹線がこれにあたる。また、ミニ新幹線に対して普通の新幹線をフル規格新幹線と呼ぶこともある。
（変え→換え、企画→規格、「ＪＲ東日本の」の前で改行）

⑦取得した文章のフォントの種類は明朝体、サイズは12ポイントとし、「ミ」を２行の範囲で本文内にドロップキャップする。

テキストファイルの挿入範囲

オブジェクト
（イラスト）の挿入位置

我が国で初めて開業した新幹線は、東海道新幹線である。東京オリンピックの開催に合わせて、１９６４年に運行を開始した。当初は、東京駅と　ａ　駅間を４時間かけて走行した。現在では最高時速２８５キロで、２時間２１分で走っている。

⑧枠を挿入し、枠線は細実線とする。

⑨枠内のフォントの種類はゴシック体、サイズは１２ポイントとし、横書きとする。

販売担当　行枩（ゆきまつ）　彩美 ←⑩明朝体のひらがなでルビをふり、右寄せする。

解答→別冊①Ｐ．９

9回 （制限時間　20分）

【書式設定】余白は上下左右それぞれ25㎜。指示のない文字のフォントは、明朝体の全角で入力し、サイズは12ポイントに統一。プロポーショナルフォントは使用不可。

【注意事項】ヘッダーに左寄せで年組、番号、氏名を入力する。

【問　　題】次のⅠ～Ⅳに従い、右のような文書を作成しなさい。

Ⅰ　標題の挿入

出題内容に合った標題のオブジェクトを、用意されたフォルダなどから選び、指示された位置に挿入しセンタリングすること。

Ⅱ　表作成

下の資料Ａ・Ｂ並びに指示を参考に表を作成すること。

資料Ａ　「北関東」　単位：人

支　店	各　支　店　の　近　況	契約社員	正社員
土浦	名産の「ハス」を使った（新）商品を開発中	21	121
宇都宮	日光の土産物店での販売が好調	27	139
高崎	群馬の中心地として業績を上げている	36	195

資料Ｂ　「東京」　単位：人

支　店	各　支　店　の　近　況	契約社員	正社員
横須賀	輸出が好調で社員もやる気を出している	25	218
千葉みなと	新鮮な魚介類の加工に新技術を導入した	31	145
八王子	~~田町行き~~（多摩地域）を中心として売上を伸ばしている	37	251
さいたま	社屋を改装して社員一同頑張っている	45	268

指示　１．「北関東」と「東京」を一つにした表を作成すること。

２．表は、行頭・行末を越えずに作成し、行間は、２．０とすること。

３．罫線は右の表のように太実線と細実線とを区別すること。

４．表の枠内の文字は１行で入力し、上下のスペースが同じであること。

５．右の表のように項目名とデータが正しく並んでいること。

６．右の表の「管轄所」の欄には、資料Ａ・Ｂの「北関東」の場合は「北関東」、「東京」の場合は「東京」と入力すること。

７．表内の「正社員」と「契約社員」の数字は、明朝体の半角で入力し、３桁ごとにコンマを付けること。

８．ソート機能を使って、表全体を「正社員」の多い順に並べ替えること。

Ⅲ　テキスト・オブジェクトの挿入

１．挿入する文章は、用意されたフォルダなどにあるテキストファイルから取得し、校正および編集すること。

２．出題内容に合ったグラフのオブジェクトを、用意されたフォルダなどから選び、指示された位置に挿入すること。

Ⅳ　その他

１．問題文にある校正記号に従うこと。

２．①～⑪の処理を行うこと。

３．右の問題文にない空白行を入れないこと。

４．右の問題文の［ａ］に当てはまる語句を以下から選択して入力すること。

パート社員　　**契約社員**　　**正社員**

オブジェクト（標題）の挿入・センタリング

当社の支店における、令和４年４月１日現在の社員数は次のとおりです。昨年発表された「経営~~基本~~再建計画」（トル）により正社員の１０％が削減されました。今後はさらに契約社員の割合が多くなりますので、研修など社員教育に力を入れてください。

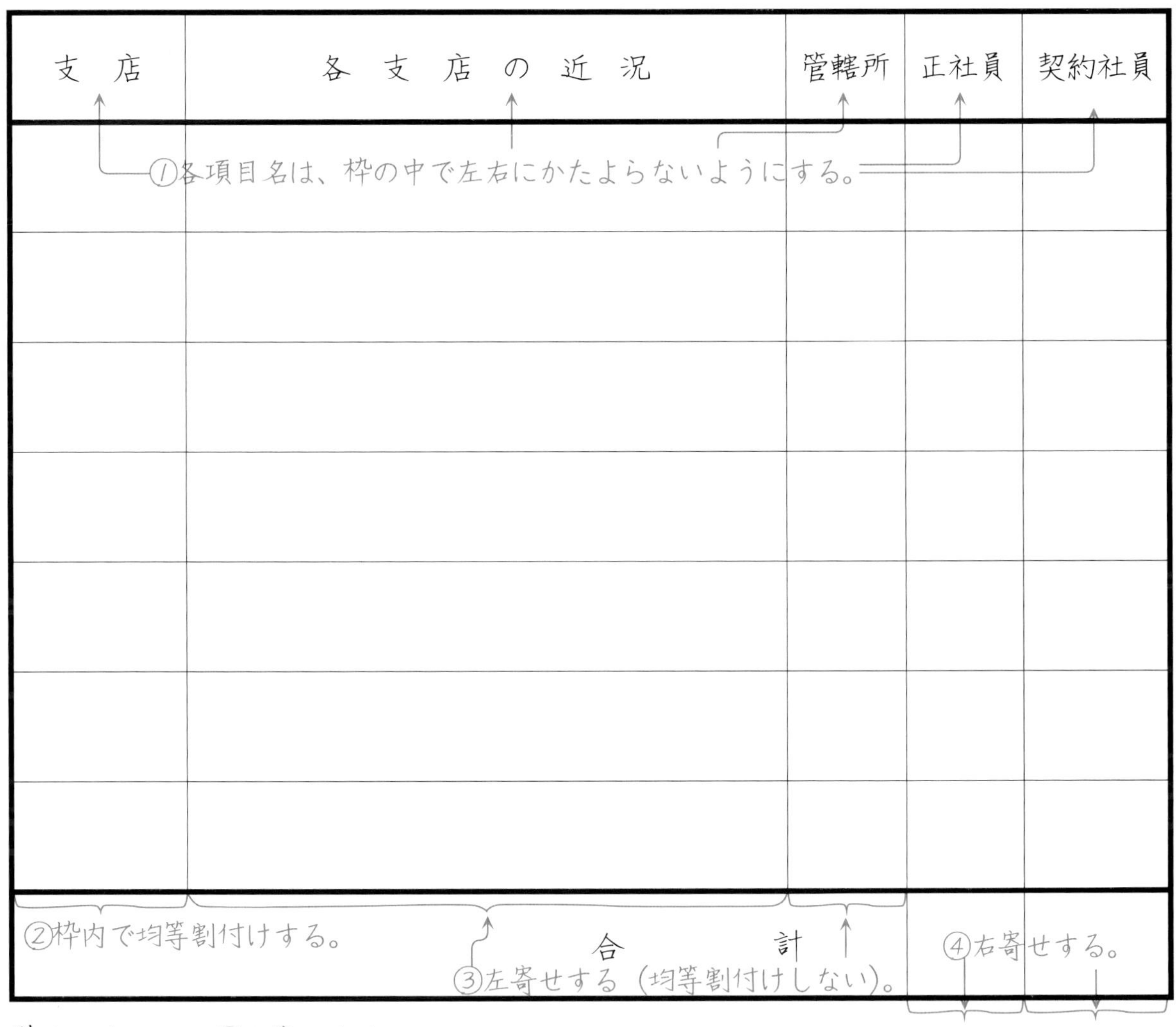

支　店	各　支　店　の　近　況	管轄所	正社員	契約社員
合　　計				

単位：人 ←⑤右寄せする。

テキストファイルの挿入範囲

社員教育は、企業内教育ともいわれ、企業が従業員に対して行う教育のことである。企業内研修、社員研修など様々な呼び方がある。この教育の中心となるのはｏｊｔ（オン・ザ・ジョブ・トレーニング）だといわれている。

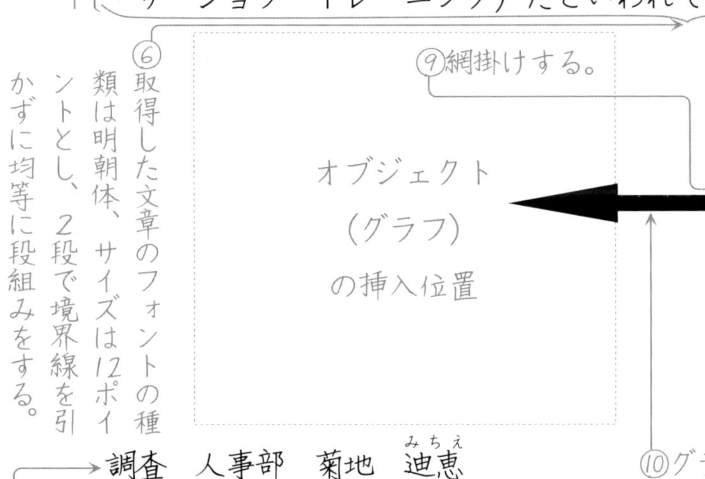

昨年度は、正社員と契約社員との比率が４対１でした。しかし、今年度の正社員の占める割合は、約８割になっています。今後は、［ａ］を減らさないよう強く要望していきます。

⑦枠を挿入し、枠線は細実線とする。

⑧枠内のフォントの種類はゴシック体、サイズは12ポイントとし、横書きとする。

⑩グラフ内の「正社員」の円を指すように、枠線から図形描画機能で矢印を挿入する。

調査　人事部　菊地　迪恵（みちえ）

⑪明朝体のひらがなでルビをふり、右寄せする。

解答→別冊① P.10

10回 （制限時間　20分）

【書式設定】余白は上下左右それぞれ25㎜。指示のない文字のフォントは、明朝体の全角で入力し、サイズは12ポイントに統一。プロポーショナルフォントは使用不可。
【注意事項】ヘッダーに左寄せで年組、番号、氏名を入力する。
【問　　題】次のⅠ～Ⅳに従い、右のような文書を作成しなさい。

Ⅰ　標題の挿入
出題内容に合った標題のオブジェクトを、用意されたフォルダなどから選び、指示された位置に挿入しセンタリングすること。

Ⅱ　表作成
下の資料Ａ・Ｂ並びに指示を参考に表を作成すること。

資料A　トンネルの概要

トンネルの名称	トンネルの概要	各路線の名称	種　別
アクアトンネル	人工島「海ほたる」で高架橋と接続する	アクアライン	道路トンネル
北陸	日本（海）沿岸と関西地域を結ぶ大動脈	北陸本線	鉄道トンネル
恵那山	他の区間と比べて料金が高い	中央自動車道	道路トンネル
新清水	経済成長で輸送量が増加したために開通	上越線	鉄道トンネル
関越	日本で最初の列島横断道	関越自動車道	道路トンネル
青函	津軽海峡の海底の深くを掘って設置	海峡線	鉄道トンネル

資料B　トンネルの距離（m）

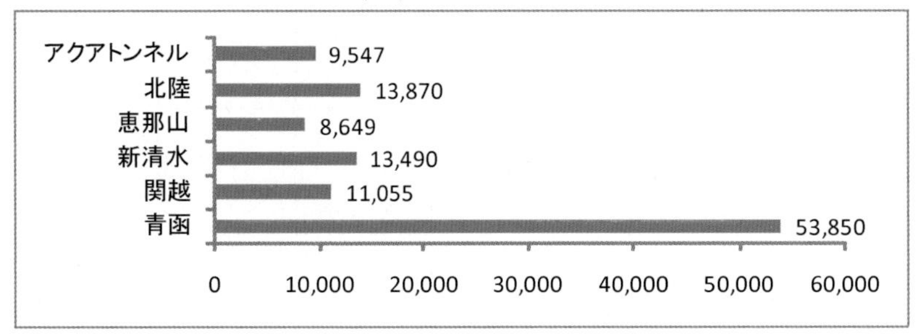

指示
1．「鉄道トンネル」と「道路トンネル」の二つに分けた表を作成すること。
2．表は、行頭・行末を越えずに作成し、行間は、２．０とすること。
3．罫線は右の表のように太実線と細実線とを区別すること。
4．表の枠内の文字は１行で入力し、上下のスペースが同じであること。
5．右の表のように項目名とデータが正しく並んでいること。
6．表内の「距離（m）」の数字は、明朝体の半角で入力し、３桁ごとにコンマを付けること。
7．ソート機能を使って、二つの表それぞれを「距離（m）」の長い順に並べ替えること。

Ⅲ　テキスト・オブジェクトの挿入
1．挿入する文章は、用意されたフォルダなどにあるテキストファイルから取得し、校正および編集すること。
2．出題内容に合ったイラストのオブジェクトを、用意されたフォルダなどから選び、指示された位置に挿入すること。

Ⅳ　その他
1．問題文にある校正記号に従うこと。
2．①～⑩の処理を行うこと。
3．右の問題文にない空白行を入れないこと。
4．右の問題文の［ａ］に当てはまる語句を以下から選択して入力すること。

高い　　**安い**　　**低い**

オブジェクト（標題）の挿入・センタリング

陸上輸送貨物の要になるのは、鉄道と道路である。その所要時間を短縮するために造られた、トンネルについて調査した。鉄道はＪＲ線を対象とし、新幹線にあるトンネルは、貨物輸送の観点から除外してある。

①網掛けする。

A．鉄道トンネル

トンネルの名称	ト　ン　ネ　ル　の　概　要	各路線の名称	距離（m）

B．道路トンネル

トンネルの名称	ト　ン　ネ　ル　の　概　要	各路線の名称	距離（m）

トンネルを作る工法の一つに、シールド工法がある。これは、シールドマシンと呼ばれるトンネルの外径の大きさで、全体が薄い鋼板で覆われた円筒状の機械を、立て坑などを使用して地中に降ろし、掘削しながらトンネル本体が分割されたブロックを組み上げることによって構築される。

⑥取得した文章のフォントの種類は明朝体、サイズは12ポイントとし、「ト」を2行の範囲で本文内にドロップキャップする。

テキストファイルの挿入範囲

オブジェクト（イラスト）の挿入位置

⑦枠を挿入し、枠線は細実線とする。

トンネルの話

トンネルの建設は、工費が高く、大きな道路のトンネルは、設備換気などの付帯設備を必要とすることなどから、更に工費の［a］構造物となります。しかしながら、その社会的な経済効果は絶大なものとなります。

⑧枠内のフォントの種類はゴシック体、サイズは12ポイントとし、縦書きとする。

⑨フォントサイズは20ポイントで、文字を線で囲み、1行で入力する。

茯澤（フクサワ）　拓郎

⑩明朝体のカタカナでルビをふり、右寄せする。

解答→別冊①Ｐ.11

11回　（制限時間　20分）

【書式設定】余白は上下左右それぞれ25㎜。指示のない文字のフォントは、明朝体の全角で入力し、サイズは12ポイントに統一。プロポーショナルフォントは使用不可。
【注意事項】ヘッダーに左寄せで年組、番号、氏名を入力する。
【問　　題】次のⅠ～Ⅳに従い、右のような文書を作成しなさい。

Ⅰ　標題の挿入

出題内容に合った標題のオブジェクトを、用意されたフォルダなどから選び、指示された位置に挿入しセンタリングすること。

Ⅱ　表作成

下の資料Ａ・Ｂ並びに指示を参考に表を作成すること。

資料A　山の特徴

山　名	所　在　地	特　　　　徴
会津駒ヶ岳	福島	山稜の延長線上にそばだつのが目を引く　な
谷川岳	群馬	屈指の岩壁群と豪雪によるアルペン的雰囲気
大源太山	新潟	上越のマッターホルンとの異名を持つ　トル
雲取山	東京など	原生林と明るい草尾根をもつ奥多摩湖の最高峰
赤岳	長野・山梨	八ヶ岳の盟主赤岳は男性的な風貌を見せる
富士山	静岡・山梨	日本の象徴の一つとして世界に知られている

資料B　標高（m）

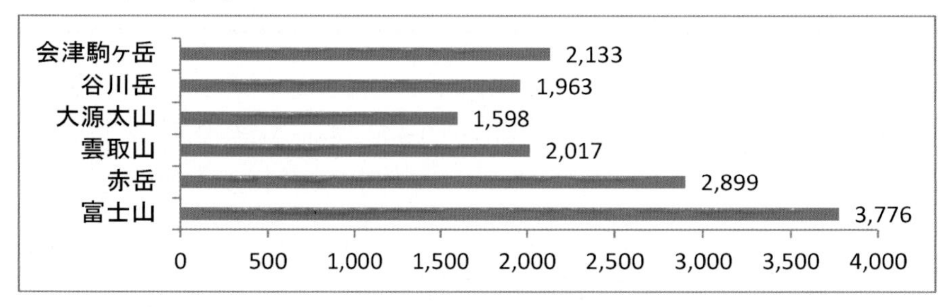

指示　１．表は、行頭・行末を越えずに作成し、行間は、２．０とすること。
２．罫線は右の表のように太実線と細実線とを区別すること。
３．表の枠内の文字は１行で入力し、上下のスペースが同じであること。
４．右の表のように項目名とデータが正しく並んでいること。
５．表内の「標高（m)」の数字は、明朝体の半角で入力し、３桁ごとにコンマを付けること。
６．ソート機能を使って、表全体を「標高（m)」の高い順に並べ替えること。

Ⅲ　テキスト・オブジェクトの挿入

１．挿入する文章は、用意されたフォルダなどにあるテキストファイルから取得し、校正および編集すること。
２．出題内容に合った写真のオブジェクトを、用意されたフォルダなどから選び、指示された位置に挿入すること。

Ⅳ　その他

１．問題文にある校正記号に従うこと。
２．①～⑪の処理を行うこと。
３．右の問題文にない空白行を入れないこと。
４．右の問題文の［ａ］に当てはまる語句を以下から選択し入力すること。

趣味　　**愛好**　　**同好**

別冊①
解答

全商ビジネス文書

実務検定試験模擬問題集

Word2019対応

2024年度版

1級

目次

東京法令 とうほう

1級速度部門審査例

○本書速度編は、審査基準・審査表を載せていません。下記の審査例にならって審査してください。
　1級速度部門の合格基準は、純字数が700字以上です。審査は、審査基準をもとに減点方式です。

① 通　則

（1）　答案に印刷された最後の文字に対応する問題の字数を総字数とします。脱字は総字数に含め、余分字は総字数に算入しません。
　※答案用紙の最後の文字が問題と違う場合は、問題文に該当する文字までを総字数とします。

（2）　総字数からエラー数を引いた数を純字数とします。エラーは、1箇所につき1字減点とします。

純字数 ＝ 総字数 － エラー数

（3）　審査基準に定めるエラーによって、問題に示した行中の文字列が、答案上で前後の行に移動してもエラーとしません。

（4）　禁則処理の機能のために、問題で指定した1行の文字数と違ってもエラーとしません。

（5）　答案上の誤りに、審査基準に定める数種類のエラーの適用が考えられるときは、受験者の不利にならない種類のエラーをとります。

② 審査例

日本の国土面積は、過去４０年間に約９００平方キロメートルも	30
大きくなっている。東京２３区よりはるかに広い土地が増えたこと	60
になる。これは、主に干拓と埋め立てによる。	82
干拓は、遠浅の海や湖沼の一部を区切って堤防を築き内側の水を	112
排水して陸地にすること。干拓地は肥よくなところが多いので、主	142
に農地に利用される。埋め立ては、沿岸部の水面を海底や山を削っ	172
た土砂で埋めて陸地にすること。埋立地は、工場、港、住宅地など	202
多くの使節が建設されている。そしてまた新交通システム「ゆりか	670
もめ」や首都高速道路によって結ばれ、多くの人でにぎわう人気ス	700
ポットになっている。	710

③ 審査例／審査箇所

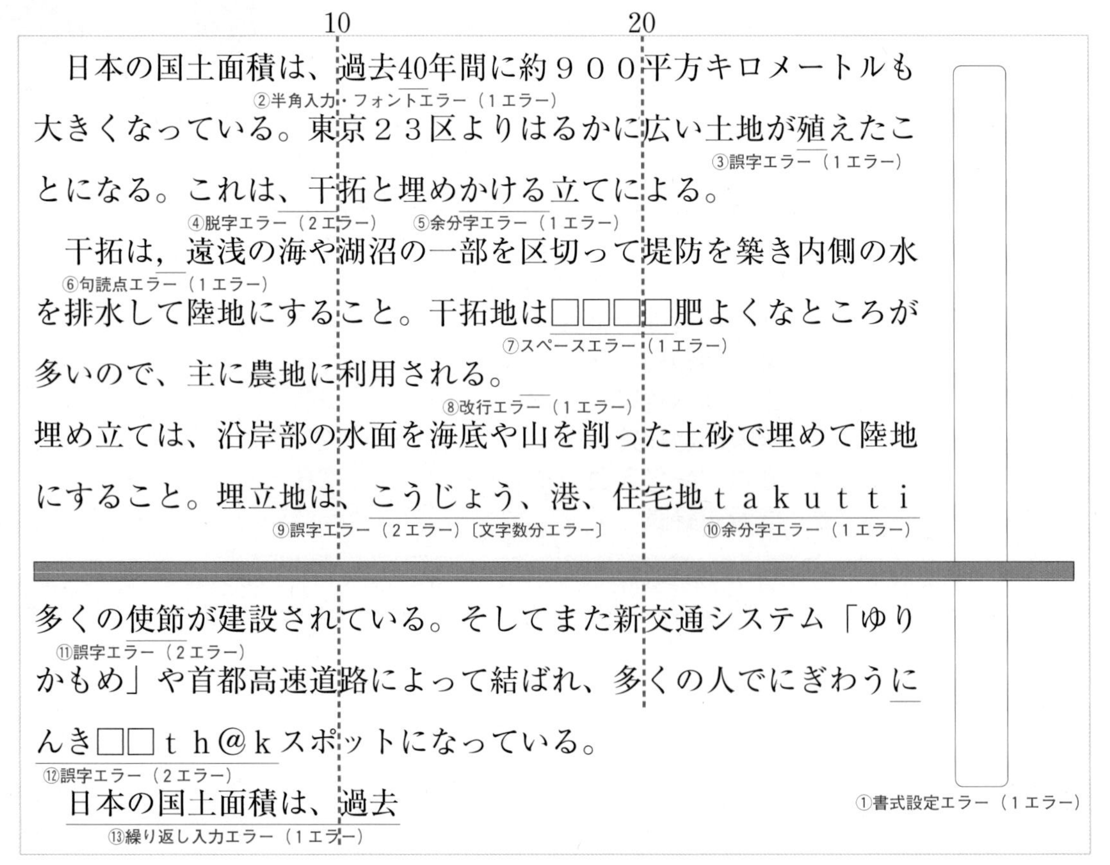

④ 審査結果

総字数７１０字、エラー数１７。つまり、**純字数６９３文字＝総字数７１０－エラー数１７** → 1級不合格

⑤　エラーの解説

番号	エラーの種類	エラーの内容	エラー数
①	書式設定エラー	問題で指定した１行の文字数を誤って設定した場合。 **１行文字数が30文字ではなく、29文字となった。**	**全体で１エラー**
②	半角入力 ・フォントエラー	半角入力や問題で指定された以外のフォントで入力して、設定した１行の文字数に過不足が生じた場合。 （「指定された以外」の例：プロポーショナルフォント） **「40」が半角入力のため、１行文字数が１文字増えた。**	**全体で１エラー**
③ ⑨ ⑪ ⑫	誤字エラー	問題文と異なる文字を入力した場合。 また、脱行の場合は、その行の文字数分。 **③「増」（１字分）が「殖」と入力されているため。** **⑨「工場」（２字分）が「こうじょう」と入力されているため。** **⑪網かけ部分の「施設」（２字分）が訂正されずに入力されているため。** **⑫「人気」（２字分）が「にんき　　ｔｈ＠ｋ」と入力されているため。**	該当する問題の誤字の文字数分がエラー **③１エラー** **⑨２エラー** **⑪２エラー** **⑫２エラー**
④	脱字エラー	問題文にある文字を入力しなかった場合。 **「主に」（２字分）が入力されていないため。**	入力しなかった文字数分がエラー **２エラー**
⑤ ⑩	余分字エラー	問題文にない文字を入力した場合。 **⑤「かける」（該当箇所１つ）が入力されているため。** **⑩「ｔａｋｕｔｔｉ」（該当箇所１つ）が入力されているため。**	余分に入力された該当箇所ごとにエラー **⑤１エラー** **⑩１エラー**
⑥	句読点エラー	句点（。）とピリオド（．）、読点（、）とコンマ（，）を混用した場合。 **「干拓は、」（１字分）が「干拓は，」と入力されているため。**	混用した少ない方の文字数分がエラー **１エラー**
⑦	スペースエラー	問題文にあるスペースを空けなかった場合。 問題文にないスペースを空けた場合。 ※なお、連続したスペースもまとめて１エラーとする。 **「は肥よく」が「は□□□□肥よく」と４文字分のスペースが入力されているため。**	**１エラー**
⑧	改行エラー	問題文にある改行をしなかった場合。 問題文にない改行をした場合。 **「埋め立ては、～」が改行されているため。**	**１エラー**
⑬	繰り返し 入力エラー	問題文を最後まで入力し終えたあと、繰り返し問題文を入力した場合。 **「　日本の国土面積は、～」が繰り返し入力されているため。**	**全体で１エラー**

【上記以外のエラーについて】　**※ただし、今回の審査例には含まれていません。**

※	印刷エラー	逆さ印刷、裏面印刷、審査欄にかかった印刷、複数ページにまたがった印刷、破れ印刷など、明らかに本人による印刷ミスがあった場合は、**全体で１エラー**とする。

※３回の解答は、問題の次のページに見開きで掲載しています。

実技問題解答

①〜⑳各５点、70点以上で合格

4回

■審査基準

①	文書の余白	余白が上下左右それぞれ20mm以上30mm以下となっていない場合はエラーとする。 ※ただし、下余白については30mmを超えても35mm以下となっていれば許容とする。	全体で5点
	フォントの種類・サイズ	審査箇所で指示のない文字は、フォントの種類が明朝体の全角（ただし「販売価格」「限定数量」のデータのフォントは明朝体の半角）で、サイズは12ポイントに統一されていること。 ※枠内の文字のフォントの種類・サイズは、審査項目⑰で審査する。 ※挿入したテキストファイルのフォントの種類・サイズは、審査項目⑮で審査する。 ※ルビのフォントの種類は、審査項目⑳で審査する。	
	空白行	問題文にない１行を超えた空白行がある場合はエラーとする。	
	文書の印刷	逆さ印刷・裏面印刷・審査欄にかかった印刷・複数ページにまたがった印刷・破れ印刷など、明らかに本人による印刷ミスはエラーとする。	

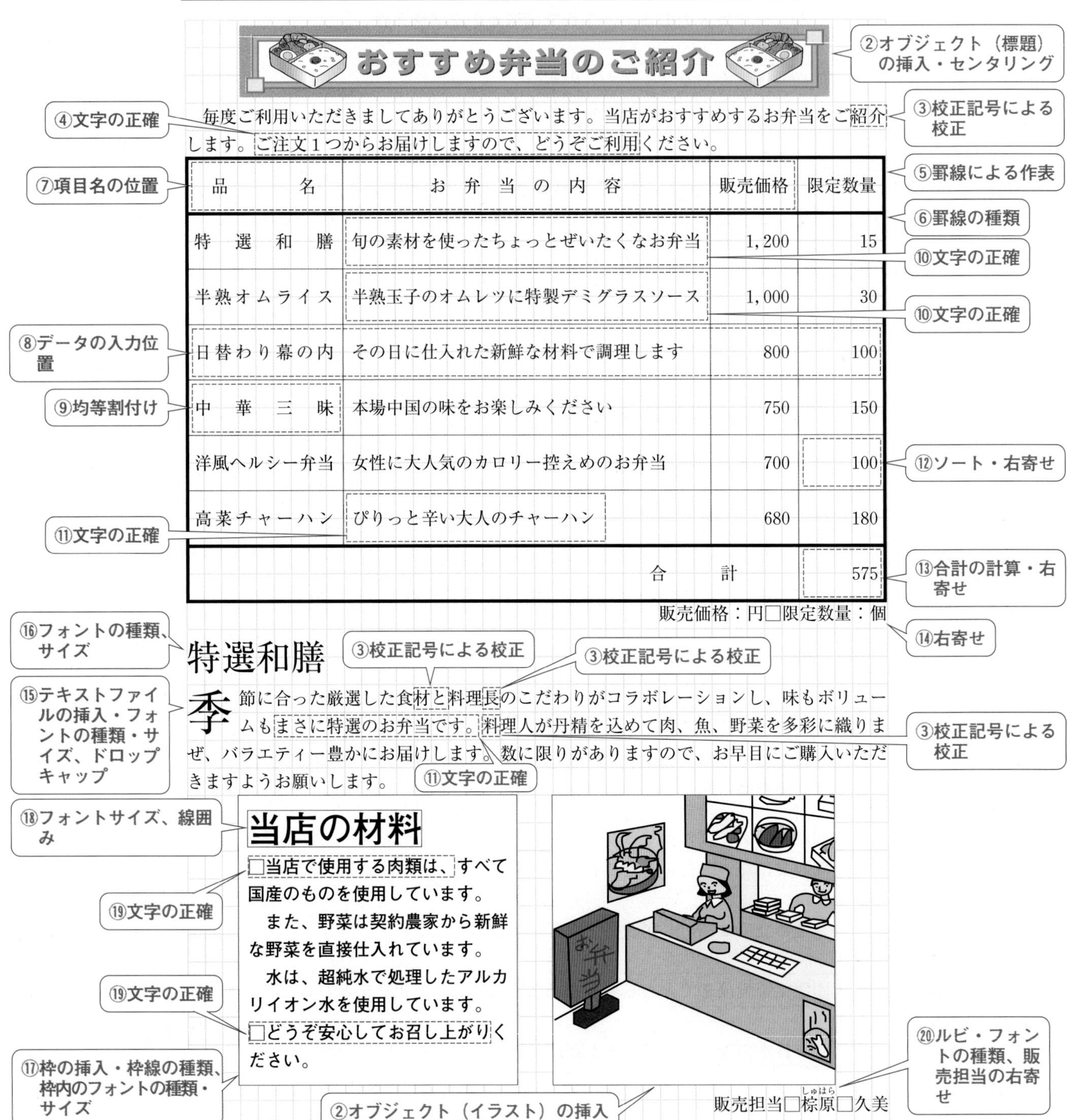

おすすめ弁当のご紹介

毎度ご利用いただきましてありがとうございます。当店がおすすめするお弁当をご紹介します。ご注文１つからお届けしますので、どうぞご利用ください。

品　　　名	お　弁　当　の　内　容	販売価格	限定数量
特　選　和　膳	旬の素材を使ったちょっとぜいたくなお弁当	1,200	15
半熟オムライス	半熟玉子のオムレツに特製デミグラスソース	1,000	30
日替わり幕の内	その日に仕入れた新鮮な材料で調理します	800	100
中　華　三　昧	本場中国の味をお楽しみください	750	150
洋風ヘルシー弁当	女性に大人気のカロリー控えめのお弁当	700	100
高菜チャーハン	ぴりっと辛い大人のチャーハン	680	180
	合　　計		575

販売価格：円□限定数量：個

特選和膳

季節に合った厳選した食材と料理長のこだわりがコラボレーションし、味もボリュームもまさに特選のお弁当です。料理人が丹精を込めて肉、魚、野菜を多彩に織りまぜ、バラエティー豊かにお届けします。数に限りがありますので、お早目にご購入いただきますようお願いします。

当店の材料

□当店で使用する肉類は、すべて国産のものを使用しています。
　また、野菜は契約農家から新鮮な野菜を直接仕入れています。
　水は、超純水で処理したアルカリイオン水を使用しています。
□どうぞ安心してお召し上がりください。

販売担当□棕原（しゅはら）□久美

■審査例

毎度ご利用いただきましてありがとうございます。当店がおすすめするお弁当をご紹介します。ご注文１つからお届けしますので、どうぞご利用ください。

品　　名	お弁当の内容	販売価格	限定数量
特選和膳	旬の素材を使ったちょっと賛沢なお弁当	1,200	15
半熟オムライス	半熟卯のオムレツに特製デミグラスソース	1,000	30
日変わり幕の内	その日に仕入れた新鮮な材料で調理します	800	110
中華三味	本場中国の味をお楽しみください	750	150
洋風ヘルシー弁当	女性に大人気のカロリー控えめのお弁当	700	100
高奈チャーハン	ぴりっと辛い大人のチャーハン	680	180
		合　計	585

単位□販売価格：円□限定数量：個

罫線の種類が違うのでエラー

両方に誤字があるが、全体で１エラー

数字の入力ミスであるが、審査箇所でないのでエラーとならない

データの入力位置は正しいが、誤字があるのでエラー

合計は正しく計算されているが、データの入力ミスがあり、合計が違うのでエラー

誤字があるが、審査箇所でないのでエラーとならない

右寄せされていないのでエラー

特選和膳

季節に合った厳選した食材料と料理のこだわりがコラボレーションし、味もボリュームもまさに特選のお弁当です。料理人が丹精を込めて肉、魚、野菜を多彩に織りまぜ、バラエティー豊かにお届けします。数に限りがありますので、お早目にご購入いただきますようお願いします。

両方が校正されていないが、全体で１エラー

フォントの種類が違うが、⑰でエラーをとるので、ここではエラーはとらない

当店の材料

□当店で使用する肉類は、すべて国産のものを使用しています。

　また、野菜は契約農家から新鮮な野菜を直接仕入れています。

　水は、超純水で処理したアルカリイオン水を使用しています。

□どうぞ安心してお召し上がりください。

フォントの種類が違うのでエラー

オブジェクト（イラスト）が挿入されているが、枠に重なっているのでエラー

ルビのフォントの種類が違うのでエラー

販売担当□棕原（シュハラ）□久美

5回

①	文書の余白	余白が上下左右それぞれ20mm以上30mm以下となっていない場合はエラーとする。 ※ただし、下余白については30mmを超えても35mm以下となっていれば許容とする。	全体で5点
	フォントの種類・サイズ	審査箇所で指示のない文字は、フォントの種類が明朝体の全角（ただし「外航商船数」「内航商船数」のデータのフォントは明朝体の半角）で、サイズは12ポイントに統一されていること。 ※枠内の文字のフォントの種類・サイズは、審査項目⑰で審査する。 ※挿入したテキストファイルのフォントの種類・サイズは、審査項目⑮で審査する。 ※ルビのフォントの種類は、審査項目⑳で審査する。	
	空白行	問題文にない１行を超えた空白行がある場合はエラーとする。	
	文書の印刷	逆さ印刷・裏面印刷・審査欄にかかった印刷・複数ページにまたがった印刷・破れ印刷など、明らかに本人による印刷ミスはエラーとする。	

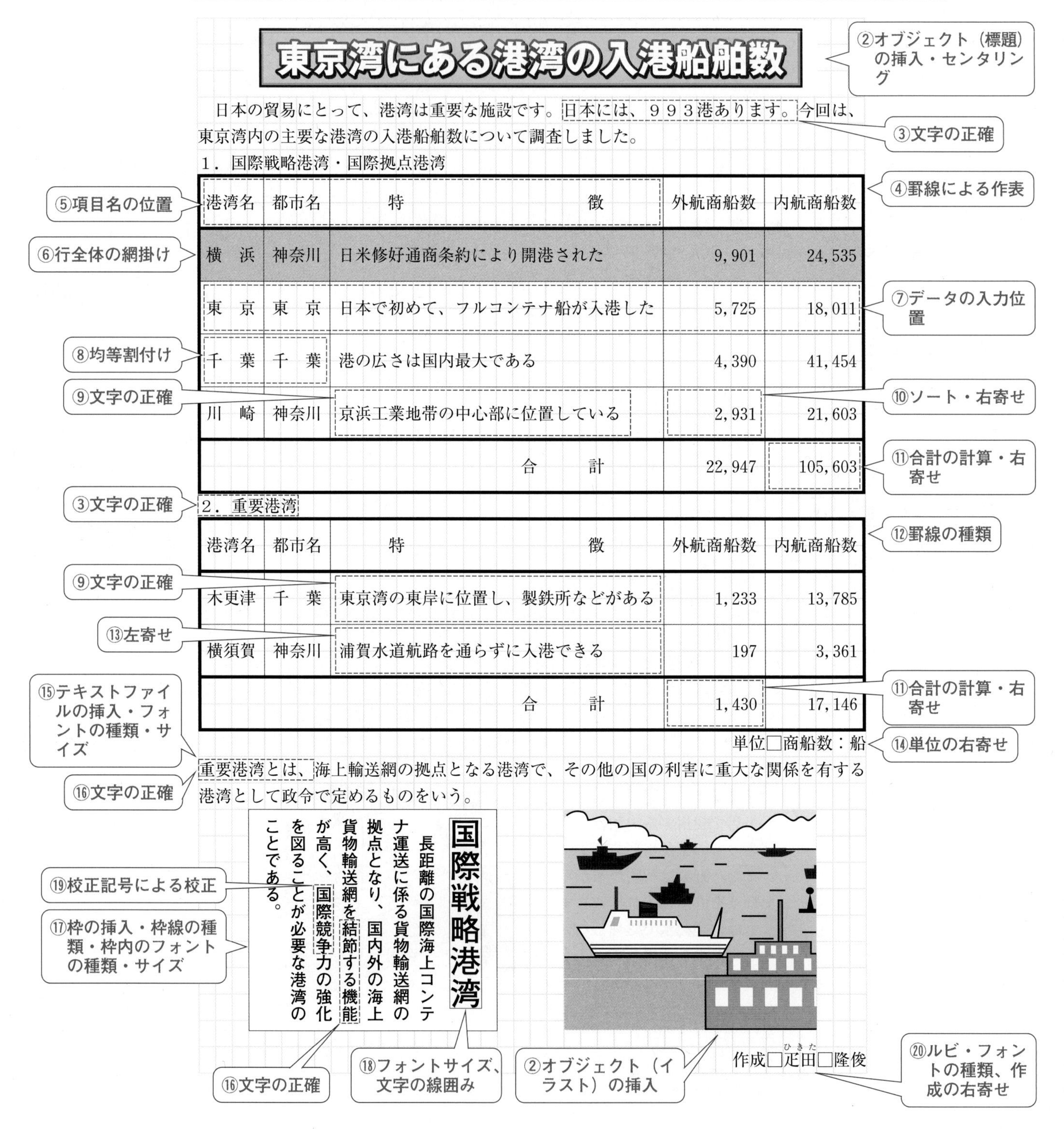

東京湾にある港湾の入港船舶数

日本の貿易にとって、港湾は重要な施設です。日本には、９９３港あります。今回は、東京湾内の主要な港湾の入港船舶数について調査しました。

１．国際戦略港湾・国際拠点港湾

港湾名	都市名	特　　　　　　徴	外航商船数	内航商船数
横　浜	神奈川	日米修好通商条約により開港された	9,901	24,535
東　京	東　京	日本で初めて、フルコンテナ船が入港した	5,725	18,011
千　葉	千　葉	港の広さは国内最大である	4,390	41,454
川　崎	神奈川	京浜工業地帯の中心部に位置している	2,931	21,603
		合　　計	22,947	105,603

２．重要港湾

港湾名	都市名	特　　　　　　徴	外航商船数	内航商船数
木更津	千　葉	東京湾の東岸に位置し、製鉄所などがある	1,233	13,785
横須賀	神奈川	浦賀水道航路を通らずに入港できる	197	3,361
		合　　計	1,430	17,146

単位□商船数：船

重要港湾とは、海上輸送網の拠点となる港湾で、その他の国の利害に重大な関係を有する港湾として政令で定めるものをいう。

国際戦略港湾

長距離の国際海上コンテナ運送に係る貨物輸送網の拠点となり、国内外の海上貨物輸送網を結節する機能が高く、国際競争力の強化を図ることが必要な港湾のことである。

作成□疋田（ひきた）□隆俊

6回

①	文書の余白	余白が上下左右それぞれ20㎜以上30㎜以下となっていない場合はエラーとする。 ※ただし、下余白については30㎜を超えても35㎜以下となっていれば許容とする。	全体で5点
	フォントの種類・サイズ	審査箇所で指示のない文字は、フォントの種類が明朝体の全角（ただし「長期滞在」のデータのフォントは明朝体の半角）で、サイズは12ポイントに統一されていること。 ※枠内の文字のフォントの種類・サイズは、審査項目⑰で審査する。 ※挿入したテキストファイルのフォントの種類・サイズは、審査項目⑮で審査する。 ※ルビのフォントの種類は、審査項目⑳で審査する。	
	空白行	問題文にない１行を超えた空白行がある場合はエラーとする。	
	文書の印刷	逆さ印刷・裏面印刷・審査欄にかかった印刷・複数ページにまたがった印刷・破れ印刷など、明らかに本人による印刷ミスはエラーとする。	

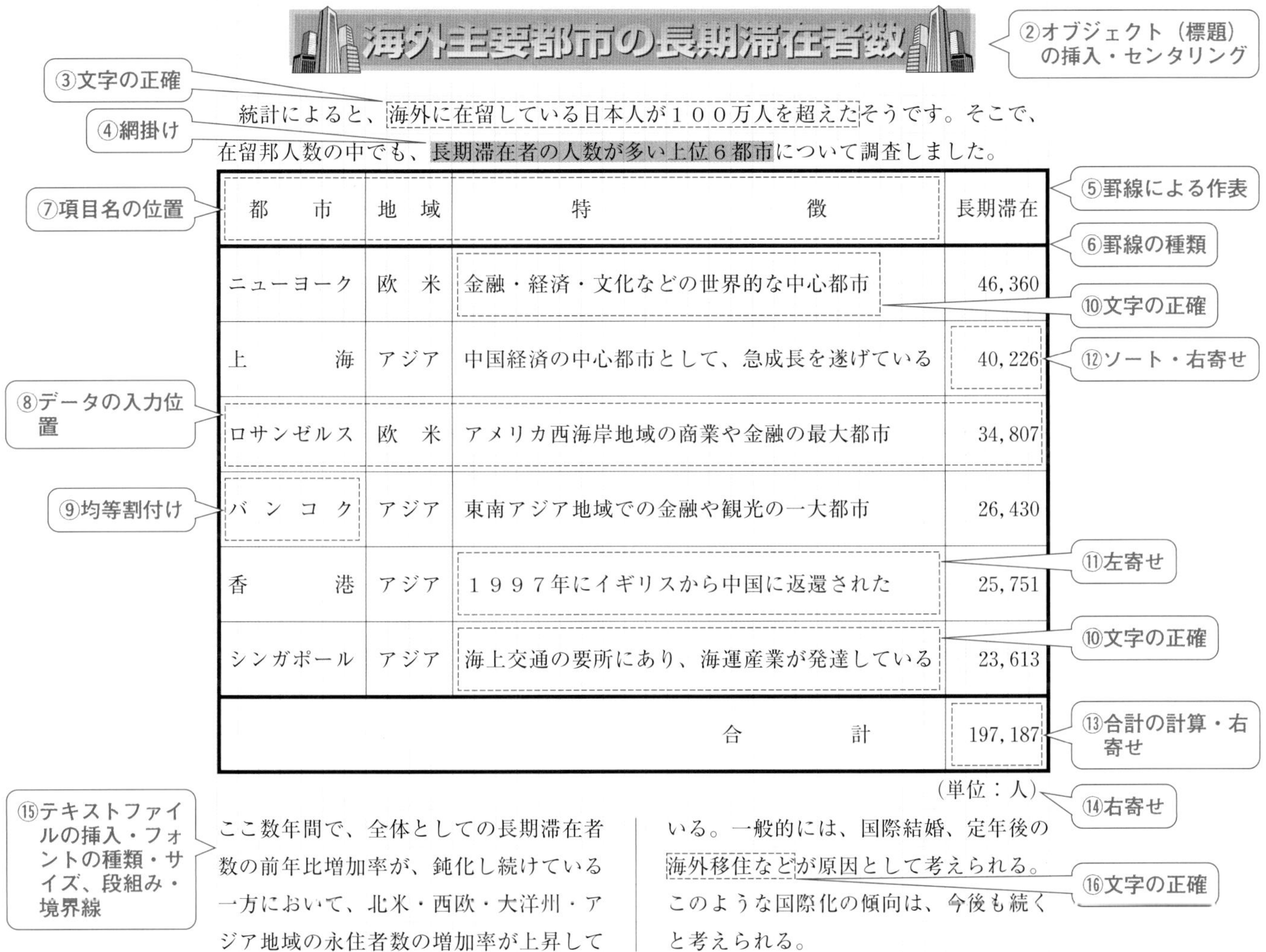

⑮テキストファイルの挿入・フォントの種類・サイズ、段組み・境界線

ここ数年間で、全体としての長期滞在者数の前年比増加率が、鈍化し続けている一方において、北米・西欧・大洋州・アジア地域の永住者数の増加率が上昇している。一般的には、国際結婚、定年後の海外移住などが原因として考えられる。このような国際化の傾向は、今後も続くと考えられる。

⑯文字の正確

100%
80%
60%
40%
20%
0%
アジア　大洋州　北米　南米　西欧

在留邦人者数に占める長期滞在者の割合
割合が高いアジア地域の長期滞在者数は、９８．２％
割合が低い南米地域の長期滞在者数は、６．０％

⑰枠の挿入・枠線の種類、枠内のフォントの種類・サイズ
⑱文字の正確

作成：杦本（すぎもと）□慶子

②オブジェクト（グラフ）の挿入
⑲オブジェクト（矢印）の挿入
⑳ルビ・フォントの種類・サイズ、作成の右寄せ

①～⑳各５点、70点以上で合格

7回

①	文書の余白	余白が上下左右それぞれ20mm以上30mm以下となっていない場合はエラーとする。 ※ただし、下余白については30mmを超えても35mm以下となっていれば許容とする。	全体で5点
	フォントの種類・サイズ	審査箇所で指示のない文字は、フォントの種類が明朝体の全角（ただし「大人人数」「小人人数」「合計人数」のデータのフォントは明朝体の半角）で、サイズは12ポイントに統一されていること。 ※枠内の文字のフォントの種類・サイズは、審査項目⑱で審査する。 ※挿入したテキストファイルのフォントの種類・サイズは、審査項目⑰で審査する。 ※ルビのフォントの種類は、審査項目⑳で審査する。	
	空白行	問題文にない１行を超えた空白行がある場合はエラーとする。	
	文書の印刷	逆さ印刷・裏面印刷・審査欄にかかった印刷・複数ページにまたがった印刷・破れ印刷など、明らかに本人による印刷ミスはエラーとする。	

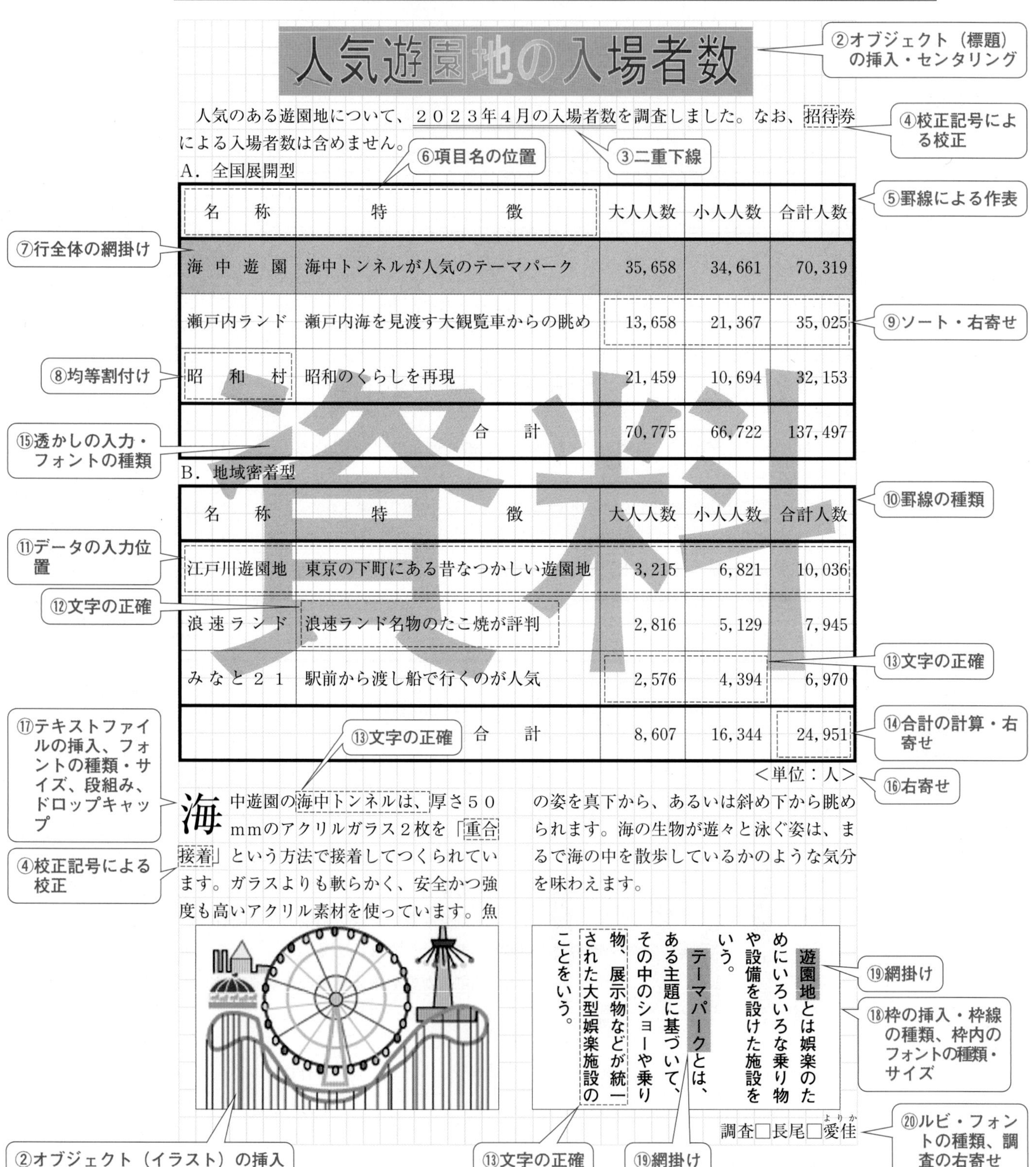

人気遊園地の入場者数

人気のある遊園地について、２０２３年４月の入場者数を調査しました。なお、招待券による入場者数は含めません。

A．全国展開型

名　　称	特　　　　　徴	大人人数	小人人数	合計人数
海 中 遊 園	海中トンネルが人気のテーマパーク	35,658	34,661	70,319
瀬戸内ランド	瀬戸内海を見渡す大観覧車からの眺め	13,658	21,367	35,025
昭　和　村	昭和のくらしを再現	21,459	10,694	32,153
	合　計	70,775	66,722	137,497

B．地域密着型

名　　称	特　　　　　徴	大人人数	小人人数	合計人数
江戸川遊園地	東京の下町にある昔なつかしい遊園地	3,215	6,821	10,036
浪速ランド	浪速ランド名物のたこ焼が評判	2,816	5,129	7,945
みなと２１	駅前から渡し船で行くのが人気	2,576	4,394	6,970
	合　計	8,607	16,344	24,951

＜単位：人＞

資料

海中遊園の海中トンネルは、厚さ５０mmのアクリルガラス２枚を「重合接着」という方法で接着してつくられています。ガラスよりも軟らかく、安全かつ強度も高いアクリル素材を使っています。魚の姿を真下から、あるいは斜め下から眺められます。海の生物が遊々と泳ぐ姿は、まるで海の中を散歩しているかのような気分を味わえます。

遊園地とは娯楽のためにいろいろな乗り物や設備を設けた施設をいう。
テーマパークとは、ある主題に基づいて、その中のショーや乗り物、展示物などが統一された大型娯楽施設のことをいう。

調査□長尾□愛佳（よりか）

①～⑳各５点、70点以上で合格

問題→本誌Ｐ.64

8回

	審査項目	内容	配点
①	文書の余白	余白が上下左右それぞれ20㎜以上30㎜以下となっていない場合はエラーとする。 ※ただし、下余白については30㎜を超えても35㎜以下となっていれば許容とする。	全体で5点
	フォントの種類・サイズ	審査箇所で指示のない文字は、フォントの種類が明朝体の全角（ただし「営業キロ」のデータのフォントは明朝体の半角）で、サイズは12ポイントに統一されていること。 ※枠内の文字のフォントの種類・サイズは、審査項目⑰で審査する。 ※挿入したテキストファイルのフォントの種類・サイズは、審査項目⑮で審査する。 ※ルビのフォントの種類は、審査項目⑳で審査する。	
	空白行	問題文にない１行を超えた空白行がある場合はエラーとする。	
	文書の印刷	逆さ印刷・裏面印刷・審査欄にかかった印刷・複数ページにまたがった印刷・破れ印刷など、明らかに本人による印刷ミスはエラーとする。	

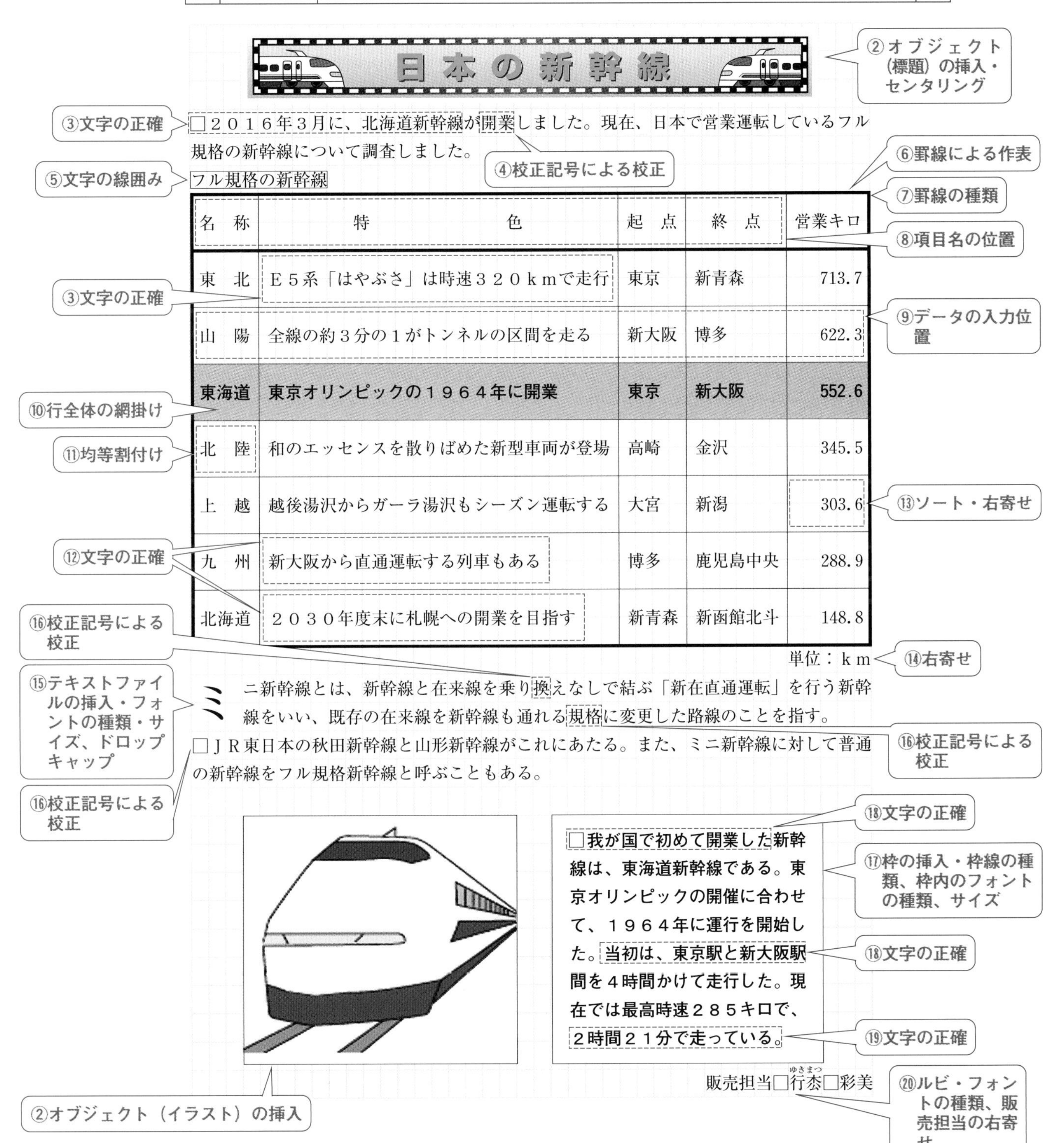

日本の新幹線

□２０１６年３月に、北海道新幹線が開業しました。現在、日本で営業運転しているフル規格の新幹線について調査しました。

フル規格の新幹線

名　称	特　　色	起　点	終　点	営業キロ
東　北	Ｅ５系「はやぶさ」は時速３２０ｋｍで走行	東京	新青森	713.7
山　陽	全線の約３分の１がトンネルの区間を走る	新大阪	博多	622.3
東海道	**東京オリンピックの１９６４年に開業**	**東京**	**新大阪**	**552.6**
北　陸	和のエッセンスを散りばめた新型車両が登場	高崎	金沢	345.5
上　越	越後湯沢からガーラ湯沢もシーズン運転する	大宮	新潟	303.6
九　州	新大阪から直通運転する列車もある	博多	鹿児島中央	288.9
北海道	２０３０年度末に札幌への開業を目指す	新青森	新函館北斗	148.8

単位：ｋｍ

ミニ新幹線とは、新幹線と在来線を乗り換えなしで結ぶ「新在直通運転」を行う新幹線をいい、既存の在来線を新幹線も通れる規格に変更した路線のことを指す。

□ＪＲ東日本の秋田新幹線と山形新幹線がこれにあたる。また、ミニ新幹線に対して普通の新幹線をフル規格新幹線と呼ぶこともある。

□我が国で初めて開業した新幹線は、東海道新幹線である。東京オリンピックの開催に合わせて、１９６４年に運行を開始した。当初は、東京駅と新大阪駅間を４時間かけて走行した。現在では最高時速２８５キロで、２時間２１分で走っている。

販売担当□行枩（ゆきまつ）□彩美

9回

①	文書の余白	余白が上下左右それぞれ20mm以上30mm以下となっていない場合はエラーとする。 ※ただし、下余白については30mmを超えても35mm以下となっていれば許容とする。	全体で5点
	フォントの種類・サイズ	審査箇所で指示のない文字は、フォントの種類が明朝体の全角（ただし「正社員」「契約社員」のデータのフォントは明朝体の半角）で、サイズは12ポイントに統一されていること。 ※枠内の文字のフォントの種類・サイズは、審査項目⑯で審査する。 ※挿入したテキストファイルのフォントの種類・サイズは、審査項目⑭で審査する。 ※ルビのフォントの種類は、審査項目⑳で審査する。	
	空白行	問題文にない１行を超えた空白行がある場合はエラーとする。	
	文書の印刷	逆さ印刷・裏面印刷・審査欄にかかった印刷・複数ページにまたがった印刷・破れ印刷など、明らかに本人による印刷ミスはエラーとする。	

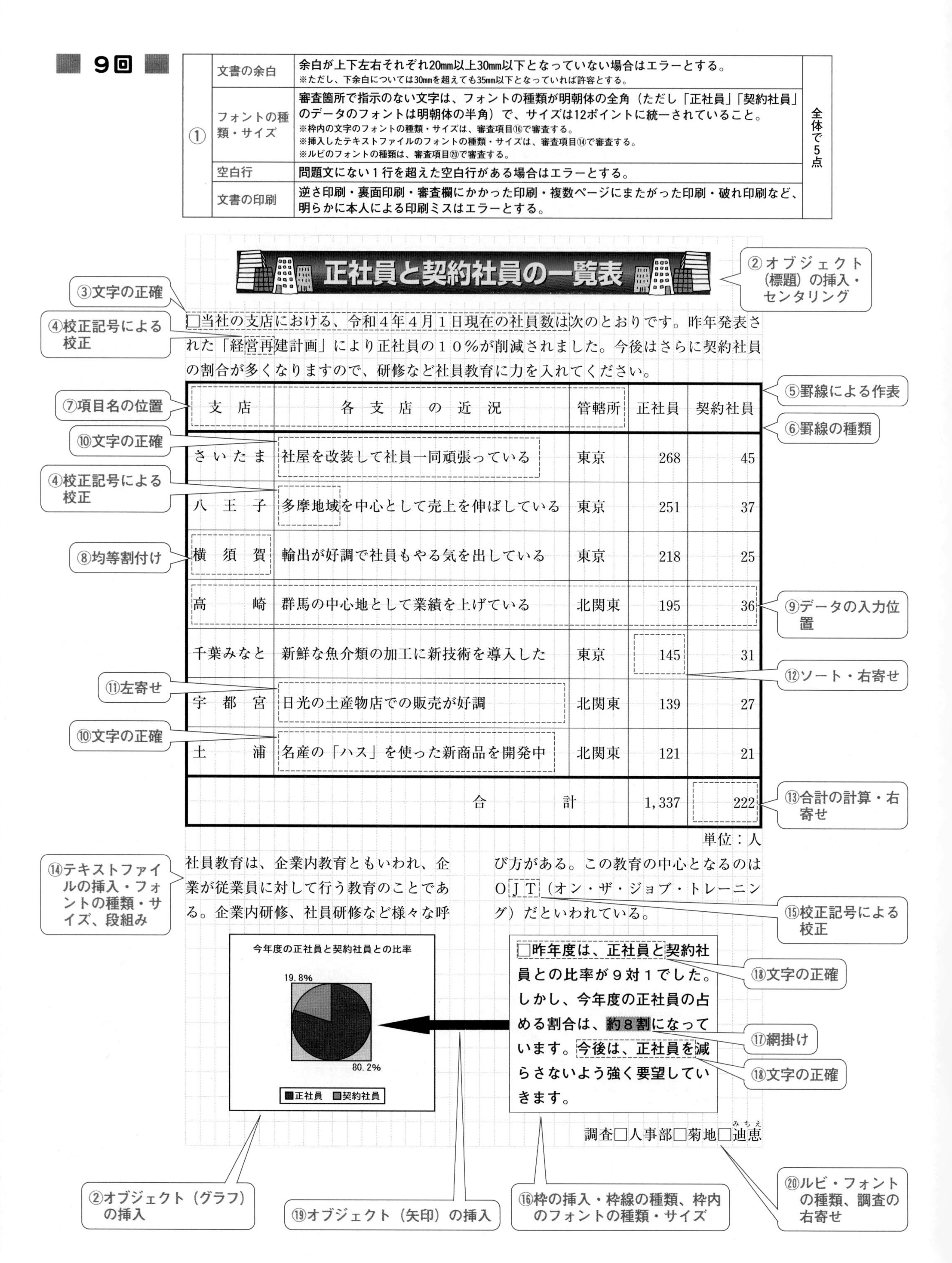

①～⑳各５点、70点以上で合格

10回

①	文書の余白	余白が上下左右それぞれ20㎜以上30㎜以下となっていない場合はエラーとする。 ※ただし、下余白については30㎜を超えても35㎜以下となっていれば許容とする。	全体で5点
	フォントの種類・サイズ	審査箇所で指示のない文字は、フォントの種類が明朝体の全角（ただし「距離（m）」のデータのフォントは明朝体の半角）で、サイズは12ポイントに統一されていること。 ※枠内の文字のフォントの種類・サイズは、審査項目⑯で審査する。 ※挿入したテキストファイルのフォントの種類・サイズは、審査項目⑭で審査する。 ※ルビのフォントの種類は、審査項目⑳で審査する。	
	空白行	問題文にない１行を超えた空白行がある場合はエラーとする。	
	文書の印刷	逆さ印刷・裏面印刷・審査欄にかかった印刷・複数ページにまたがった印刷・破れ印刷など、明らかに本人による印刷ミスはエラーとする。	

鉄道と道路のトンネル

②オブジェクト（標題）の挿入・センタリング

③文字の正確

□陸上貨物輸送の要になるのは、鉄道と道路である。その所要時間を短縮するために造られた、トンネルについて調査した。鉄道はＪＲ線を対象とし、新幹線にあるトンネルは、貨物輸送の観点から除外してある。

④網掛け

⑤文字の正確

Ａ．鉄道トンネル

⑥罫線による作表　⑦項目名の位置　⑧均等割付け　⑨文字の正確　⑩ソート・右寄せ

トンネルの名称	ト　ン　ネ　ル　の　概　要	各路線の名称	距離（m）
青　　　　函	津軽海峡の海底の深くを掘って設置	海峡線	53,850
北　　　　陸	日本海沿岸と関西地域を結ぶ大動脈	北陸本線	13,870
新　清　水	経済成長で輸送量が増加したために開通	上越線	13,490

⑤文字の正確

Ｂ．道路トンネル

⑪罫線の種類　⑫データの入力位置　⑨文字の正確　⑬ソート・右寄せ　⑧均等割付け

トンネルの名称	ト　ン　ネ　ル　の　概　要	各路線の名称	距離（m）
関　　　　越	日本で最初の列島横断道	関越自動車道	11,055
アクアトンネル	人工島「海ほたる」で高架橋と接続する	アクアライン	9,547
恵　那　山	他の区間と比べて料金が高い	中央自動車道	8,649

⑭テキストファイルの挿入・フォントの種類・サイズ、ドロップキャップ

⑮校正記号による校正

トンネルを作る工法の一つに、シールド工法がある。これは、シールドマシンと呼ばれるトンネルの外径の大きさで、全体が薄い鋼板で覆われた円筒状の機械を、立て坑などを使用して地中に降ろし、掘削しながらトンネル本体が分割されたブロックを組み上げることによって構築される。

②オブジェクト（イラスト）の挿入

トンネルの話

トンネルの建設は、工費が高く、大きな道路のトンネルは、換気設備などの付帯設備を必要とすることなどから、更に工費の高い構造物となります。しかしながら、その社会的な経済効果は絶大なものとなります。

⑯枠の挿入・枠線の種類、枠内のフォントの種類・サイズ

⑰フォントサイズ、文字の線囲み

⑱文字の正確

⑲文字の正確

茯澤（フクサワ）□拓郎

⑳ルビ・フォントの種類、右寄せ

11回

	審査項目	審査内容	配点
①	文書の余白	余白が上下左右それぞれ20㎜以上30㎜以下となっていない場合はエラーとする。 ※ただし、下余白については30㎜を超えても35㎜以下となっていれば許容とする。	全体で5点
	フォントの種類・サイズ	審査箇所で指示のない文字は、フォントの種類が明朝体の全角（ただし「標高（m）」のデータのフォントは明朝体の半角）で、サイズは12ポイントに統一されていること。 ※枠内の文字のフォントの種類・サイズは、審査項目⑮で審査する。 ※挿入したテキストファイルのフォントの種類・サイズは、審査項目⑭で審査する。 ※ルビのフォントの種類は、審査項目⑳で審査する。	
	空白行	問題文にない１行を超えた空白行がある場合はエラーとする。	
	文書の印刷	逆さ印刷・裏面印刷・審査欄にかかった印刷・複数ページにまたがった印刷・破れ印刷など、明らかに本人による印刷ミスはエラーとする。	

登山愛好会の山行記録

我が社に登山愛好会が発足して今年で３年目になります。この間に数多くの山に登山しました。この度、一泊二日以上の山行についてまとめてみました。

山　名	所　在　地	特　　　　徴	標高（m）
富　士　山	静岡・山梨	日本の象徴の一つとして世界に知られている	3,776
赤　　　岳	長野・山梨	八ヶ岳の盟主赤岳は男性的な風貌を見せる	2,899
会津駒ヶ岳	福島	山稜の延長線上にそばだつのが目を引く	2,133
雲　取　山	東京など	原生林と明るい草尾根をもつ奥多摩の最高峰	2,017
谷　川　岳	群馬	屈指の岩壁群と豪雪によるアルペン的な雰囲気	1,963
大 源 太 山	新潟	上越のマッターホルンとの異名を持つ	1,598

英国人宣教師であったウォルター・ウェストン氏は、登山をレジャーとして広く知らしめた。彼の功績は、日本近代登山の父として、今日でも広く称えられている。それまで、日本の登山は、信仰や修行としての山登りであった。また、狩猟など生活をしていくための山行であった。

□私たち登山愛好会は、月１回程度土曜または休日に日帰りの山行を実施しています。また、夏季には宿泊を伴った山行も実施しています。山登りや自然、野鳥に興味のある方はどうぞお気軽にご入会ください。

調査□昼間（ひるま）□浩一

資料

12回

①	文書の余白	余白が上下左右それぞれ20㎜以上30㎜以下となっていない場合はエラーとする。 ※ただし、下余白については30㎜を超えても35㎜以下となっていれば許容とする。	全体で5点
	フォントの種類・サイズ	審査箇所で指示のない文字は、フォントの種類が明朝体の全角（ただし「小売価格」のデータのフォントは明朝体の半角）で、サイズは12ポイントに統一されていること。 ※枠内の文字のフォントの種類・サイズは、審査項目⑰で審査する。 ※挿入したテキストファイルのフォントの種類・サイズは、審査項目⑭で審査する。 ※ルビのフォントの種類は、審査項目⑳で審査する。	
	空白行	問題文にない１行を超えた空白行がある場合はエラーとする。	
	文書の印刷	逆さ印刷・裏面印刷・審査欄にかかった印刷・複数ページにまたがった印刷・破れ印刷など、明らかに本人による印刷ミスはエラーとする。	

半期に一度の大均一祭

②オブジェクト（標題）の挿入・センタリング

③文字の正確

　創業２周年、第３弾半期に一度の大均一祭を催します。通常では、約１．６倍から２倍する小売価格のものを特別に販売いたします。ぜひお越しください。

Ａ．５千円均一

④罫線による作表　⑤項目名の位置　⑥均等割付け　⑦文字の正確　⑧ソート・右寄せ

品　　名	特　　　　徴	品　　番	小売価格
コーヒーメーカー	真空の２重ステンレスでおいしく保温	ＭＫ－７２０	10,780
低反発敷布団・枕	体圧分散効果による快適な睡眠	ＫＰ５０９Ｆ	9,940
炊　　飯　　器	遠赤黒釜でふっくら炊き上げ	ＳＰ－Ｌ１Ｈ	8,980

⑨文字の正確

Ｂ．３千円均一

⑩罫線の種類　⑪データの入力位置　⑨文字の正確　⑧ソート・右寄せ　⑫左寄せ

品　　名	特　　　　徴	品　　番	小売価格
マルチロースター	煙や臭いを削減するフィルター付き	ＴＳＨ－Ｍ２	6,270
多目的収納ラック	４つのドアを積み重ねて多目的に収納	ＰＤ－２１Ｍ	5,760
平織カーペット	抗菌加工の安心カーペット	ＡＳ－２６Ｂ	4,910

単位：円

⑬右寄せ　⑮文字の正確　⑭テキストファイルの挿入・フォントの種類・サイズ、段組み、ドロップキャップ　⑯校正記号による校正

超特価は、コーヒーメーカーです。自動抽出が可能で、毎回同じ味に仕上がります。使用後は、すすぎをして目詰まりを取るだけなので、お手入れも簡単です。大きさもコンパクトなので、置く場所もとりません。本格的なおいしいコーヒーが１杯約５０円で飲めるので、大満足です。

②オブジェクト（イラスト）の挿入

　その他のお買い得な商品として、５００円と３００円の均一価格の商品を用意しました。
　キッチンやバス、トイレなど数多くの日用品を用意しております。
　また、犬や猫などのペット用品、観葉植物や肥料なども取りそろえております。

⑰枠の挿入・枠線の種類、枠内のフォントの種類・サイズ　⑱文字の正確　⑯校正記号による校正　⑲文字の正確

セール販売責任者　畦川（アイカワ）　良二

⑳ルビ・フォントの種類、セール販売責任者の右寄せ

①～⑳各５点、70点以上で合格

問題→本誌Ｐ．74

13回

①	文書の余白	余白が上下左右それぞれ20㎜以上30㎜以下となっていない場合はエラーとする。 ※ただし、下余白については30㎜を超えても35㎜以下となっていれば許容とする。	全体で5点
	フォントの種類・サイズ	審査箇所で指示のない文字は、フォントの種類が明朝体の全角（ただし「資本金」「年間売上高」「従業員数」のデータのフォントは明朝体の半角）で、サイズは12ポイントに統一されていること。 ※枠内の文字のフォントの種類・サイズは、審査項目⑯で審査する。 ※挿入したテキストファイルのフォントの種類・サイズは、審査項目⑮で審査する。 ※ルビのフォントの種類は、審査項目⑳で審査する。	
	空白行	問題文にない１行を超えた空白行がある場合はエラーとする。	
	文書の印刷	逆さ印刷・裏面印刷・審査欄にかかった印刷・複数ページにまたがった印刷・破れ印刷など、明らかに本人による印刷ミスはエラーとする。	

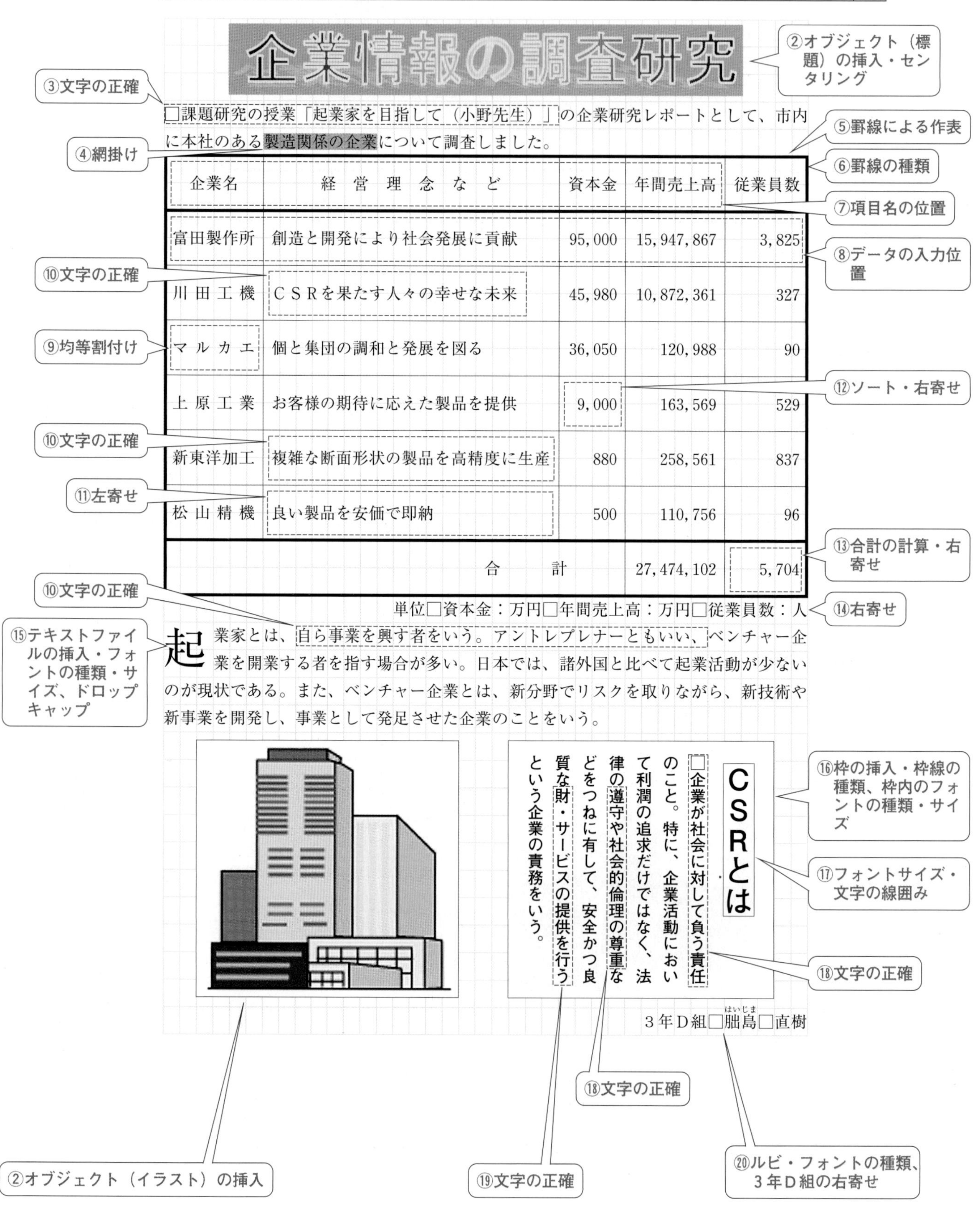

企業情報の調査研究

□課題研究の授業「起業家を目指して（小野先生）」の企業研究レポートとして、市内に本社のある製造関係の企業について調査しました。

企業名	経営理念など	資本金	年間売上高	従業員数
富田製作所	創造と開発により社会発展に貢献	95,000	15,947,867	3,825
川田工機	ＣＳＲを果たす人々の幸せな未来	45,980	10,872,361	327
マルカエ	個と集団の調和と発展を図る	36,050	120,988	90
上原工業	お客様の期待に応えた製品を提供	9,000	163,569	529
新東洋加工	複雑な断面形状の製品を高精度に生産	880	258,561	837
松山精機	良い製品を安価で即納	500	110,756	96
	合計		27,474,102	5,704

単位□資本金：万円□年間売上高：万円□従業員数：人

起業家とは、自ら事業を興す者をいう。アントレプレナーともいい、ベンチャー企業を開業する者を指す場合が多い。日本では、諸外国と比べて起業活動が少ないのが現状である。また、ベンチャー企業とは、新分野でリスクを取りながら、新技術や新事業を開発し、事業として発足させた企業のことをいう。

ＣＳＲとは

□企業が社会に対して負う責任のこと。特に、企業活動において利潤の追求だけではなく、法律の遵守や社会的倫理の尊重などをつねに有して、安全かつ良質な財・サービスの提供を行うという企業の責務をいう。

３年Ｄ組□腊島（はいじま）□直樹

①～⑳各５点、70点以上で合格

14回

①	文書の余白	余白が上下左右それぞれ20㎜以上30㎜以下となっていない場合はエラーとする。 ※ただし、下余白については30㎜を超えても35㎜以下となっていれば許容とする。	全体で5点
	フォントの種類・サイズ	審査箇所で指示のない文字は、フォントの種類が明朝体の全角（ただし「滑走路長」「管理面積」のデータのフォントは明朝体の半角）で、サイズは12ポイントに統一されていること。 ※枠内の文字のフォントの種類・サイズは、審査項目⑱で審査する。 ※挿入したテキストファイルのフォントの種類・サイズは、審査項目⑯で審査する。 ※ルビのフォントの種類は、審査項目⑳で審査する。	
	空白行	問題文にない１行を超えた空白行がある場合はエラーとする。	
	文書の印刷	逆さ印刷・裏面印刷・審査欄にかかった印刷・複数ページにまたがった印刷・破れ印刷など、明らかに本人による印刷ミスはエラーとする。	

地方空港の現況

②オブジェクト（標題）の挿入・センタリング
③文字の正確
④校正記号による校正

□日本では、空港法により拠点空港・地方管理空港・その他の空港・供用空港に区分しています。その中で、話題になっている最近開港した空港を調べました。

⑤罫線による作表
⑥罫線の種類
⑦項目名の位置
⑧データの入力位置
⑨均等割付け
⑩文字の正確
⑪左寄せ
⑫ソート・右寄せ
⑬合計の計算・右寄せ
⑭透かし

名　称	開　港　年	特　　　　　徴	滑走路長	管理面積
茨 城 空 港	２０１０年	正式名称は、百里飛行場という	2,700	460
静 岡 空 港	２００９年	富士山静岡空港という愛称で呼ばれる	2,500	192
北九州空港	２００６年	周防灘の人工島にある海上空港	2,500	159
神 戸 空 港	２００６年	マリンエアという愛称をもつ海上空港	2,500	156
種子島空港	２００６年	愛称はコスモポート種子島	2,000	111
能 登 空 港	２００３年	全国で初めて搭乗率保証制度を導入	2,000	106
		合　　計		1,184

資料

<単位□滑走路長：ｍ□管理面積：ｈａ>

⑮右寄せ
⑯テキストファイルの挿入・フォントの種類・サイズ、段組み・境界線
⑰文字の正確

空港内にシネコンや温泉、テーマパークなどの施設を持つ驚きの大きな空港がある。飛行機を利用する人だけでなく、地元の人に楽しんでもらえる施設を目指して建設されたという。一方地方空港は、取り巻く環境は厳しいが、このような空港のように知恵と行動力を駆使して、独自の活性化を図ってほしい。

搭乗率保証制度

地元と航空会社の間で年間目標搭乗率を定めた制度。目標を下回った場合は、地元が航空会社に保証金を支払う。また、目標を上回った場合は、航空会社が地元に販売促進協力金を支払う制度。

⑱枠の挿入・枠線の種類、枠内のフォントの種類・サイズ
⑰文字の正確
⑲フォントサイズ、文字の線囲み
②オブジェクト（イラスト）の挿入

作成□狸山（さとやま）□千春

⑳ルビ・フォントの種類、作成の右寄せ

①〜⑳各５点、70点以上で合格

問題→本誌Ｐ.78

15回

①	文書の余白	余白が上下左右それぞれ20mm以上30mm以下となっていない場合はエラーとする。 ※ただし、下余白については30mmを超えても35mm以下となっていれば許容とする。	全体で5点
	フォントの種類・サイズ	審査箇所で指示のない文字は、フォントの種類が明朝体の全角（ただし「国土面積」「総人口」のデータのフォントは明朝体の半角）で、サイズは12ポイントに統一されていること。 ※枠内の文字のフォントの種類・サイズは、審査項目⑰で審査する。 ※挿入したテキストファイルのフォントの種類・サイズは、審査項目⑮で審査する。 ※ルビのフォントの種類は、審査項目⑳で審査する。	
	空白行	問題文にない１行を超えた空白行がある場合はエラーとする。	
	文書の印刷	逆さ印刷・裏面印刷・審査欄にかかった印刷・複数ページにまたがった印刷・破れ印刷など、明らかに本人による印刷ミスはエラーとする。	

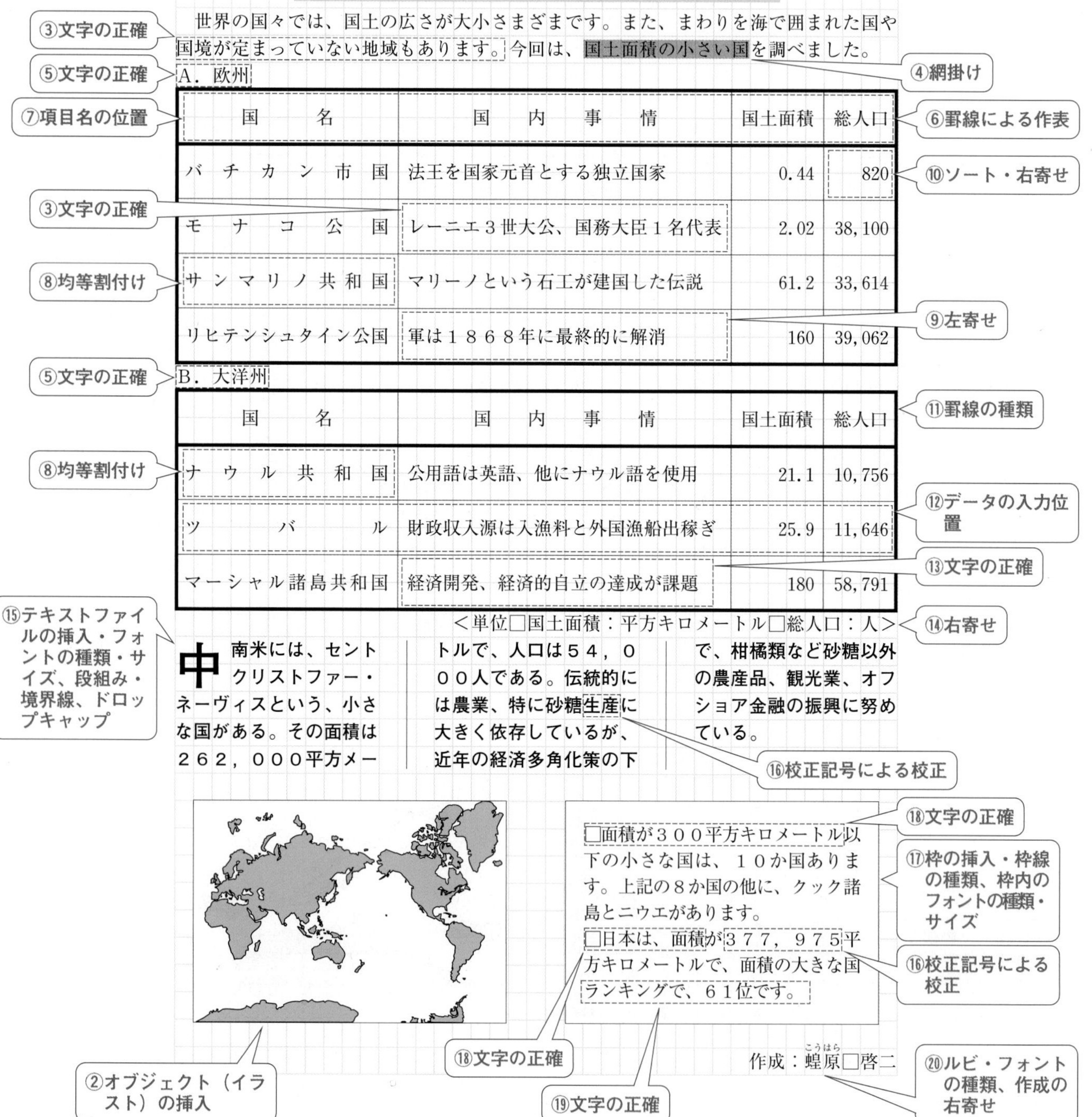

面積の小さい国ランキング

世界の国々では、国土の広さが大小さまざまです。また、まわりを海で囲まれた国や国境が定まっていない地域もあります。今回は、国土面積の小さい国を調べました。

Ａ．欧州

国　　名	国　内　事　情	国土面積	総人口
バチカン市国	法王を国家元首とする独立国家	0.44	820
モナコ公国	レーニエ３世大公、国務大臣１名代表	2.02	38,100
サンマリノ共和国	マリーノという石工が建国した伝説	61.2	33,614
リヒテンシュタイン公国	軍は１８６８年に最終的に解消	160	39,062

Ｂ．大洋州

国　　名	国　内　事　情	国土面積	総人口
ナウル共和国	公用語は英語、他にナウル語を使用	21.1	10,756
ツバル	財政収入源は入漁料と外国漁船出稼ぎ	25.9	11,646
マーシャル諸島共和国	経済開発、経済的自立の達成が課題	180	58,791

<単位□国土面積：平方キロメートル□総人口：人>

中南米には、セントクリストファー・ネーヴィスという、小さな国がある。その面積は２６２，０００平方メートルで、人口は５４，０００人である。伝統的には農業、特に砂糖生産に大きく依存しているが、近年の経済多角化策の下で、柑橘類など砂糖以外の農産品、観光業、オフショア金融の振興に努めている。

□面積が３００平方キロメートル以下の小さな国は、１０か国あります。上記の８か国の他に、クック諸島とニウエがあります。
□日本は、面積が３７７，９７５平方キロメートルで、面積の大きな国ランキングで、６１位です。

作成：蝗原（こうはら）□啓二

16回

①	文書の余白	余白が上下左右それぞれ20mm以上30mm以下となっていない場合はエラーとする。 ※ただし、下余白については30mmを超えても35mm以下となっていれば許容とする。	全体で5点
	フォントの種類・サイズ	審査箇所で指示のない文字は、フォントの種類が明朝体の全角（ただし「貯水率」「貯水量」のデータのフォントは明朝体の半角）で、サイズは12ポイントに統一されていること。 ※枠内の文字のフォントの種類・サイズは、審査項目⑰で審査する。 ※挿入したテキストファイルのフォントの種類・サイズは、審査項目⑯で審査する。 ※ルビのフォントの種類は、審査項目⑳で審査する。	
	空白行	問題文にない１行を超えた空白行がある場合はエラーとする。	
	文書の印刷	逆さ印刷・裏面印刷・審査欄にかかった印刷・複数ページにまたがった印刷・破れ印刷など、明らかに本人による印刷ミスはエラーとする。	

②オブジェクト（標題）の挿入・センタリング

利根川水系ダムの貯水量

③文字の正確

□毎年、夏になると水不足が心配されます。そのため、安定した水源を確保するために多くのダムが建設されました。そこで、学校の水道源である利根川水系のダムについて、貯水量を調査しました。

④校正記号による校正

⑦項目名の位置　⑤罫線による作表　⑥罫線の種類　⑧行全体の網掛け　⑨均等割付け　⑪文字の正確　⑫左寄せ　⑩データの入力位置　⑬ソート・右寄せ　⑭合計の計算・右寄せ

名　称	特　　　　　徴	貯水率	貯水量
矢木沢ダム	矢木沢発電所は東京電力で初めての揚水式の発電所	99	11,402
下久保ダム	主ダムと副ダムがＬ字型になった珍しいダム	98	8,345
奈良俣ダム	堤体積は１，３１０万立方メートル	100	7,165
草 木 ダ ム	堤体景観にまとまりがあり周囲の緑とも調和	97	2,947
藤 原 ダ ム	堤体はとても開放的で立ち寄る人も多い	94	1,378
相 俣 ダ ム	ダム湖に沈む温泉が移転し猿ヶ京温泉となる	98	1,037
薗 原 ダ ム	薗原湖周辺はりんごの産地としても有名	109	326
	合　　計		32,600

（単位□量：立方メートル□率：％）

⑮右寄せ

⑯テキストファイルの挿入・フォントの種類・サイズ、ドロップキャップ

ダムは、河川や自然湖沼、地下水などをせき止め貯水する土木構造物である。その主な目的は、利水や治水、発電などである。

ダムを建設することによる自然環境への影響から、一部のダムでは見直しがはじまり、ダムの建設が中止される場合もある。

④校正記号による校正

⑰枠の挿入・枠線の種類・枠内のフォントの種類・サイズ

渡良瀬貯水池

谷中湖と呼ばれる、ハート形の広大な遊水池である。広大なヨシ原と湿地帯に囲まれ、豊かな自然環境を残している。水量を調節し、利根川中・下流の水害を防ぐ役目がある。

⑲文字の正確　⑲文字の正確　⑱フォントサイズ、文字の線囲み

②オブジェクト（写真）の挿入

涼田（いずみだ）□友子

⑳ルビ・フォントの種類、右寄せ

①～⑳各５点、70点以上で合格

問題→本誌Ｐ.82

17回

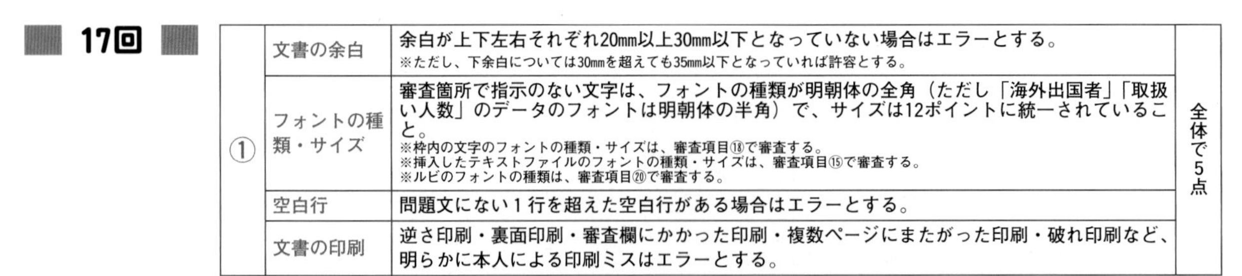

①	文書の余白	余白が上下左右それぞれ20mm以上30mm以下となっていない場合はエラーとする。 ※ただし、下余白については30mmを超えても35mm以下となっていれば許容とする。	全体で5点
	フォントの種類・サイズ	審査箇所で指示のない文字は、フォントの種類が明朝体の全角（ただし「海外出国者」「取扱い人数」のデータのフォントは明朝体の半角）で、サイズは12ポイントに統一されていること。 ※枠内の文字のフォントの種類・サイズは、審査項目⑱で審査する。 ※挿入したテキストファイルのフォントの種類・サイズは、審査項目⑮で審査する。 ※ルビのフォントの種類は、審査項目⑳で審査する。	
	空白行	問題文にない１行を超えた空白行がある場合はエラーとする。	
	文書の印刷	逆さ印刷・裏面印刷・審査欄にかかった印刷・複数ページにまたがった印刷・破れ印刷など、明らかに本人による印刷ミスはエラーとする。	

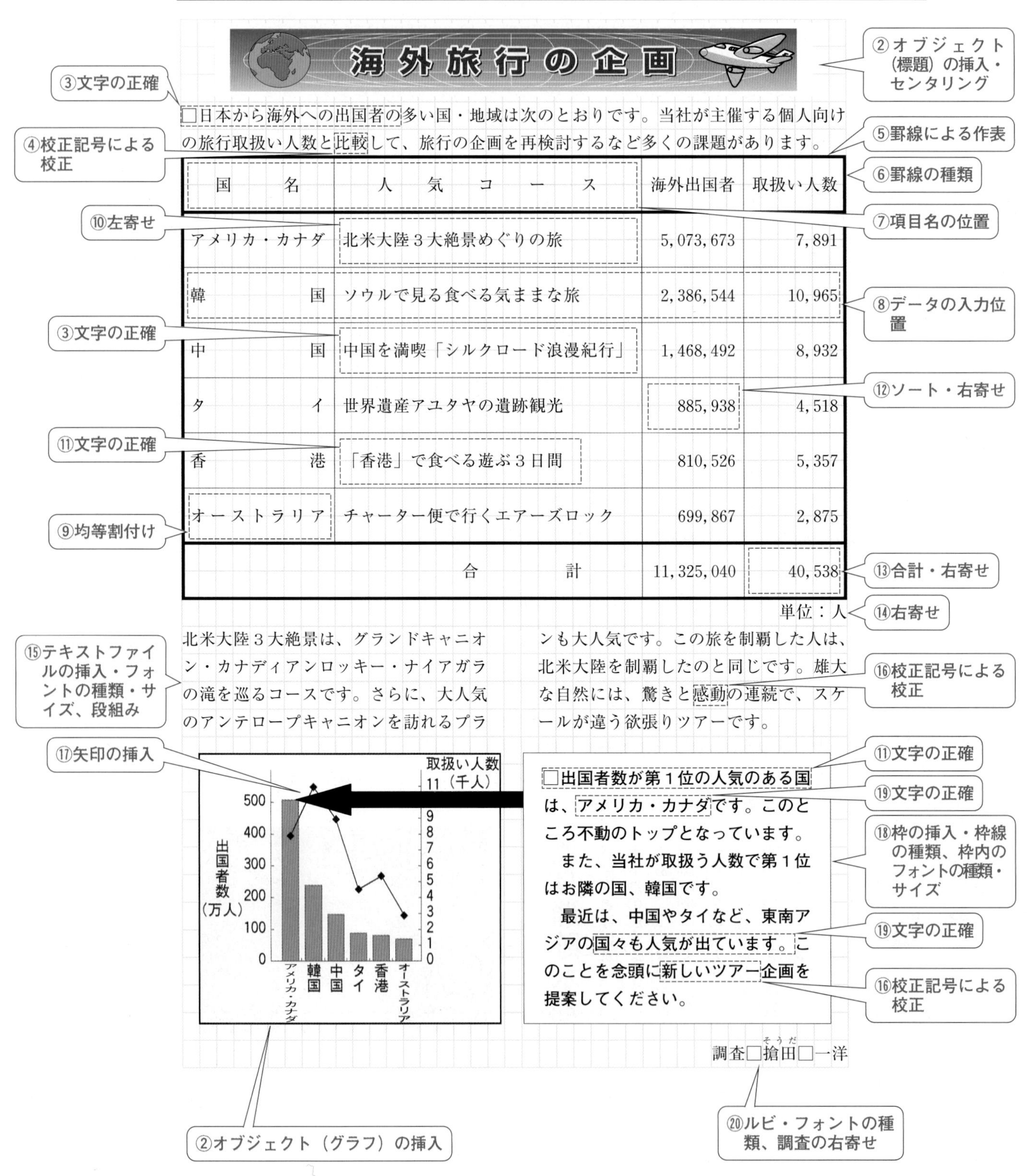

海外旅行の企画

□日本から海外への出国者の多い国・地域は次のとおりです。当社が主催する個人向けの旅行取扱い人数と比較して、旅行の企画を再検討するなど多くの課題があります。

国　　名	人　気　コ　ー　ス	海外出国者	取扱い人数
アメリカ・カナダ	北米大陸３大絶景めぐりの旅	5,073,673	7,891
韓　　国	ソウルで見る食べる気ままな旅	2,386,544	10,965
中　　国	中国を満喫「シルクロード浪漫紀行」	1,468,492	8,932
タ　　イ	世界遺産アユタヤの遺跡観光	885,938	4,518
香　　港	「香港」で食べる遊ぶ３日間	810,526	5,357
オーストラリア	チャーター便で行くエアーズロック	699,867	2,875
	合　　計	11,325,040	40,538

単位：人

北米大陸３大絶景は、グランドキャニオン・カナディアンロッキー・ナイアガラの滝を巡るコースです。さらに、大人気のアンテロープキャニオンを訪れるプランも大人気です。この旅を制覇した人は、北米大陸を制覇したのと同じです。雄大な自然には、驚きと感動の連続で、スケールが違う欲張りツアーです。

□出国者数が第１位の人気のある国は、アメリカ・カナダです。このところ不動のトップとなっています。
　また、当社が取扱う人数で第１位はお隣の国、韓国です。
　最近は、中国やタイなど、東南アジアの国々も人気が出ています。このことを念頭に新しいツアー企画を提案してください。

調査□揃田（そうだ）□一洋

18回

①	文書の余白	余白が上下左右それぞれ20mm以上30mm以下となっていない場合はエラーとする。 ※ただし、下余白については30mmを超えても35mm以下となっていれば許容とする。	全体で5点
	フォントの種類・サイズ	審査箇所で指示のない文字は、フォントの種類が明朝体の全角（ただし「最大水深」「湖沼面積」のデータのフォントは明朝体の半角）で、サイズは12ポイントに統一されていること。 ※枠内の文字のフォントの種類・サイズは、審査項目⑰で審査する。 ※挿入したテキストファイルのフォントの種類・サイズは、審査項目⑮で審査する。 ※ルビのフォントの種類は、審査項目⑳で審査する。	
	空白行	問題文にない１行を超えた空白行がある場合はエラーとする。	
	文書の印刷	逆さ印刷・裏面印刷・審査欄にかかった印刷・複数ページにまたがった印刷・破れ印刷など、明らかに本人による印刷ミスはエラーとする。	

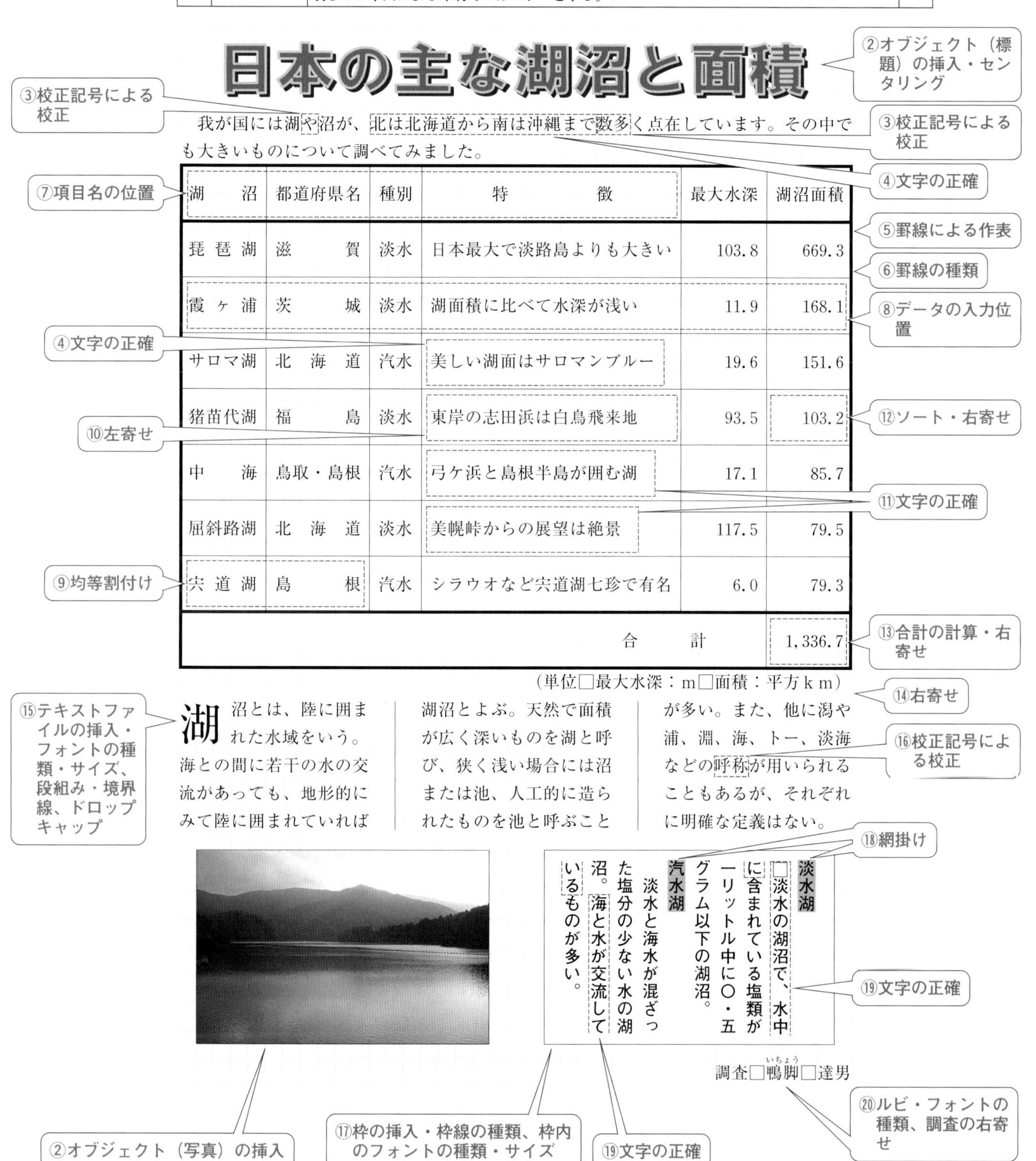

日本の主な湖沼と面積

我が国には湖や沼が、北は北海道から南は沖縄まで数多く点在しています。その中でも大きいものについて調べてみました。

湖　　沼	都道府県名	種別	特　　　　徴	最大水深	湖沼面積
琵琶湖	滋　　賀	淡水	日本最大で淡路島よりも大きい	103.8	669.3
霞ヶ浦	茨　　城	淡水	湖面積に比べて水深が浅い	11.9	168.1
サロマ湖	北海道	汽水	美しい湖面はサロマンブルー	19.6	151.6
猪苗代湖	福　　島	淡水	東岸の志田浜は白鳥飛来地	93.5	103.2
中　　海	鳥取・島根	汽水	弓ヶ浜と島根半島が囲む湖	17.1	85.7
屈斜路湖	北海道	淡水	美幌峠からの展望は絶景	117.5	79.5
宍道湖	島　　根	汽水	シラウオなど宍道湖七珍で有名	6.0	79.3
			合　　計		1,336.7

（単位□最大水深：m□面積：平方ｋｍ）

湖沼とは、陸に囲まれた水域をいう。海との間に若干の水の交流があっても、地形的にみて陸に囲まれていれば湖沼とよぶ。天然で面積が広く深いものを湖と呼び、狭く浅い場合には沼または池、人工的に造られたものを池と呼ぶことが多い。また、他に潟や浦、淵、海、トー、淡海などの呼称が用いられることもあるが、それぞれに明確な定義はない。

淡水湖□淡水の湖沼で、水中に含まれている塩類が一リットル中に〇・五グラム以下の湖沼。
汽水湖　淡水と海水が混ざった塩分の少ない水の湖沼。海と水が交流しているものが多い。

調査□鴨脚（いちょう）□達男

①～⑳各５点、70点以上で合格

問題→本誌Ｐ.86

筆記問題解答

筆記問題1 問題→本誌P. 91

1	① キ	② オ	③ ケ	④ エ	⑤ シ	⑥ ア	⑦ サ	⑧ ウ
2	① カ	② ケ	③ サ	④ シ	⑤ キ	⑥ イ	⑦ エ	⑧ ウ
3	① オ	② キ	③ ケ	④ サ	⑤ ウ	⑥ シ	⑦ イ	⑧ エ
4	① カ	② ケ	③ ク	④ ア	⑤ サ	⑥ コ	⑦ エ	⑧ ウ

筆記問題2 問題→本誌P. 93

1	① カ	② コ	③ イ	④ ○	⑤ ク	⑥ シ	⑦ エ	⑧ ケ
2	① エ	② ウ	③ イ	④ シ	⑤ カ	⑥ ○	⑦ ア	⑧ ケ
3	① カ	② ○	③ オ	④ シ	⑤ ア	⑥ キ	⑦ ウ	⑧ ク
4	① ○	② ウ	③ キ	④ オ	⑤ ケ	⑥ ア	⑦ コ	⑧ カ

筆記問題3 問題→本誌P. 103

1	① イ	② ア	③ イ	④ イ	⑤ ウ	⑥ ウ	⑦ ア	⑧ イ
2	① ウ	② ア	③ ウ	④ イ	⑤ ウ	⑥ イ	⑦ ア	⑧ ウ
3	① イ	② ウ	③ ウ	④ ア	⑤ イ	⑥ ア	⑦ ア	⑧ ウ
4	① ウ	② ア	③ ウ	④ イ	⑤ ウ	⑥ イ	⑦ ア	⑧ ア

筆記問題4 問題→本誌P. 105

1	① ケ	② シ	③ サ	④ エ	⑤ カ	⑥ イ	⑦ キ	⑧ ウ
2	① ケ	② オ	③ シ	④ イ	⑤ キ	⑥ サ	⑦ エ	⑧ ク
3	① キ	② コ	③ ア	④ サ	⑤ ウ	⑥ オ	⑦ ク	⑧ カ
4	① オ	② イ	③ カ	④ ウ	⑤ シ	⑥ ク	⑦ コ	⑧ エ

筆記問題5 問題→本誌P. 107

1	① イ	② ウ	③ ア	④ ア	⑤ イ	⑥ ウ	⑦ イ	⑧ ア
2	① ア	② イ	③ イ	④ ウ	⑤ ウ	⑥ イ	⑦ ア	⑧ ウ
3	① イ	② ウ	③ ア	④ ア	⑤ ウ	⑥ ウ	⑦ イ	⑧ イ
4	① ウ	② イ	③ ア	④ イ	⑤ ア	⑥ ウ	⑦ ア	⑧ イ

筆記問題6 問題→本誌P.119

1	① あいまい	② しゅんこう	③ せつじょく	④ てんとう
	⑤ おうしゅう	⑥ さすが	⑦ せんぼう	⑧ もさく
	⑨ かっさい	⑩ こそく	⑪ ちみつ	⑫ ほんろう
	⑬ きょうがく	⑭ けなげ	⑮ とうしゅう	⑯ はんぷ
2	① くめん	② しさい	③ おかん	④ のれん
	⑤ あっせん	⑥ らんまん	⑦ ひんぱん	⑧ こんしん
	⑨ ゆえん	⑩ えんきょく	⑪ てんまつ	⑫ るふ
	⑬ そうさい	⑭ たくま	⑮ きたん	⑯ とうかん

筆記問題7 問題→本誌P.120

1	① イ	② ウ	③ ウ	④ イ	⑤ ウ	⑥ ア	⑦ イ	⑧ ア
	⑨ イ	⑩ ウ	⑪ イ	⑫ ウ	⑬ イ	⑭ イ	⑮ ウ	⑯ ア
2	① イ	② ア	③ イ	④ ウ	⑤ ア	⑥ ウ	⑦ イ	⑧ イ
	⑨ イ	⑩ ウ	⑪ ア	⑫ ア	⑬ ウ	⑭ イ	⑮ ウ	⑯ ア

筆記問題8 問題→本誌P.121

1	① ア	② ウ	③ ウ	④ イ	⑤ ○	⑥ イ	⑦ ア	⑧ ア
	⑨ イ	⑩ ウ	⑪ ア	⑫ ウ	⑬ イ	⑭ ア	⑮ ○	⑯ ウ
2	① ア	② ア	③ イ	④ ウ	⑤ ウ	⑥ イ	⑦ イ	⑧ ア
	⑨ イ	⑩ ウ	⑪ ウ	⑫ ア	⑬ ウ	⑭ イ	⑮ イ	⑯ ア

筆記まとめ問題① 問題→本誌P. 122

1	① イ	② ウ	③ エ	④ ク	⑤ カ			
2	① キ	② イ	③ ○	④ ア	⑤ ク			
3	① イ	② ウ	③ ア	④ ウ	⑤ イ			
4	① イ	② ア	③ ク	④ エ	⑤ ケ	⑥ オ	⑦ カ	
5	① ウ	② ア	③ ウ	④ ウ	⑤ ア	⑥ イ	⑦ イ	⑧ ウ
6	① ざんじ	② うかつ	③ ていかん	④ りんぎ	⑤ ほうふく			
7	① イ	② ア	③ イ	④ イ	⑤ ウ			
8	A	① ウ	② ア	③ イ	④ ○	⑤ イ		
	B	⑥ イ	⑦ イ	⑧ ア	⑨ ウ	⑩ ア		

筆記まとめ問題② 問題→本誌P. 125

1	① ア	② ウ	③ オ	④ カ	⑤ ク			
2	① オ	② ○	③ ○	④ イ	⑤ キ			
3	① イ	② ウ	③ イ	④ ウ	⑤ ア			
4	① ウ	② キ	③ イ	④ ケ	⑤ ア	⑥ オ	⑦ コ	
5	① ウ	② ア	③ イ	④ イ	⑤ ア	⑥ ア	⑦ ウ	⑧ イ
6	① いんぎん	② ぞうけい	③ ほてん	④ ざんてい	⑤ しんし			
7	① ア	② ウ	③ イ	④ ウ	⑤ イ			
8	A	① ○	② ア	③ イ	④ ア	⑤ ウ		
	B	⑥ イ	⑦ ア	⑧ イ	⑨ ウ	⑩ イ		

筆記まとめ問題③ 問題→本誌P. 128

1	① エ	② イ	③ ア	④ キ	⑤ オ			
2	① イ	② エ	③ ○	④ ク	⑤ ア			
3	① ウ	② イ	③ イ	④ ア	⑤ ア			
4	① ア	② ウ	③ エ	④ カ	⑤ キ	⑥ ク	⑦ コ	
5	① ア	② イ	③ ア	④ ウ	⑤ ウ	⑥ イ	⑦ ア	⑧ ウ
6	① にょじつ	② ろうばい	③ すいこう	④ あいまい	⑤ まいしん			
7	① ウ	② イ	③ イ	④ ウ	⑤ ア			
8	A	① イ	② ア	③ ウ	④ ○	⑤ イ		
	B	⑥ ア	⑦ イ	⑧ ア	⑨ イ	⑩ ウ		

模擬問題解答

速度１回

90 動詞→同士　　220 非核→比較　　593 功→効

問題→本冊Ｐ.131

実技１回

	項目	内容	配点
①	文書の余白	余白が上下左右それぞれ20㎜以上30㎜以下となっていない場合はエラーとする。 ※ただし、下余白については30㎜を超えても35㎜以下となっていれば許容とする。	全体で５点
	フォントの種類・サイズ	審査箇所で指示のない文字は、フォントの種類が明朝体の全角（ただし「国内線乗降客」「国際線乗降客」のデータのフォントは明朝体の半角）で、サイズは12ポイントに統一されていること。 ※枠内の文字のフォントの種類・サイズは、審査項目⑰で審査する。 ※挿入したテキストファイルのフォントの種類・サイズは、審査項目⑮で審査する。 ※ルビのフォントの種類は、審査項目⑳で審査する。	
	空白行	問題文にない１行を超えた空白行がある場合はエラーとする。	
	文書の印刷	逆さ印刷・裏面印刷・審査欄にかかった印刷・複数ページにまたがった印刷・破れ印刷など、明らかに本人による印刷ミスはエラーとする。	

日本国内の主な空港

②オブジェクト（標題）の挿入・センタリング

③文字の正確

□国内にある空港のうち、乗降客数が多い空港をまとめました。空港ごとの概要を確認した上で、来週から開始する課題研究の資料として活用してください。

④罫線による作表　⑤罫線の種類　⑥項目名の位置

空　港　名	種別	空　港　の　特　徴	国内線乗降客	国際線乗降客
成田国際空港	会社	日本の玄関口で国際線が多い	4,825,206	27,640,233
関西国際空港	会社	国際線も発着する関西の拠点	5,996,003	11,664,806
東京国際空港	国	国内線拠点で各地の空港に接続	60,449,654	7,974,122
新千歳空港	国	北海道の旅客・物流の中心	17,398,764	4,308,984
福　岡　空　港	国	市内から近く利便性がよい	15,833,928	3,117,724
那　覇　空　港	国	観光利用者が多いリゾート空港	15,170,115	869,710
大阪国際空港	会社	大阪市街地から近く便利	13,823,922	0
合　　計			133,497,592	55,575,579

⑨文字の正確　⑦均等割付け　⑩文字の正確　⑩文字の正確　⑪左寄せ　⑫ソート・右寄せ　⑧データの入力位置　⑬合計の計算・右寄せ

単位：人

⑭右寄せ　⑯校正記号による校正

⑮テキストファイルの挿入・フォントの種類・サイズ、段組み、ドロップキャップ

エコエアポートとは、空港および空港周辺において、環境の保全と良好な環境の創造を進める対策を実施している空港をいう。環境と調和しながら発展を図るという持続的発展の考え方をもとにして、それぞれ空港の特性に応じた自主的な取組みを進めている。

空港の種別

□日本の空港は、拠点空港・地方管理空港・その他の空港・共用空港の四種類の空港に分類され、さらに拠点空港は会社管理空港・国管理空港・特定地方管理空港の三つに分類される。

⑰枠の挿入・枠線の種類、枠内のフォントの種類・サイズ

資料作成□千竈（ちかま）□隆一

⑱文字の正確　⑲文字の正確　⑰フォントサイズ　②オブジェクト（写真）の挿入　⑳ルビ・フォントの種類、資料作成の右寄せ

①～⑳各５点、70点以上で合格

問題→本誌Ｐ.132

速度２回　333 平→並　483 至急→支給　641 交響→公共　問題→本冊Ｐ.137

実技２回

	審査項目	内容	配点
①	文書の余白	余白が上下左右それぞれ20㎜以上30㎜以下となっていない場合はエラーとする。 ※ただし、下余白については30㎜を超えても35㎜以下となっていれば許容とする。	全体で５点
	フォントの種類・サイズ	審査箇所で指示のない文字は、フォントの種類が明朝体の全角（ただし「収蔵品数」「入館者数」のデータのフォントは明朝体の半角）で、サイズは12ポイントに統一されていること。 ※枠内の文字のフォントの種類・サイズは、審査項目⑯で審査する。 ※挿入したテキストファイルのフォントの種類・サイズは、審査項目⑭で審査する。 ※ルビのフォントの種類は、審査項目⑳で審査する。	
	空白行	問題文にない１行を超えた空白行がある場合はエラーとする。	
	文書の印刷	逆さ印刷・裏面印刷・審査欄にかかった印刷・複数ページにまたがった印刷・破れ印刷など、明らかに本人による印刷ミスはエラーとする。	

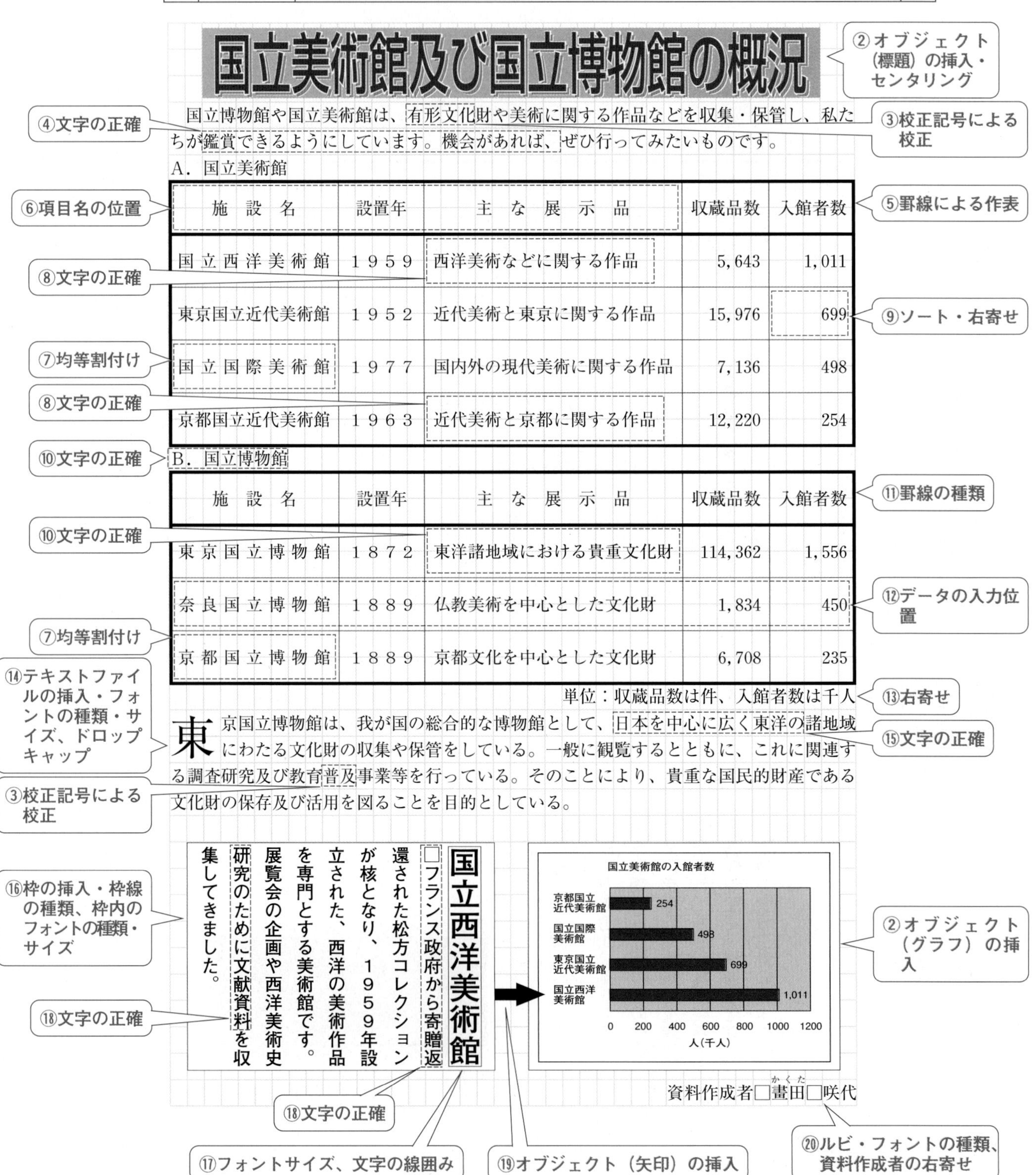

国立美術館及び国立博物館の概況

国立博物館や国立美術館は、有形文化財や美術に関する作品などを収集・保管し、私たちが鑑賞できるようにしています。機会があれば、ぜひ行ってみたいものです。

Ａ．国立美術館

施　設　名	設置年	主　な　展　示　品	収蔵品数	入館者数
国立西洋美術館	１９５９	西洋美術などに関する作品	5,643	1,011
東京国立近代美術館	１９５２	近代美術と東京に関する作品	15,976	699
国立国際美術館	１９７７	国内外の現代美術に関する作品	7,136	498
京都国立近代美術館	１９６３	近代美術と京都に関する作品	12,220	254

Ｂ．国立博物館

施　設　名	設置年	主　な　展　示　品	収蔵品数	入館者数
東京国立博物館	１８７２	東洋諸地域における貴重文化財	114,362	1,556
奈良国立博物館	１８８９	仏教美術を中心とした文化財	1,834	450
京都国立博物館	１８８９	京都文化を中心とした文化財	6,708	235

単位：収蔵品数は件、入館者数は千人

東京国立博物館は、我が国の総合的な博物館として、日本を中心に広く東洋の諸地域にわたる文化財の収集や保管をしている。一般に観覧するとともに、これに関連する調査研究及び教育普及事業等を行っている。そのことにより、貴重な国民的財産である文化財の保存及び活用を図ることを目的としている。

国立西洋美術館

フランス政府から寄贈返還された松方コレクションが核となり、１９５９年設立された、西洋の美術作品を専門とする美術館です。展覧会の企画や西洋美術史研究のために文献資料を収集してきました。

資料作成者　書田（かくた）　咲代

①～⑳各５点、70点以上で合格

筆記1回

問題→本誌P.134

1	① ウ	② カ	③ ク	④ ア	⑤ オ

2	① カ	② ク	③ ○	④ エ	⑤ イ

3	① ア	② ウ	③ イ	④ イ	⑤ ウ

4	① キ	② エ	③ コ	④ イ	⑤ ケ	⑥ オ	⑦ ク

5	① ア	② ウ	③ イ	④ イ	⑤ ア	⑥ ア	⑦ イ	⑧ ウ

6	① ごい	② りちぎ	③ しゃふつ
	④ おくそく	⑤ そち	

7	① ウ	② イ	③ ア	④ イ	⑤ ア

8	A	① イ	② イ	③ ア	④ ア	⑤ ○
	B	⑥ ウ	⑦ イ	⑧ ア	⑨ イ	⑩ ウ

筆記2回

問題→本誌P.140

1	① カ	② エ	③ キ	④ ア	⑤ イ

2	① オ	② ク	③ エ	④ ウ	⑤ ○

3	① ウ	② イ	③ ア	④ イ	⑤ ウ

4	① ケ	② キ	③ カ	④ コ	⑤ ア	⑥ イ	⑦ エ

5	① ア	② ア	③ イ	④ ア	⑤ イ	⑥ ウ	⑦ イ	⑧ イ

6	① さいはい	② ふしん	③ きっこう
	④ いんぺい	⑤ こうとう	

7	① ウ	② イ	③ イ	④ ア	⑤ イ

8	A	① ア	② イ	③ ウ	④ ウ	⑤ ○
	B	⑥ ア	⑦ イ	⑧ イ	⑨ ウ	⑩ ア

かな・記号入力ガイド

	A	I	U	E	O	YA	YI	YU	YE	YO	HA	HI	HU	HE	HO
	あ A	い I	う U	え E	お O										
K	か KA	き KI	く KU	け KE	こ KO	きゃ KYA	きぃ KYI	きゅ KYU	きぇ KYE	きょ KYO					
S	さ SA	し SI(SHI)	す SU	せ SE	そ SO	しゃ SYA	しぃ SYI	しゅ SYU	しぇ SYE	しょ SYO	しゃ SHA	(し) SHI	しゅ SHU	しぇ SHE	しょ SHO
T	た TA	ち TI(CHI)	つ TU(TSU)	て TE	と TO	ちゃ TYA	ちぃ TYI	ちゅ TYU	ちぇ TYE	ちょ TYO	てゃ THA	てぃ THI	てゅ THU	てぇ THE	てょ THO
C						ちゃ CYA	ちぃ CYI	ちゅ CYU	ちぇ CYE	ちょ CYO	ちゃ CHA	(ち) CHI	ちゅ CHU	ちぇ CHE	ちょ CHO
N	な NA	に NI	ぬ NU	ね NE	の NO	にゃ NYA	にぃ NYI	にゅ NYU	にぇ NYE	にょ NYO					
H	は HA	ひ HI	ふ HU(FU)	へ HE	ほ HO	ひゃ HYA	ひぃ HYI	ひゅ HYU	ひぇ HYE	ひょ HYO					
M	ま MA	み MI	む MU	め ME	も MO	みゃ MYA	みぃ MYI	みゅ MYU	みぇ MYE	みょ MYO					
Y	や YA		ゆ YU	いぇ YE	よ YO										
R	ら RA	り RI	る RU	れ RE	ろ RO	りゃ RYA	りぃ RYI	りゅ RYU	りぇ RYE	りょ RYO					
W	わ WA	うぃ WI		うぇ WE	を WO										うぉ WHO
	ん NN														
G	が GA	ぎ GI	ぐ GU	げ GE	ご GO	ぎゃ GYA	ぎぃ GYI	ぎゅ GYU	ぎぇ GYE	ぎょ GYO					
Z	ざ ZA	じ ZI(JI)	ず ZU	ぜ ZE	ぞ ZO	じゃ ZYA(JA)	じぃ ZYI	じゅ ZYU(JU)	じぇ ZYE(JE)	じょ ZYO(JO)					
D	だ DA	ぢ DI	づ DU	で DE	ど DO	ぢゃ DYA	ぢぃ DYI	ぢゅ DYU	ぢぇ DYE	ぢょ DYO	でゃ DHA	でぃ DHI	でゅ DHU	でぇ DHE	でょ DHO
B	ば BA	び BI	ぶ BU	べ BE	ぼ BO	びゃ BYA	びぃ BYI	びゅ BYU	びぇ BYE	びょ BYO					
P	ぱ PA	ぴ PI	ぷ PU	ぺ PE	ぽ PO	ぴゃ PYA	ぴぃ PYI	ぴゅ PYU	ぴぇ PYE	ぴょ PYO					
F	ふぁ FA	ふぃ FI	(ふ) FU	ふぇ FE	ふぉ FO	ふゃ FYA	ふぃ FYI	ふゅ FYU	ふぇ FYE	ふょ FYO					
V	ヴぁ VA	ヴぃ VI	ヴ VU	ヴぇ VE	ヴぉ VO										
小文字	ぁ	ぃ	ぅ	ぇ	ぉ	ゃ		ゅ		ょ	ゎ		っ		
X	XA	XI	XU	XE	XO	XYA		XYU		XYO	XWA		XTU		
L	LA	LI	LU	LE	LO	LYA		LYU		LYO	LWA		LTU		

○ほかにも、次のような入力が可能
とぅ → TWU　くぁ → KWA
どぅ → DWU　ぐぁ → GWA
つぁ → TSA

○記号の入力方法
① 読み方を入力してから変換
（ ）『 』 ： かっこ → スペース
※ ： こめ（ほし） → スペース
○●◎ ： まる → スペース
■□◆ ： しかく → スペース
→↓← ： やじるし → スペース
② シフトキーを押しながら入力
（ ） ： Shift ＋ （ ）
！ ： Shift ＋ ！
？ ： Shift ＋ ？

続く文字が子音（AIUEO以外）のときは、Nだけでも"ん"と表示される。
例）安心 あんしん → ANSINN

○漢字に変換したいとき→ スペース
○文字決定や改行をしたいとき→ Enter
○英語で入力したいとき→ 半角/全角
○英語で全角あるいは半角にしたいとき
→ Shift ＋各キー
例）MondayのMだけ大文字にする
→ Shift ＋ M

○ほかにも、次のような小文字の入力が可能
ヵ → XKA（LKA） 例）1ヵ月
ヶ → XKE（LKE） 例）1ヶ月

小文字の"っ"は、続く子音を2回続けて入力してもよい。
例）切手 きって → KITTE

ヴのみ、カタカナで表示されるので注意。

学習記録表 ____級

年　組　番 ____________

<速度問題>

日付	問題番号	総字数	エラー数	純字数	備考	確認欄
／						
／						
／						
／						
／						
／						
／						

日付	問題番号	総字数	エラー数	純字数	備考	確認欄
／						
／						
／						
／						
／						
／						
／						

<実技問題>

日付	問題番号	得点	間違えた箇所	確認欄
／				
／				
／				
／				
／				
／				
／				

日付	問題番号	得点	間違えた箇所	確認欄
／				
／				
／				
／				
／				
／				
／				

<筆記問題>

日付	問題番号	間違えた用語・漢字	確認欄
／			
／			
／			
／			
／			
／			
／			

日付	問題番号	間違えた用語・漢字	確認欄
／			
／			
／			
／			
／			
／			
／			

学習記録表 ____級

年　組　番 ____________

＜速度問題＞

日付	問題番号	総字数	エラー数	純字数	備考	確認欄
／						
／						
／						
／						
／						
／						
／						

日付	問題番号	総字数	エラー数	純字数	備考	確認欄
／						
／						
／						
／						
／						
／						
／						

＜実技問題＞

日付	問題番号	得点	間違えた箇所	確認欄
／				
／				
／				
／				
／				
／				
／				

日付	問題番号	得点	間違えた箇所	確認欄
／				
／				
／				
／				
／				
／				
／				

＜筆記問題＞

日付	問題番号	間違えた用語・漢字	確認欄
／			
／			
／			
／			
／			
／			
／			

日付	問題番号	間違えた用語・漢字	確認欄
／			
／			
／			
／			
／			
／			
／			

学習記録表 ＿＿級

＿年　組　番＿＿＿＿＿＿＿＿

＜速度問題＞

日付	問題番号	総字数	エラー数	純字数	備考	確認欄
／						
／						
／						
／						
／						
／						
／						

日付	問題番号	総字数	エラー数	純字数	備考	確認欄
／						
／						
／						
／						
／						
／						
／						

＜実技問題＞

日付	問題番号	得点	間違えた箇所	確認欄
／				
／				
／				
／				
／				
／				
／				

日付	問題番号	得点	間違えた箇所	確認欄
／				
／				
／				
／				
／				
／				
／				

＜筆記問題＞

日付	問題番号	間違えた用語・漢字	確認欄
／			
／			
／			
／			
／			
／			
／			

日付	問題番号	間違えた用語・漢字	確認欄
／			
／			
／			
／			
／			
／			
／			

学習記録表 ＿＿級

年　組　番＿＿＿＿＿＿＿＿

＜速度問題＞

日付	問題番号	総字数	エラー数	純字数	備考	確認欄
／						
／						
／						
／						
／						
／						
／						

日付	問題番号	総字数	エラー数	純字数	備考	確認欄
／						
／						
／						
／						
／						
／						
／						

＜実技問題＞

日付	問題番号	得点	間違えた箇所	確認欄
／				
／				
／				
／				
／				
／				
／				

日付	問題番号	得点	間違えた箇所	確認欄
／				
／				
／				
／				
／				
／				
／				

＜筆記問題＞

日付	問題番号	間違えた用語・漢字	確認欄
／			
／			
／			
／			
／			
／			
／			

日付	問題番号	間違えた用語・漢字	確認欄
／			
／			
／			
／			
／			
／			
／			

学習記録表 ＿＿級

年　組　番

＜速度問題＞

日付	問題番号	総字数	エラー数	純字数	備考	確認欄
／						
／						
／						
／						
／						
／						
／						

日付	問題番号	総字数	エラー数	純字数	備考	確認欄
／						
／						
／						
／						
／						
／						
／						

＜実技問題＞

日付	問題番号	得点	間違えた箇所	確認欄
／				
／				
／				
／				
／				
／				
／				

日付	問題番号	得点	間違えた箇所	確認欄
／				
／				
／				
／				
／				
／				
／				

＜筆記問題＞

日付	問題番号	間違えた用語・漢字	確認欄
／			
／			
／			
／			
／			
／			
／			

日付	問題番号	間違えた用語・漢字	確認欄
／			
／			
／			
／			
／			
／			
／			

便利なショートカットキー（Windows）

キー	機能
Ctrl + C	コピー
Ctrl + X	切り取り
Ctrl + V	貼り付け
Ctrl + Z	元に戻す
Ctrl + Y	「元に戻す」の取り消し
Ctrl + P	印刷
Ctrl + S	上書き保存
Ctrl + A	すべて選択
Ctrl + B	文字列を太字にする
Ctrl + I	文字列を斜体にする
Ctrl + U	文字列に下線を引く
Ctrl + F	検索
Ctrl + O	ファイルを開く
Ctrl + N	新規作成
Ctrl + Shift + N	フォルダの新規作成
Ctrl + D	ごみ箱に移動
Alt + ←	前のページに戻る
Alt + →	次のページに進む
Alt + Tab	ウィンドウの切り替え
Alt + F4	使用中の項目を閉じる/作業中のプログラムを終了
Ctrl + Alt + Del	強制終了

キー	機能
F1	ヘルプを開く
F2	ファイルやフォルダの名前を変更
F3	ファイルやフォルダの検索
F4	アドレスバーを表示/操作を繰り返す
F5	作業中のウィンドウを最新の情報に更新
F6	ひらがなに変換
F7	全角カタカナに変換
F8	半角カタカナに変換
F9	全角英数に変換
F10	半角英数に変換
F11	ウィンドウを全画面で表示
F12	名前を付けて保存（WordやExcel）

年　　組　　番

1級別冊②　掲載内容

別冊②

公益財団法人　全国商業高等学校協会主催・文部科学省後援

第69回　ビジネス文書実務検定試験　(4. 11. 27)

第１級

速度部門　問題

（制限時間10分）

試験委員の指示があるまで、下の事項を読みなさい。

〔書式設定〕

a．１行の文字数を３０字に設定すること。
b．フォントの種類は明朝体とすること。
c．プロポーショナルフォントは使用しないこと。

〔注意事項〕

1．ヘッダーに左寄せで受験級、試験場校名、受験番号を入力すること。
2．問題のとおり、すべて全角文字で入力すること。ただし、網掛けした漢字は同じ読みで間違って使われているため、正しい漢字に訂正すること。なお、網掛けする必要はない。
3．長音は必ず長音記号を用いること。
4．入力したものの訂正や、適語の選択などの操作は、制限時間内に行うこと。
5．問題は、文の区切りに句読点を用いているが、句点に代えてピリオドを、読点に代えてコンマを使用することができる。ただし、句点とピリオド、あるいは、読点とコンマを混用することはできない。混用した場合はエラーとする。
6．時間が余っても、問題文を繰り返し入力しないこと。

※「解答」は25ページに掲載しています。

公益財団法人 全国商業高等学校協会主催・文部科学省後援

第69回　ビジネス文書実務検定試験　(4. 11. 27)

第１級　速度部門問題　(制限時間10分)

駅や商業施設などで、広告が表示されるディスプレイを見かける	30
ことが多くなった。これはデジタルサイネージ（電子看板）と呼ば	60
れ、動画や静止画像を表示する広告媒体だ。これまでの紙を使った	90
ポスターとは異なり、相手によって内容を変更することができる。	120
より訴求力の高い広告を表示できるため、販売促進の手段として多	150
くの企業から注目されている。	165
ある小売店では、電子端末の付いた買い物カートに、様々な広告	195
を表示する実験を行っている。利用者が商品のバーコードを端末に	225
読み取らせると、ＡＩが煮た特徴を持つ異なった分野の商品を検索	255
し、瞬時に広告として表示する。例えば、辛い味の菓子を購入しよ	285
うとすると、激辛の即席めんが紹介される。消費者自身が気付いて	315
いないニーズを刺激することで、購買量が増えた商品もあった。	345
生活習慣を改善するために、電子看板を活用している企業も登場	375
した。大学の学生食堂と連携して、事前に登録された個人の情報を	405
もとに、一人ひとりの健康上体に合わせて、食事の提案をするもの	435
だ。例えば、塩分を控えたメニューを提示したり、サラダを値引き	465
するクーポンを提供したりすることによって、健康的な食生活への	495
意識を高めていくことをねらいとしている。	516
電子看板の市場は、高速インターネットの不急に、ディスプレイ	546
の低価格化が後押しとなって、これまで以上に成長することが見込	576
まれる。設置場所の多様化が進み、タクシーやエレベーターの中な	606
どにも導入されている。公共施設でのフロア案内や避難誘導でも使	636
われており、広告以外にも活用されるようになってきた。電子看板	666
は、これからも新たな用途が考え出され、情報を伝えるツールとし	696
てさらに進化することだろう。	710

公益財団法人　全国商業高等学校協会主催・文部科学省後援

第69回　ビジネス文書実務検定試験　(4.11.27)

第1級

ビジネス文書部門　筆記問題

(制限時間15分)

試験委員の指示があるまで、下の事項を読みなさい。

〔 注 意 事 項 〕

1. 試験委員の指示があるまで、問題用紙と解答用紙に手を触れてはいけません。
2. 問題は1から8までで、3ページに渡って印刷されています。
3. 試験委員の指示に従って、解答用紙に「試験場校名」と「受験番号」を記入しなさい。
4. 解答はすべて解答用紙に記入しなさい。
5. 試験は「始め」の合図で開始し、「止め」の合図があったら解答の記入を中止し、ただちに問題用紙を閉じなさい。
6. 問題が不鮮明である場合には、挙手をして試験委員の指示に従いなさい。なお、問題についての質問には一切応じません。
7. 問題用紙・解答用紙の回収は、試験委員の指示に従いなさい。

※「解答用紙」は22ページに、「模範解答」は26ページに掲載しています。

1 次の各用語に対して、最も適切な説明文を解答群の中から選び、記号で答えなさい。

① 部単位印刷 ② 標準辞書 ③ テキストメール
④ ユーザの設定 ⑤ フッター

【解答群】

ア．他の作業と並行して印刷できる機能のこと。
イ．利便性を向上させるために、入力する方式や書式などを利用者の好みで変更した設定のこと。
ウ．文書の本文とは別に、同一形式・同一内容の文字列をページ下部に印刷する機能のこと。
エ．フォントの種類やポイントなど、メールの文字に基本的な修飾ができるメールのこと。
オ．複数枚の印刷をする場合、開始ページから終了ページまでを１枚ずつ印刷し、これを指定した枚数になるまで繰り返す印刷方法のこと。
カ．ＩＭＥがデフォルトで使用する、かな漢字変換用の辞書のこと。
キ．地名辞書や医療用語辞書など、分野ごとの詳細な用語を集めたかな漢字変換用の辞書のこと。
ク．修飾されていない文字のみのデータで作成されたメールのこと。

2 次の各文の下線部について、正しい場合は○を、誤っている場合は最も適切な用語を解答群の中から選び、記号で答えなさい。

① 文頭の１文字を大きくし、強調する文字修飾のことを**段落**という。
② メールサーバにアップロードしたメールのコピーを保存しておく記憶領域のことを**送信箱**という。
③ **文書の保管**とは、当面使う予定のない文書を、必要に応じて取り出せるように整理し、書庫などで管理することである。
④ 文字・図形・画像などのデータをパソコンなどで編集・レイアウトし、印刷物の版下を作成する作業のことを**プロパティ**という。
⑤ **ローカルプリンタ**とは、ＬＡＮなどを経由して、パソコンと接続されているプリンタのことである。

【解答群】

ア．ネットワークプリンタ **イ**．受信箱 **ウ**．ドロップキャップ
エ．文書の保存 **オ**．組み文字 **カ**．オブジェクト
キ．ＤＴＰ **ク**．文書の履歴管理

3 次の各問いの答えとして、最も適切なものをそれぞれのア～ウの中から選び、記号で答えなさい。

① １１月の異名はどれか。
ア．神無月 **イ**．霜月 **ウ**．師走
② 「酷暑の候、」とは、何月の時候の挨拶か。
ア．７月 **イ**．８月 **ウ**．９月
③ １月の時候の挨拶はどれか。
ア．風花の舞う今日このごろ、
イ．梅のつぼみもほころぶころとなりましたが、
ウ．桃の花咲く季節となりましたが、
④ 「終了」の操作を実行するショートカットキーはどれか。
ア．[Ctrl]+[S] **イ**．[Alt]+[X] **ウ**．[Alt]+[F4]
⑤ ショートカットキー[Ctrl]+[U]により実行される内容はどれか。
ア．太字 **イ**．下線 **ウ**．斜体

4　次の＜Ａ群＞の各説明文に対して、最も適切な用語を＜Ｂ群＞の中から選び、記号で答えなさい。

＜Ａ群＞

①　内容が目的に合致しているか、説明不足がないか、機器の準備など、点検項目を確認する表のこと。

②　プレゼンテーションを行う、発表者のこと。

③　リハーサルや本番の評価を次回に反映させること。

④　聞き手の持つ見識や理解している用語の種類や程度のこと。

⑤　パソコンからディスプレイへ、アナログＲＧＢ信号の映像を出力する規格のこと。

⑥　アイコンタクトや発声の強弱・抑揚など、プレゼンテーションの効果を高めるための話し方やアピール方法のこと。

⑦　用件や提案を正確に漏れなく伝えるために、文書中に盛り込まなくてはならない基本的な内容に、Whom（誰に）・Which（どれから）・HowMuch（どのくらい）を加えたフレームワーク（考え方の骨組み）のこと。

＜Ｂ群＞

ア．５Ｗ１Ｈ
イ．フィードバック
ウ．プランニングシート
エ．チェックシート
オ．デリバリー技術
カ．７Ｗ２Ｈ
キ．プレゼンター
ク．ＨＤＭＩ
ケ．知識レベル
コ．ＶＧＡ

5　次の各文の〔　　〕の中から最も適切なものを選び、記号で答えなさい。

①　取引先から提示された内容について、了解したことを伝えるための文書のことを〔**ア**．目論見書　**イ**．契約書　**ウ**．承諾書〕という。

②　〔**ア**．弔慰状　**イ**．見舞状〕とは、病気や災害に遭った相手に、なぐさめたり励ましたりするための文書のことである。

③　〔**ア**．通知状　**イ**．委任状　**ウ**．詫び状〕とは、証明書の交付や届けを自分の代わりに行使してもらう場合など、その代理であることを証明するための文書のことである。

④　会議に提出する、自らが関わる業務の変更や新しい案をまとめた文書のことを〔**ア**．報告書　**イ**．起案書　**ウ**．提案書〕という。

⑤　〔**ア**．文書主義　**イ**．短文主義　**ウ**　簡潔主義〕とは、業務の遂行にあたり、その記録として文書を作成することである。

⑥　慶事や弔事に際して、「滑る」「枯れる」など縁起が良くないので使うのを避ける語句を〔**ア**．重ね言葉　**イ**．忌み言葉〕という。

⑦　「まずは、ご連絡のみにて失礼いたします。」は、〔**ア**．前文挨拶　**イ**．本文　**ウ**．末文挨拶〕の例である。

⑧　下の文字で使用されている和文フォントは、一画・一点を続けるフォントの種類で〔**ア**．行書体　**イ**．勘亭流　**ウ**．楷書体〕という。

少年よ　大志を抱け

6　次の各文の下線部の読みを、ひらがなで答えなさい。

① 足がつるのは筋肉が**痙攣**するせいだ。

② **語彙**を増やすことで、より正確な表現ができるようになる。

③ プロジェクトのリーダーは、全体を**俯瞰**することが重要だ。

④ 来年度の活動予算について**折衝**を行う。

⑤ イベントの新企画を**稟議**に上げた。

7　次の各文の〔　　〕の中から、四字熟語の一部として最も適切なものを選び、記号で答えなさい。

① 彼はまさに国士〔ア．無双　イ．夢想　ウ．武壮〕の柔道家だ。

② この偉業は一朝〔ア．一夕　イ．一石〕にできたものではない。

③ 突然犬に吠えられて周章〔ア．桜吠　イ．蝋杯　ウ．狼狽〕となった。

④ 消費者に〔ア．養豆　イ．羊頭　ウ．洋刀〕狗肉だと言われないよう質にもこだわる。

⑤ 上司の仕事ぶりは、〔ア．付言　イ．負現　ウ．不言〕実行タイプである。

8　次の＜Ａ＞・＜Ｂ＞の各問いに答えなさい。

＜Ａ＞次の各文の下線部の漢字が、正しい場合は○を、誤っている場合は〔　　〕の中から最も適切なものを選び、記号で答えなさい。

① 中央銀行が**肯定**歩合を操作した。　〔ア．工程　イ．公邸　ウ．公定〕

② 新監督の指導によって徐々に**聖歌**が出てきた。　〔ア．正価　イ．成果〕

③ 花粉症のため、**備考**が詰まりやすい。　〔ア．鼻孔　イ．微香　ウ．尾行〕

④ 近所の商店街に新しい**街灯**が設置された。　〔ア．街頭　イ．該当〕

⑤ その法令が**意見**になるか審査する。　〔ア．異見　イ．違憲〕

＜Ｂ＞次の各文の下線部に漢字を用いたものとして、最も適切なものを〔　　〕の中から選び、記号で答えなさい。

⑥ 落ち葉で**しせい**の葉書を作る。　〔ア．姿勢　イ．私製　ウ．施政〕

⑦ 船長の指示により、北北西に**へんしん**した。　〔ア．返信　イ．変心　ウ．変針〕

⑧ **ふとう**な取り引きを未然に防ぐことができた。　〔ア．埠頭　イ．不当〕

⑨ 台風の影響で、学校の**きゅうこう**が決まった。　〔ア．休校　イ．旧交〕

⑩ 長い間書類を放置したため、文字が**たいしょく**した。〔ア．退職　イ．体色　ウ．退色〕

公益財団法人 全国商業高等学校協会主催・文部科学省後援

第69回　ビジネス文書実務検定試験 (4.11.27)

第１級

ビジネス文書部門　実技問題

（制限時間20分）

試験委員の指示があるまで、下の事項を読みなさい。

〔 書 式 設 定 〕

ａ．余白は上下左右それぞれ２５mmとすること。
ｂ．指示のない文字のフォントは、明朝体の全角で入力し、サイズは１２ポイントに統一すること。（１２ポイントで書式設定ができない場合は１１ポイントに統一すること。）
　ただし、プロポーショナルフォントは使用しないこと。
ｃ．複数ページに渡る印刷にならないよう書式設定に注意すること。

〔 注 意 事 項 〕

１．ヘッダーに左寄せで受験級、試験場校名、受験番号を入力すること。
２．Ａ４判縦長用紙１枚に体裁よく作成し、印刷すること。
３．訂正・挿入・削除・適語の選択などの操作は制限時間内に行うこと。

オブジェクトやファイルなどのデータは、
試験委員の指示に従い、挿入すること。

※「模範解答」は27ページに掲載しています。

公益財団法人　全国商業高等学校協会主催・文部科学省後援

第69回　ビジネス文書実務検定試験　（4.11.27）

第１級　ビジネス文書部門実技問題　（制限時間20分）

【問　題】　次のⅠ～Ⅳに従い、右のような文書を作成しなさい。

Ⅰ　標題の挿入

出題内容に合った標題のオブジェクトを、用意されたフォルダなどから選び、指示された位置に挿入しセンタリングすること。

Ⅱ　表作成

下の資料Ａ・Ｂ並びに指示を参考に表を作成すること。

資料Ａ　　単位　補助金総額：万円

エリア	市町村名	補助金総額	活　動　内　容
県南部	天海市	968	充電設備の設置場所が分かる地図の配~~賦~~布
県北部	北十川市	1,049	自動車関連企業と協働でインフラ整備
県南部	はとり町	473	集合住宅に共同利用型充電器の設置
県南部	田見市	560	名勝地をＥＶバスで巡る市内観光の企画
県北部	あずみ山中市	370	エネルギーパーク水の郷と連携したｐｒ活動
県南部	桜山みらい市	1,137	月１回のまちづくりイベントで試乗会の実施
県北部	弓竹市	1,293	駅前駐車場にソーラーガレージの設置

資料Ｂ　　単位：基

市町村名	普通充電器	急速充電器
天海市	293	82
北十川市	576	120
はとり町	165	39
田見市	219	25
あずみ山中市	157	102
桜山みらい市	381	74
弓竹市	437	104

指示

1．「県南部」と「県北部」の二つに分けた表を作成すること。
2．表は、行頭・行末を越えずに作成し、行間は、２．０とすること。
3．罫線は右の表のように太実線と細実線とを区別すること。
4．表の枠内の文字は１行で入力し、上下のスペースが同じであること。
5．右の表のように項目名とデータが正しく並んでいること。
6．表内の「急速充電器」と「補助金総額」の数字は、明朝体の半角で入力し、３桁ごとにコンマを付けること。
7．ソート機能を使って、二つの表それぞれを「補助金総額」の多い順に並べ替えること。

Ⅲ　テキスト・オブジェクトの挿入

1．挿入する文章は、用意されたフォルダなどにあるテキストファイルから取得し、校正および編集すること。
2．出題内容に合ったオブジェクトを、用意されたフォルダなどから選び、指示された位置に挿入すること。

Ⅳ　その他

1．問題文にある校正記号に従うこと。
2．①～⑫の処理を行うこと。
3．右の問題文にない空白行を入れないこと。
4．右の問題文の［ａ］に当てはまる語句を以下から選択し入力すること。

北十川市　　**田見市**　　**弓竹市**

オブジェクト(標題)の挿入・センタリング

脱炭素社会の実現を目指し、本県では電気自動車（ＥＶ）普及に向けた取り組みを推進しています。そこで、モデル事業を実施している市町村からの報告をまとめました。

①網掛けする。

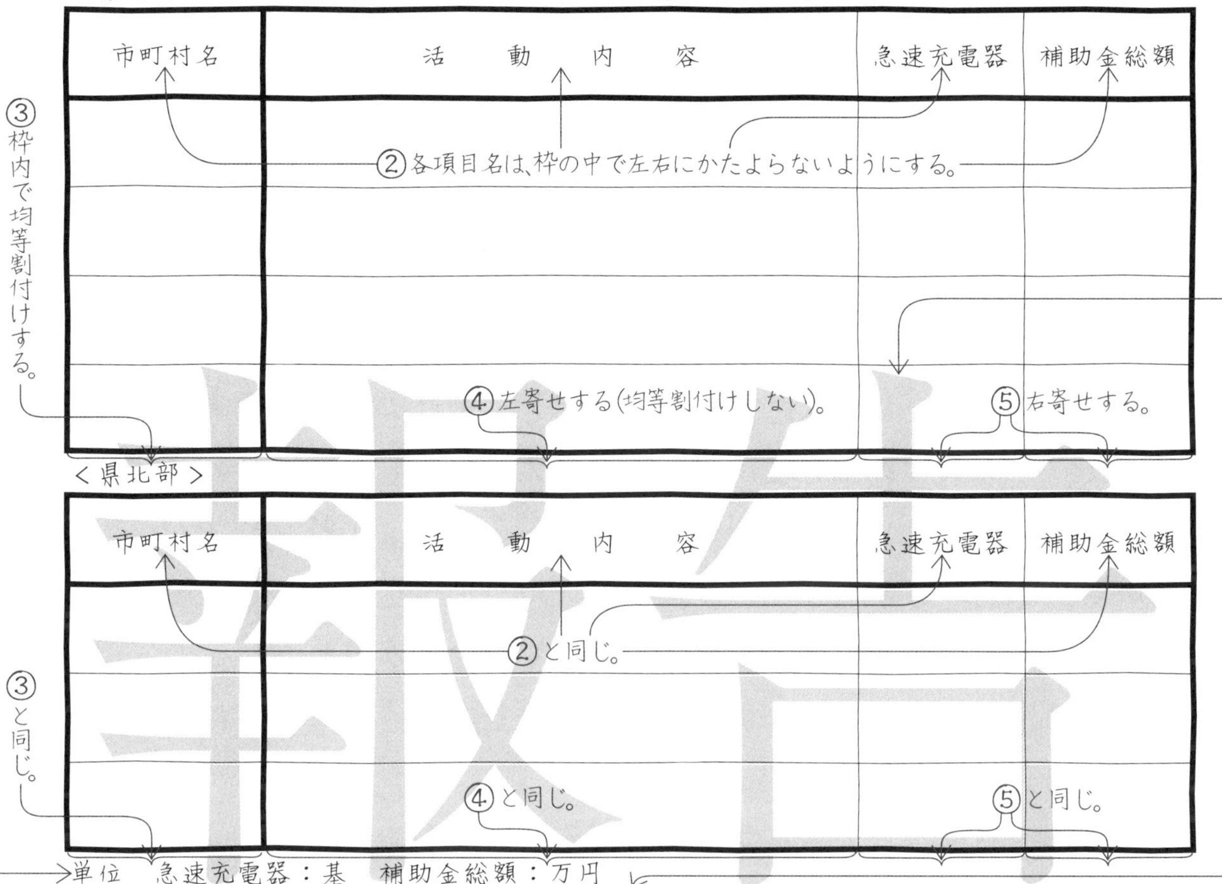

⑦右寄せする。

単位　急速充電器：基　補助金総額：万円

⑧取得した文章のフォントの種類は明朝体、サイズは12ポイントとし、「電」を2行の範囲で本文内にドロップキャップする。

テキストファイルの挿入範囲

電気自動車の利用において、課題となっているのは充電インフラの不足です。移動の途中で効率的な充電を行うためには、急速充電器を増やすことが必要となります。本県では、設備充電を新設するための新たな補助金制度を検討しています。

⑨二重下線を引く。

急速充電器の設置数が一番多い a には、県内最大級の物流拠点があります。周辺にも充電インフラが整備されたことで、ＥＶを導入する物流会社が大幅に増えました。市内全域に整備が進み、空白地帯が減少しています。

⑩枠を挿入し、枠線は細実線とする。

⑪枠内のフォントの種類はゴシック体、サイズは12ポイントとし、横書きとする。

オブジェクト（イラスト）の挿入位置

資料作成：俣木（マタキ）　優太

⑫明朝体のカタカナでルビをふり、右寄せする。

公益財団法人 全国商業高等学校協会主催・文部科学省後援

第70回　ビジネス文書実務検定試験　(5.7.2)

第１級　速度部門問題　(制限時間10分)

◆ **【書式設定】・【注意事項】** 第69回（１ページ）を参照すること。
◆「解答」は25ページに掲載しています。

近年、少子化の影響によって廃校となる学校が増えている。国の	30
調査によると、廃校数は全国の公立学校で、毎年約４５０校にも上	60
る。再利用する予定がなく、学校として使用されなくなった施設を	90
残しておくと、管理に必要なコストが余計にかかってしまう。その	120
ため、自治体は企業や住民と連携しながら、新たな施設として活用	150
する動きが広がりをみせている。	166
ある企業は、廃校となった中学校を活用し、海外の電気自動車を	196
分解して、その構成部品を展示する施設をオープンした。体育館と	226
いくつかの教室を使って種類ごとに展示することで、比較しやすく	256
している。試乗車も容易しており、広い敷地で走行させることもで	286
きる。他にも、金属加工の工場として使用する企業が現れた。この	316
加工には温度や湿度の管理が重要なため、教室のように区切られた	346
間取りが適しているという。	360
また、刊行施設として活用する例もある。ある自治体では、住民	390
によってＮＰＯ法人が設立され、宿泊施設を運営している。そこで	420
は、バーベキューや石窯を使ったピザ作り体験、ホタルの観察など	450
ができる。地域住民のサークル活動の拠点としても使われるように	480
なり、新たな交流の場も生まれた。このような環境で子育てをした	510
いと考え、移住してくる若い家族も増えているようだ。	536
自治体が財政の負担を減らすためには、廃校施設を有効に活用し	566
ていくことが重要である。国はプロジェクトを立ち上げ、事業者や	596
活用方法を募るため、施設の情報を発信している。廃校施設を活用	626
することにより、新たな雇用が送出されて、地域経済の発展につな	656
がった自治体もある。たくさんの思い出のある学校が、その役割を	686
変えながら、これからも残っていくことを願いたい。	710

公益財団法人 全国商業高等学校協会主催・文部科学省後援

第70回　ビジネス文書実務検定試験　(5.7.2)

第1級　ビジネス文書部門筆記問題　(制限時間15分)

◆**【注意事項】**第69回（3ページ）を参照すること。

◆「解答用紙」は23ページに、「模範解答」は26ページに掲載しています。

1　次の各文は何について説明したものか、最も適切な用語を解答群の中から選び、記号で答えなさい。

① 省資源のために再利用する、裏面が白紙の使用済み用紙のこと。

② 受信した電子メールを保存しているメールサーバの記憶領域のこと。

③ 文書のある位置（ページ）から、文書の最初（最後）に移動する機能のこと。

④ 液晶画面などを見る作業を長時間続けることで引き起こされる健康上の問題のこと。

⑤ 著作やプロジェクトの進行に伴って変遷する文書を、日時や作業の節目で保存し、作業内容を付記しておくこと。

【解答群】

ア．ＶＤＴ障害	**イ**．メーラ	**ウ**．メールボックス
エ．偽造防止用紙	**オ**．文書の履歴管理	**カ**．文頭（文末）表示
キ．反故紙	**ク**．マルチウィンドウ	

2　次の各文の下線部について、正しい場合は○を、誤っている場合は最も適切な用語を解答群の中から選び、記号で答えなさい。

① 名簿に登録されている人のアドレスに、一斉にメールを送信するシステムのことを**Reply**という。

② **定型句登録**とは、入力する方式や書式設定など、各種プロパティの初期設定のことである。

③ 世界中の文字を一元化して扱うことを目的に、それぞれの文字に一つの番号を割り当てた表のことを**ＪＩＳコード**という。

④ **置換**とは、文書から条件をつけて指定した文字列を探しだし、他の文字列に変更することである。

⑤ **バックグラウンド印刷**とは、他のデータを、ひな形（テンプレート）となる文書の指定した位置へ入力して、複数の文書を自動的に作成・印刷する機能のことである。

【解答群】

ア．シフトＪＩＳコード	**イ**．差し込み印刷	**ウ**．ヘッダー
エ．メーリングリスト	**オ**．PS	**カ**．Unicode
キ．ＨＴＭＬメール	**ク**．デフォルトの設定	

3　次の各問いの答えとして、最も適切なものをそれぞれのア～ウの中から選び、記号で答えなさい。

① 葉月は何月の異名か。

　ア．８月　　**イ**．９月　　**ウ**．１０月

② ５月の時候の挨拶はどれか。

　ア．陽春の候、　　**イ**．新緑の候、　　**ウ**．向暑の候、

③ 「穏やかな小春日和が続いておりますが、」は何月の時候の挨拶か。

　ア．３月　　**イ**．７月　　**ウ**．１１月

④ ショートカットキー［Ctrl］+［O］により実行される内容はどれか。

　ア．上書き保存　　**イ**．ファイルを開く　　**ウ**．新規作成

⑤ 「すべての選択」の操作を実行するショートカットキーはどれか。

　ア．［Ctrl］+［A］　　**イ**．［Ctrl］+［Shift］　　**ウ**．［Ctrl］+［I］

4　次の＜Ａ群＞の各説明文に対して、最も適切な用語を＜Ｂ群＞の中から選び、記号で答えなさい。

＜Ａ群＞

① ロジカルシンキングにのっとった説明の進め方や枠組みのこと。
② スライドの地に配置する模様や風景などの、静止画像データのこと。
③ ジェスチャ（動作）・視線（アイコンタクト）・表情などによる言葉以外の表現のこと。
④ ディジタル信号の映像・音声・制御信号を１本のケーブルにまとめて送信する規格のこと。
⑤ 序論→本論→結論の３段落で構成する、論文や講話向きの説明の進め方のこと。
⑥ 絵や文字に動きを与えた動画像のこと。印象を強めたり関心を引いたりするために用いる。
⑦ プレゼンテーションソフトで、スライドに文字や図形を配置したり、編集したりする領域のこと。

＜Ｂ群＞

ア．ハンドアクション
イ．ボディランゲージ
ウ．スライドペイン
エ．背景デザイン
オ．三段論法
カ．結論先出し法
キ．ＨＤＭＩ
ク．ＵＳＢ
ケ．フレームワーク
コ．アニメーション効果

5　次の各文の〔　　〕の中から最も適切なものを選び、記号で答えなさい。

① 予算の決裁や施設の利用許可など、決裁者が回覧・押印して許可を与えるための文書のことを〔**ア**．企画書　**イ**．稟議書　**ウ**．申請書〕という。
② 〔**ア**．苦情状　**イ**．詫び状　**ウ**．督促状〕とは、先方に対して、過失や不手際について、当方の不満や言い分を伝えるための文書のことである。
③ 相手方に対して、了解しておいてほしい事柄を伝えるための文書のことを〔**ア**．紹介状　**イ**．回答状　**ウ**．通知状〕という。
④ 〔**ア**．有価証券の募集または売り出しのためにその相手方に提供するための文書　**イ**．ある事実を公表し広く一般に知らせる文書〕のことを目論見書という。
⑤ 一文は60～80字程度を限度に、なるべく短く文章を作成することを〔**ア**．簡潔主義　**イ**．短文主義〕という。
⑥ 前文挨拶として、団体宛に相手の繁栄を喜ぶ用語として用いられるのは、〔**ア**．ご隆盛　**イ**．ご健勝　**ウ**．ご活躍〕である。
⑦ 受取のお願いの本文として適切なのは、「〔**ア**．ご支援　**イ**．ご愛顧　**ウ**．ご査収〕のほどよろしくお願いいたします。」である。
⑧ 下のように文頭の１文字を大きくし、強調する文字修飾のことを〔**ア**．組み文字　**イ**．ドロップキャップ　**ウ**．外字〕という。

> 夏の季節限定メニューは「辛さと粘りで暑さを乗り切ろう！」をテーマに、１５種類のオリジナル料理を揃えました。持ち帰りもできるため、家庭でも楽しめます。ぜひ、お買い求めください！

6　次の各文の下線部の読みを、ひらがなで答えなさい。

① 入院費を医療保険の保険金で**補填**する。
② 聴衆の多さに**萎縮**した後輩を励ます。
③ **僭越**ながら、自分の考えを述べさせてもらった。
④ 労働環境の改善について、工場長に**談判**した。
⑤ 地球温暖化への影響が**懸念**される活動を中止した。

7　次の各文の〔　　〕の中から、四字熟語の一部として最も適切なものを選び、記号で答えなさい。

① コストの削減と品質の向上は二律〔ア. 排反　イ. 背反　ウ. 廃藩〕で達成が難しい。
② 取引相手の言い分を〔ア. 唯々　イ. 意々〕諾々と受け入れた。
③ 大会での優勝を目指して、無我〔ア. 夢中　イ. 霧中　ウ. 無中〕で練習に取り組んだ。
④ 準備不足で発表が上手くいかなかったのは自業〔ア. 慈徳　イ. 自得〕だ。
⑤ 〔ア. 高騰　イ. 喉頭　ウ. 荒唐〕無稽な計画に振り回される。

8　次の＜A＞・＜B＞の各問いに答えなさい。

＜A＞次の各文の下線部の漢字が、正しい場合は○を、誤っている場合は〔　　〕の中から最も適切なものを選び、記号で答えなさい。

① 営業方針についての同僚の意見に**酸性**した。　〔ア. 三世　イ. 参政　ウ. 賛成〕
② **同様**をクラスで合唱する。　〔ア. 動揺　イ. 童謡〕
③ 国有地を地域住民の運動場として**教養**する。　〔ア. 強要　イ. 供用　ウ. 共用〕
④ 赤字事業の再建に**腐心**する。　〔ア. 不信　イ. 普請〕
⑤ 手術が成功し**開放**に向かう。　〔ア. 快方　イ. 解放　ウ. 介抱〕

＜B＞次の各文の下線部に漢字を用いたものとして、最も適切なものを〔　　〕の中から選び、記号で答えなさい。

⑥ 顧客を増やすイベントの**めいあん**が浮かんだ。　〔ア. 名案　イ. 明暗〕
⑦ 遺産相続の権利を**ほうき**する。　〔ア. 蜂起　イ. 法規　ウ. 放棄〕
⑧ 玄米茶を**すいとう**に入れて、持参している。　〔ア. 水稲　イ　水筒　ウ. 出納〕
⑨ 彼の**ちせい**はその時代で最も繁栄した時期である。　〔ア. 地勢　イ. 治世〕
⑩ 他の証券会社に上場株式を**いかん**する。　〔ア. 移管　イ. 遺憾〕

公益財団法人 全国商業高等学校協会主催・文部科学省後援

第70回　ビジネス文書実務検定試験　（5.7.2）

第１級　ビジネス文書部門実技問題　（制限時間20分）

◆**【書式設定】・【注意事項】**第69回（７ページ）を参照すること。

◆「模範解答」は28ページに掲載しています。

【問　題】　次のⅠ～Ⅳに従い、右のような文書を作成しなさい。

Ⅰ　標題の挿入

出題内容に合った標題のオブジェクトを、用意されたフォルダなどから選び、指示された位置に挿入しセンタリングすること。

Ⅱ　表作成

下の資料Ａ・Ｂ並びに指示を参考に表を作成すること。

資料A

大会名称	開催月	特　徴
湖上の芸術祭	９月	日本最長のナイヤガラ（ヤ→ア）が湖面に浮かぶ
龍神祭り花火物語	１月	昔話の伝承が夜空に舞い上がる
銀河大納涼会	８月	世代別に事前投票した青春ソングと（の）競演
匠の技極み	１２月	全国の花火師が新作で技を競い合う
奉納夏の夜祭り	７月	尺玉の連発や大迫力のスターマインが豪華
謎とＨＡＮＡＢＩ	１０月	花火と謎解きが融合した初の試み

資料B　単位　動画再生回数：回　観客動員数：人

大会名称	動画再生回数	観客動員数
湖上の芸術祭	578,613	850,400
龍神祭り花火物語	213,458	421,100
~~夏フェス涼夏の風~~（トル）	~~484,650~~	~~69,000~~
銀河大納涼会	1,016,540	940,600
匠の技極み	35,842	74,500
奉納夏の夜祭り	67,427	56,200
謎とＨＡＮＡＢＩ	980,720	384,300

指示

1. 表は、行頭・行末を越えずに作成し、行間は、２．０とすること。
2. 罫線は右の表のように太実線と細実線とを区別すること。
3. 表の枠内の文字は１行で入力し、上下のスペースが同じであること。
4. 右の表のように項目名とデータが正しく並んでいること。
5. 表内の「動画再生回数」の数字は、明朝体の半角で入力し、３桁ごとにコンマを付けること。
6. ソート機能を使って、表全体を「動画再生回数」の多い順に並べ替えること。
7. 表の「動画再生回数」の合計は、計算機能を使って求めること。
8. 「謎とＨＡＮＡＢＩ」の行全体に網掛けをすること。

Ⅲ　テキスト・オブジェクトの挿入

1. 挿入する文章は、用意されたフォルダなどにあるテキストファイルから取得し、校正および編集すること。
2. 出題内容に合ったオブジェクトを、用意されたフォルダなどから選び、指示された位置に挿入すること。

Ⅳ　その他

1. 問題文にある校正記号に従うこと。
2. ①～⑪の処理を行うこと。
3. 右の問題文にない空白行を入れないこと。
4. 右の問題文の［ａ］に当てはまる語句を以下から選択し入力すること。

匠の技極み　　**湖上の芸術祭**　　**銀河大納涼会**

オブジェクト(標題)の挿入・センタリング

当社で配信した花火大会について、大会当日から終了後1か月までに再生された動画の再生回数を調べました。インターネット広告の募集資料として、活用してください。

①波線の下線を引く。

大会名称	特　　徴	開催月	動画再生回数
合　　計			

②各項目名は、枠の中で左右にかたよらないようにする。

③枠内で均等割付けする。

④左寄せする(均等割付けしない)。

⑤右寄せする。

⑥→単位　動画再生回数：回

⑥右寄せする。

⑦取得した文章のフォントの種類は明朝体、サイズは12ポイントとし、2段で均等に段組みをし、境界線を細実線で引く。

テキストファイルの挿入範囲

最近は、花火だけではなく、音楽や演劇を組み合わせた企画が増加しています。なかでも、謎解きゲームは、若い世代を中心に人気があります。今回の花火大会にも採用され、注目を浴びました。協賛する企業の情報や名称、花火の色や打ち上げた時間などが、謎を解くヒントになっていました。実際に花火を観覧した人々も、謎を解くため、何度も動画を見返したことで、再生回数が増加しました。長期間の再生が見込まれることから、宣伝の効果が持続することが期待できます。

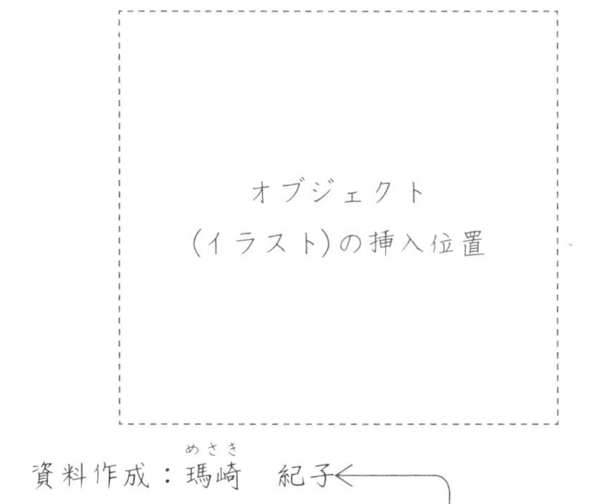

⑧枠を挿入し、枠線は細実線とする。

動画再生回数が最も多いのは、a です。花火の豪華さや美しさに加え、投票による参加型の大会になり、事前に関心を持つ人が増えました。帰省時期のため、全世代向けの配信広告が可能です。

⑨枠内のフォントの種類はゴシック体、サイズは12ポイントとし、縦書きとする。

⑩網掛けする。

資料作成：瑪崎(めさき)　紀子

⑪明朝体のひらがなでルビをふり、右寄せする。

公益財団法人 全国商業高等学校協会主催・文部科学省後援

第71回　ビジネス文書実務検定試験　(5.11.26)

第１級　速度部門問題　(制限時間10分)

◆ **【書式設定】・【注意事項】** 第69回（１ページ）を参照すること。

◆「解答」は25ページに掲載しています。

ここ数年、健康の維持や体力の増進を意識する人が増えてきた。	30
そのような中で、いつでも気軽に運動できるジムが話題となってい	60
る。従来のジムの半額程度という安さに加えて、普段の服装のまま	90
運動できる店舗もあり、利便性の高いことが大きな特徴だ。利用者	120
にはスポーツに苦手意識を持つ人も多く、初心者でも周囲の視線を	150
気にせずにトレーニングできることが、魅力だという。	176
あるジムは、定額料金が割安でありながら器具が一通り備わって	206
おり、人気を集めている。また、独自に設計された１日５分程度の	236
運動のプログラムは、誰でも容易に取り組むことができ、短時間で	266
も健康を増進する効果が機体できる。この企業は全店でＩＴ技術を	296
活用しており、器具の使い方やトレーニング方法は、アプリ上にあ	326
る動画コンテンツで確認できる。	342
このようなジムは従来とは異なり、無人店舗であることが多い。	372
そのため、トレーナーは常駐せず、専門家から直接指導を受けられ	402
ない。さらに、利用者間のトラブルや器具の故障が発声しても、そ	432
の場で速やかに対応する従業員はいない。加えて、事前見学を実施	462
していない店舗もあり、入会をした後で希望に沿わないことに気付	492
く場合がある。ジムを決める際に、ウェブサイトや案内冊子で、あ	522
らかじめサービス内容を確認する必要がある。	544
運動を継続して行うことは、筋力の増強や生活習慣病の予防にな	574
る。新しい形態のジムの登場により、日頃の運動不足を快勝できる	604
手段が一つ増えた。運動を始める際の選択肢が広がり、自分の目的	634
に合うトレーニング方法が見つけやすくなった。今回の話題を契機	664
として、自分の生活に無理なく取り入れ、健康を維持するためにも	694
運動を始めてみてはどうだろうか。	710

公益財団法人 全国商業高等学校協会主催・文部科学省後援

第71回　ビジネス文書実務検定試験 （5.11.26）

第1級　ビジネス文書部門筆記問題 （制限時間15分）

◆**【注意事項】**第69回（3ページ）を参照すること。
◆「解答用紙」は24ページに、「模範解答」は26ページに掲載しています。

1 次の各用語に対して、最も適切な説明文を解答群の中から選び、記号で答えなさい。

① ＵＳＢポート　② 文書の保管　③ リッチテキストメール
④ ローカルプリンタ　⑤ ヘッダー

【解答群】

ア．当面使う予定のない文書を、必要に応じて取り出せるように整理し、書庫などで管理すること。
イ．パソコンのインターフェースの一つで、ＵＳＢ機器を接続する接続口のこと。
ウ．文書の本文とは別に同一形式、同一内容の文字列を、ページ上部に印刷する機能のこと。
エ．まだ使う見込みのある文書を、必要に応じて取り出せるように整理し、身近で管理すること。
オ．ＬＡＮなどを経由しないで、パソコンに直接接続されているプリンタのこと。
カ．文書の本文とは別に同一形式、同一内容の文字列を、ページ下部に印刷する機能のこと。
キ．パソコンとＵＳＢ機器を接続する集線装置のこと。
ク．フォントの種類やポイントなど、メールの文字に基本的な修飾ができるメールのこと。

2 次の各文の下線部について、正しい場合は○を、誤っている場合は最も適切な用語を解答群の中から選び、記号で答えなさい。

① 行を改めて書かれた文章のひとまとまりのことを**ドロップキャップ**という。
② **ＤＴＰ**とは、アイコンやプログラムなど、オブジェクトの属性または属性の一覧表示のことである。
③ **Unicode**とは、分野ごとの詳細な用語を集めたかな漢字変換用の辞書のことである。
④ **デフォルトの設定**とは、入力する方式や書式などの初期設定を、利便性を向上させるためにユーザの好みで変更した設定のことである。
⑤ 無断コピーを防止する刷り込みが背景に施されている用紙のことを**偽造防止用紙**という。

【解答群】

ア．専門辞書　**イ**．裏紙（反故紙）　**ウ**．段落
エ．置換　**オ**．標準辞書　**カ**．ユーザの設定
キ．プロパティ　**ク**．部単位印刷

3 次の各問いの答えとして、最も適切なものをそれぞれのア～ウの中から選び、記号で答えなさい。

① ３月の異名はどれか。
　ア．如月　**イ**．弥生　**ウ**．卯月
② ６月の時候の挨拶はどれか。
　ア．アジサイも色鮮やかになってまいりましたが、
　イ．風薫る季節となりましたが、
　ウ．ヒグラシの声に季節の移ろいを覚えるころとなりましたが、
③ 「清秋の候、」とは、何月の時候の挨拶か。
　ア．９月　**イ**．１０月　**ウ**．１１月
④ 「太字」の操作を実行するショートカットキーはどれか。
　ア．[Ctrl]＋[I]　**イ**．[Ctrl]＋[U]　**ウ**．[Ctrl]＋[B]
⑤ ショートカットキー[Ctrl]＋[S]により実行される内容はどれか。
　ア．上書き保存　**イ**．終了　**ウ**．ファイルを開く

4　次の＜Ａ群＞の用語に対して、最も適切な説明文を＜Ｂ群＞の中から選び、記号で答えなさい。

＜Ａ群＞

① アウトラインペイン
② キーパーソン
③ リード
④ 評価（レビュー）
⑤ 発問
⑥ ストーリー
⑦ ノートペイン

＜Ｂ群＞

ア．シナリオや台本など、話のアウトラインのこと。
イ．アナログＲＧＢ信号の映像をパソコンからディスプレイ出力する規格のこと。
ウ．論文や講演などでの、導入部分のことで、ポイントの確認や、話の全体像を提示し、聞き手・読み手の関心を高める。
エ．聞き手に対して質問すること。
オ．説明や提示などを受ける顧客、依頼人、得意先などのこと。
カ．スライドのサムネイルを表示する領域のこと。
キ．リハーサルや本番の評価を次回に反映させること。
ク．内容を理解し同意してもらう目標となる聞き手のことで、契約の決裁権・決定権を持つ具体的な人物のこと。
ケ．スライドショーを実行する際、スクリーンには表示されない、注意事項や台本をメモする領域のこと。
コ．プレゼンテーションの実施後に行う事後検討のことで、失敗した点や準備不足などを確認し次回の参考とすること。

5　次の各文の〔　　〕の中から最も適切なものを選び、記号で答えなさい。

① 〔**ア**．起案書　**イ**．提案書〕とは、様々な業務に関わる作業を開始してよいかを、上司に対して許可を求めるための文書のことである。
② 事務上の必要事項を記入していく、ノートやバインダなどの文書のことを〔**ア**．申請書　**イ**．委任状　**ウ**．帳簿〕という。
③ 〔**ア**．推薦状　**イ**．詫び状　**ウ**．弔慰状〕とは、先方に対して、当方の過失や不手際などを陳謝するための文書のことである。
④ 電子メールの使用において、送信者や種類ごとに分類して各メールフォルダで保管するときは、〔**ア**．移動　**イ**．転送〕のボタンを押す。
⑤ 一通の文書に、一つの用件だけ書くことを〔**ア**．短文主義　**イ**．一件一葉主義　**ウ**．文書主義〕という。
⑥ 〔**ア**．重ね言葉　**イ**．忌み言葉　**ウ**．箇条書き〕とは、弔事に際して、繰り返すことを連想させるために使うのを避ける語句のことである。
⑦ 「今後とも、何とぞよろしくご指導のほどお願い申し上げます。」は、〔**ア**．前文挨拶　**イ**．本文　**ウ**．末文挨拶〕の例である。
⑧ 下のように複数の文字を１文字分の枠の中に配置し、１文字として取り扱う編集機能を〔**ア**．組み文字　**イ**．外字　**ウ**．和文フォント〕という。

合名会社全商くん

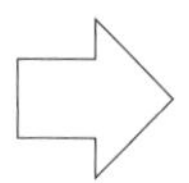

合名会社全商くん

6　次の各文の下線部の読みを、ひらがなで答えなさい。

① 練習試合の申し出を**快諾**した。
② 浜辺の宿にいると、**潮騒**がよく聞こえる。
③ ここ数年、漁獲量が**逓減**している。
④ **煩雑**な書類手続きが必要である。
⑤ 私の実家は、村で唯一の**養蚕**業を営んでいる。

7　次の各文の〔　　〕の中から、四字熟語の一部として最も適切なものを選び、記号で答えなさい。

① 名作映画を換骨〔ア. 脱退　イ. 奪胎　ウ. 脱胎〕し、新しい映画を制作してみる。
② 〔ア. 不破　イ. 不和　ウ. 付和〕雷同するばかりで主張しない。
③ 弟は時々、猪突〔ア. 猛進　イ. 妄信　ウ. 盲進〕することがある。
④ 質実〔ア. 剛健　イ. 合憲〕を校訓としている。
⑤ 祖父は何を言っても〔ア. 馬路　イ. 馬耳　ウ. 馬事〕東風だ。

8　次の＜A＞・＜B＞の各問いに答えなさい。

＜A＞次の各文の下線部の漢字が、正しい場合は○を、誤っている場合は〔　　〕の中から最も適切なものを選び、記号で答えなさい。

① 高校の全課程の**収量**を認定する。　〔ア. 終了　イ. 秋涼　ウ. 修了〕
② 小包を**発送**する。　〔ア. 発走　イ. 発想〕
③ 瞳の**光彩**を研究する。　〔ア. 公債　イ. 交際　ウ. 虹彩〕
④ 今日は学校の**開港**記念日である。　〔ア. 開講　イ. 開校〕
⑤ 彼の**胸囲**的な活躍は目を見張るものがある。〔ア. 驚異　イ. 強意　ウ. 脅威〕

＜B＞次の各文の下線部の読みに最も適切な漢字を選び、記号で答えなさい。

⑥ 化石燃料への**いぞん**から脱却する。　〔ア. 依存　イ. 異存〕
⑦ 卒業式を**きょこう**する。　〔ア. 虚構　イ. 挙行〕
⑧ **せいきゅう**に結論を出すべきではない。　〔ア. 請求　イ. 制球　ウ. 性急〕
⑨ 巻頭の**はんれい**を確認する。　〔ア. 範例　イ. 凡例〕
⑩ 遊**ほどう**を整備した。　〔ア. 舗道　イ. 補導　ウ. 歩道〕

公益財団法人 全国商業高等学校協会主催・文部科学省後援

第71回　ビジネス文書実務検定試験　（5.11.26）

第１級　ビジネス文書部門実技問題　（制限時間20分）

◆**【書式設定】・【注意事項】**第69回（７ページ）を参照すること。

◆「模範解答」は29ページに掲載しています。

【問　題】　次のⅠ～Ⅳに従い、右のような文書を作成しなさい。

参考：国土交通省　「観光地域づくり法人形成・確立計画」2022年

総務省統計局　政府統計ポータルサイト　2022年

Ⅰ　標題の挿入

出題内容に合った標題のオブジェクトを、用意されたフォルダなどから選び、指示された位置に挿入しセンタリングすること。

Ⅱ　表作成

下の資料Ａ・Ｂ並びに指示を参考に表を作成すること。

資料Ａ　　単位　リピート率：％

地　　域	区　分	リピート率	取　組　内　容
香川県小豆島町	西日本	36.6	オリーブの魅力を国内外に発信
栃木県那須塩原市	東日本	47.1	未利用温泉熱を活用しｃｏ２排出量を削減
愛媛県大洲市	西日本	6.7	３３棟の古民家と町家をホテルとして再生
岩手県釜石市	東日本	78.2	海洋環境を漁船クルーズで学ぶ
熊本県阿蘇市	西日本	74.0	草原を活用したアクティビティの提供
和歌山県和歌山市	西日本	67.0	水質改善と歴史的風景の保全
宮城県東松島市	東日本	57.8	宮城オルレ奥松島コースを活用した試作（→施策）

資料Ｂ　単位　人口：人　来訪客数：千人

地　　域	人　口	来訪客数
香川県小豆島町	13,870	688
栃木県那須塩原市	115,210	7,513
愛媛県大洲市	40,575	356
岩手県釜石市	32,078	3,299
熊本県阿蘇市	24,930	479
和歌山県和歌山市	356,729	4,468
宮城県東松島市	39,098	538

指示

1．「東日本」と「西日本」の二つに分けた表を作成すること。
2．表は、行頭・行末を越えずに作成し、行間は、２．０とすること。
3．罫線は右の表のように太実線と細実線とを区別すること。
4．表の枠内の文字は１行で入力し、上下のスペースが同じであること。
5．右の表のように項目名とデータが正しく並んでいること。
6．表内の「来訪客数」の数字は、明朝体の半角で入力し、３桁ごとにコンマを付けること。また、「リピート率」の数字は、明朝体の半角で入力し、小数点を付けること。
7．ソート機能を使って、二つの表それぞれを「来訪客数」の多い順に並べ替えること。

Ⅲ　テキスト・オブジェクトの挿入

1．挿入する文章は、用意されたフォルダなどにあるテキストファイルから取得し、校正および編集すること。
2．出題内容に合ったオブジェクトを、用意されたフォルダなどから選び、指示された位置に挿入すること。

Ⅳ　その他

1．問題文にある校正記号に従うこと。
2．①～⑫の処理を行うこと。
3．右の問題文にない空白行を入れないこと。
4．右の問題文の ａ に当てはまる語句を以下から選択し入力すること。

第一位　　**第三位**　　**第七位**

オブジェクト(標題)の挿入・センタリング

近年、サステナブルツーリズムを推進する団体が増えています。本市では、地域資源を活用した観光地づくりを実施するにあたり、参考となる地域について調べました。

①網掛けする。

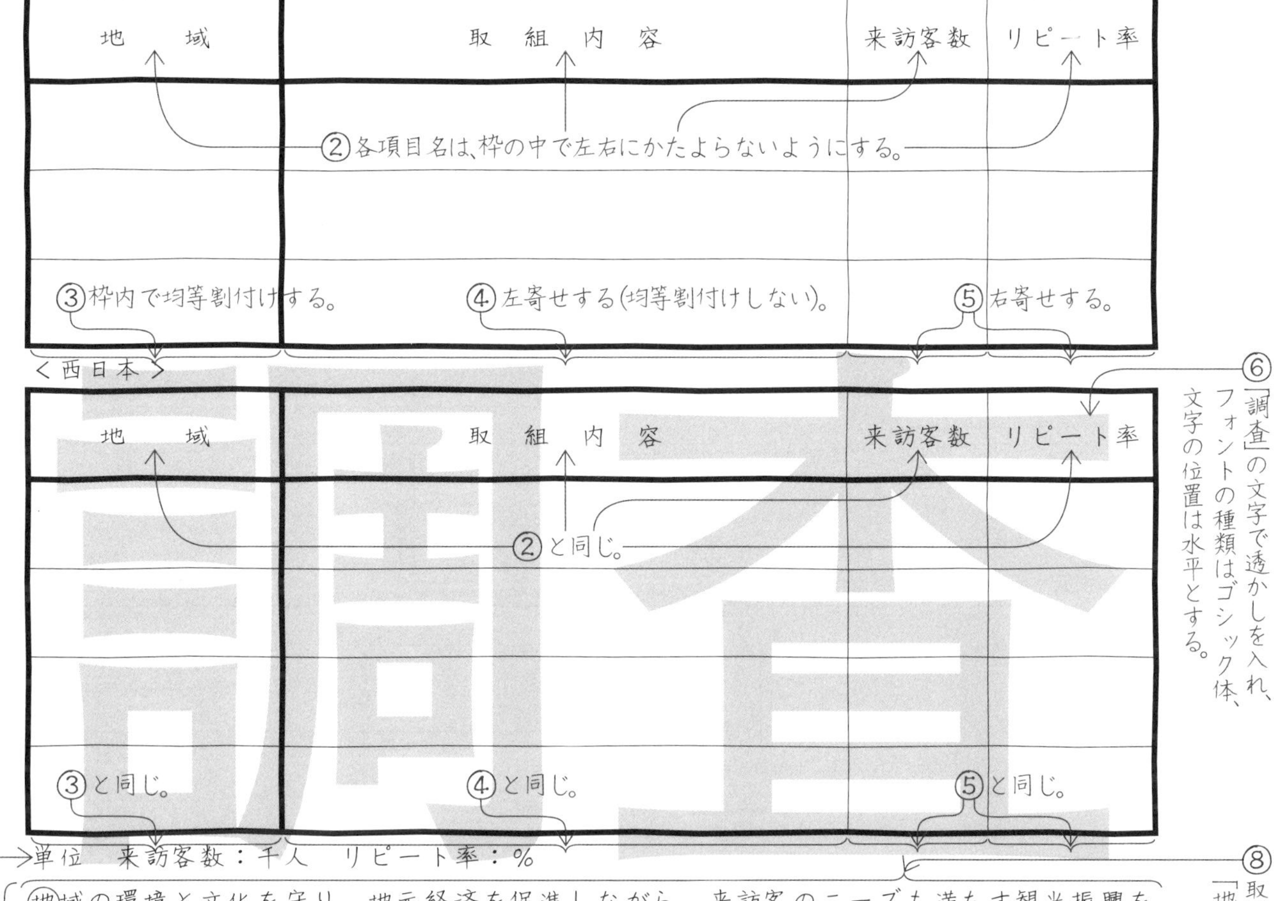

⑦右寄せする。→単位　来訪客数：千人　リピート率：%

テキストファイルの挿入範囲

⑧取得した文章のフォントの種類は明朝体、サイズは12ポイントとし、「地」を2行の範囲で本文内にドロップキャップする。

地域の環境と文化を守り、地元経済を促進しながら、来訪客のニーズも満たす観光振興をサステナブルツーリズムといいます。地域住民の理解と協力を得ながら、様々な取り組みが行わ(トル)れています。

⑨二重下線を引く。

製鉄と漁業、ラグビーで有名な岩手県釜石市は、調べた中でリピート率が a という結果になりました。

自然美や文化、地元ガイドとの交流に親しみを感じる来訪客が多く、リピーターの獲得につながっています。

⑩枠を挿入し、枠線は細実線とする。

⑪枠内のフォントの種類はゴシック体、サイズは12ポイントとし、横書きとする。

オブジェクト
(イラスト)の挿入位置

資料作成：鳰川(ミオカワ)　和也←⑫明朝体のカタカナでルビをふり、右寄せする。

公益財団法人 全国商業高等学校協会主催・文部科学省後援

第69回　ビジネス文書実務検定試験　(4. 11. 27)

第1級ビジネス文書部門筆記問題・解答用紙

	①	②	③	④	⑤
1					

	①	②	③	④	⑤
2					

	①	②	③	④	⑤
3					

	①	②	③	④	⑤	⑥	⑦
4							

	①	②	③	④	⑤	⑥	⑦	⑧
5								

	①	②	③
6			
	④	⑤	

	①	②	③	④	⑤
7					

	①	②	③	④	⑤
8					
	⑥	⑦	⑧	⑨	⑩

試験場校名	受験番号

得点

公益財団法人　全国商業高等学校協会主催・文部科学省後援

第70回　ビジネス文書実務検定試験　(5.7.2)

第１級ビジネス文書部門筆記問題・解答用紙

	①	②	③	④	⑤
1					

	①	②	③	④	⑤
2					

	①	②	③	④	⑤
3					

	①	②	③	④	⑤	⑥	⑦
4							

	①	②	③	④	⑤	⑥	⑦	⑧
5								

	①	②	③
6			
	④	⑤	

	①	②	③	④	⑤
7					

	①	②	③	④	⑤
8					
	⑥	⑦	⑧	⑨	⑩

試験場校名	受験番号

得　点

公益財団法人　全国商業高等学校協会主催・文部科学省後援

第71回　ビジネス文書実務検定試験　(5.11.26)

第1級ビジネス文書部門筆記問題・解答用紙

1	①	②	③	④	⑤

2	①	②	③	④	⑤

3	①	②	③	④	⑤

4	①	②	③	④	⑤	⑥	⑦

5	①	②	③	④	⑤	⑥	⑦	⑧

6	①	②	③
	④	⑤	

7	①	②	③	④	⑤

8	①	②	③	④	⑤
	⑥	⑦	⑧	⑨	⑩

試験場校名	受験番号

得点

第69回（4. 11. 27）

読み取らせると、ＡＩが煮た特徴を持つ異なった分野の商品を検索　255
↓
読み取らせると、ＡＩが似た特徴を持つ異なった分野の商品を検索　255

もとに、一人ひとりの健康上体に合わせて、食事の提案をするもの　435
↓
もとに、一人ひとりの健康状態に合わせて、食事の提案をするもの　435

　電子看板の市場は、高速インターネットの不急に、ディスプレイ　546
↓
　電子看板の市場は、高速インターネットの普及に、ディスプレイ　546

第70回（5. 7. 2）

している。試乗車も容易しており、広い敷地で走行させることもで　286
↓
している。試乗車も用意しており、広い敷地で走行させることもで　286

　また、刊行施設として活用する例もある。ある自治体では、住民　390
↓
　また、観光施設として活用する例もある。ある自治体では、住民　390

することにより、新たな雇用が送出されて、地域経済の発展につな　656
↓
することにより、新たな雇用が創出されて、地域経済の発展につな　656

第71回（5. 11. 26）

も健康を増進する効果が機体できる。この企業は全店でＩＴ技術を　296
↓
も健康を増進する効果が期待できる。この企業は全店でＩＴ技術を　296

ない。さらに、利用者間のトラブルや器具の故障が発声しても、そ　432
↓
ない。さらに、利用者間のトラブルや器具の故障が発生しても、そ　432

る。新しい形態のジムの登場により、日頃の運動不足を快勝できる　604
↓
る。新しい形態のジムの登場により、日頃の運動不足を解消できる　604

第１級ビジネス文書部門筆記問題　模範解答

第69回　(4. 11. 27)　(各２点　合計１００点)

	①	②	③	④	⑤	⑥	⑦	⑧	⑨	⑩
1	オ	カ	ク	イ	ウ					
2	ウ	○	エ	キ	ア					
3	イ	ア	ア	ウ	イ					
4	エ	キ	イ	ケ	コ	オ	カ			
5	ウ	イ	イ	ウ	ア	イ	ウ	ア		
6	けいれん	ごい	ふかん	せっしょう	りんぎ					
7	ア	ア	ウ	イ	ウ					
8	ウ	イ	ア	○	イ	イ	ウ	イ	ア	ウ

第70回　(5. 7. 2)　(各２点　合計１００点)

	①	②	③	④	⑤	⑥	⑦	⑧	⑨	⑩
1	キ	ウ	カ	ア	オ					
2	エ	ク	カ	○	イ					
3	ア	イ	ウ	イ	ア					
4	ケ	エ	イ	キ	オ	コ	ウ			
5	イ	ア	ウ	ア	イ	ア	ウ	イ		
6	ほてん	いしゅく	せんえつ	だんぱん	けねん					
7	イ	ア	ア	イ	ウ					
8	ウ	イ	イ	○	ア	ア	ウ	イ	イ	ア

第71回　(5. 11. 26)　(各２点　合計１００点)

	①	②	③	④	⑤	⑥	⑦	⑧	⑨	⑩
1	イ	エ	ク	オ	ウ					
2	ウ	キ	ア	カ	○					
3	イ	ア	イ	ウ	ア					
4	カ	ク	ウ	コ	エ	ア	ケ			
5	ア	ウ	イ	ア	イ	ア	ウ	ア		
6	かいだく	しおさい	ていげん	はんざつ	ようさん					
7	イ	ウ	ア	ア	イ					
8	ウ	○	ウ	イ	ア	ア	イ	ウ	イ	ウ

第１級ビジネス文書部門実技問題　模範解答

EV普及に向けた地域の取り組み状況

脱炭素社会の実現を目指し、本県では電気自動車（ＥＶ）普及に向けた取り組みを推進しています。そこで、モデル事業を実施している市町村からの報告をまとめました。

<県南部>

市町村名	活　動　内　容	急速充電器	補助金総額
桜山みらい市	月１回のまちづくりイベントで試乗会の実施	74	1,137
天　海　市	充電設備の設置場所が分かる地図の配布	82	968
田　見　市	名勝地をＥＶバスで巡る市内観光の企画	102	560
はとり町	集合住宅に共同利用型充電器の設置	39	473

<県北部>

市町村名	活　動　内　容	急速充電器	補助金総額
弓　竹　市	駅前駐車場にソーラーガレージの設置	104	1,293
北十川市	自動車関連企業と協働でインフラ整備	120	1,049
あずみ山中市	エネルギーパーク水の郷と連携したＰＲ活動	25	370

単位　急速充電器：基　補助金総額：万円

電気自動車の利用において、課題となっているのは充電インフラの不足です。移動の途中で効率的な充電を行うためには、急速充電器を増やすことが必要となります。本県では、充電設備を新設するための新たな補助金制度を検討しています。

急速充電器の設置数が一番多い北十川市には、県内最大級の物流拠点があります。周辺にも充電インフラが整備されたことで、ＥＶを導入する物流会社が大幅に増えました。

市内全域に整備が進み、空白地帯が減少しています。

資料作成：俣木（マタキ）　優太

第１級ビジネス文書部門実技問題　模範解答

花火大会の動画再生回数

当社で配信した花火大会について、大会当日から終了後１か月までに再生された動画の再生回数を調べました。インターネット広告の募集資料として、活用してください。

大会名称	特　　　徴	開催月	動画再生回数
銀河大納涼会	世代別に事前投票した青春ソングとの競演	８月	1,016,540
謎とＨＡＮＡＢＩ	花火と謎解きが融合した初の試み	１０月	980,720
湖上の芸術祭	日本最長のナイアガラが湖面に浮かぶ	９月	578,613
龍神祭り花火物語	昔話の伝承が夜空に舞い上がる	１月	213,458
奉納夏の夜祭り	尺玉の連発や大迫力のスターマインが豪華	７月	67,427
匠の技極み	全国の花火師が新作で技を競い合う	１２月	35,842
		合　　計	2,892,600

単位　動画再生回数：回

最近は、花火だけではなく、音楽や演劇を組み合わせた企画が増加しています。

なかでも、謎解きゲームは、若い世代を中心に人気があります。今回の花火大会にも採用され、注目を浴びました。協賛する企業の情報や名称、花火の色や打ち上げた時間などが、謎を解くヒントになっていました。実際に花火を観覧した人々も、謎を解くため、何度も動画を見返したことで、再生回数が増加しました。長期間の再生が見込まれることから、宣伝の効果が持続することが期待できます。

動画再生回数が最も多いのは、銀河大納涼会です。花火の豪華さや美しさに加え、投票による参加型の大会になり、事前に関心を持つ人が増えました。帰省時期のため、全世代向けの広告配信が可能です。

資料作成：瑪崎（めさき）　紀子

第１級ビジネス文書部門実技問題　模範解答

持続可能な観光の実現に向けた取り組み

近年、サステナブルツーリズムを推進する団体が増えています。本市では、地域資源を活用した観光地づくりを実施するにあたり、参考となる地域について調べました。

＜東日本＞

地　　域	取　組　内　容	来訪客数	リピート率
栃木県那須塩原市	未利用温泉熱を活用しＣＯ２排出量を削減	7,513	47.1
宮城県東松島市	宮城オルレ奥松島コースを活用した施策	538	57.8
岩手県釜石市	海洋環境を漁船クルーズで学ぶ	479	78.2

＜西日本＞

地　　域	取　組　内　容	来訪客数	リピート率
和歌山県和歌山市	水質改善と歴史的風景の保全	4,468	67.0
熊本県阿蘇市	草原を活用したアクティビティの提供	3,299	74.0
香川県小豆島町	オリーブの魅力を国内外に発信	688	36.6
愛媛県大洲市	３３棟の古民家と町家をホテルとして再生	356	6.7

単位　来訪客数：千人　リピート率：％

地域の環境と文化を守り、地元経済を促進しながら、来訪客のニーズも満たす観光振興をサステナブルツーリズムといいます。地域住民の理解と協力を得ながら、様々な取り組みが行われています。

製鉄と漁業、ラグビーで有名な岩手県釜石市は、調べた中でリピート率が第一位という結果になりました。

自然美や文化、地元ガイドとの交流に親しみを感じる来訪客が多く、リピーターの獲得につながっています。

資料作成：鳰川(ミオカワ)　和也

ビジネス文書実務検定試験　第１級　筆記まとめ問題　解答用紙

（1～8計50問各２点　合計100点）

筆記まとめ問題①（本誌 → P. 122）

1	①	②	③	④	⑤			
2	①	②	③	④	⑤			
3	①	②	③	④	⑤			
4	①	②	③	④	⑤	⑥	⑦	
5	①	②	③	④	⑤	⑥	⑦	⑧
6	①		②			③		
	④		⑤					
7	①	②	③	④	⑤	⑥	⑦	⑧
8	①	②	③	④	⑤			
	⑥	⑦	⑧	⑨	⑩			

得点

筆記まとめ問題②（本誌 → P. 125）

1	①	②	③	④	⑤			
2	①	②	③	④	⑤			
3	①	②	③	④	⑤			
4	①	②	③	④	⑤	⑥	⑦	
5	①	②	③	④	⑤	⑥	⑦	⑧
6	①		②			③		
	④		⑤					
7	①	②	③	④	⑤	⑥	⑦	⑧
8	①	②	③	④	⑤			
	⑥	⑦	⑧	⑨	⑩			

得点

筆記まとめ問題③（本誌 → P. 128）

1	①	②	③	④	⑤			
2	①	②	③	④	⑤			
3	①	②	③	④	⑤			
4	①	②	③	④	⑤	⑥	⑦	
5	①	②	③	④	⑤	⑥	⑦	⑧
6	①		②			③		
	④		⑤					
7	①	②	③	④	⑤	⑥	⑦	⑧
8	①	②	③	④	⑤			
	⑥	⑦	⑧	⑨	⑩			

得点

年	組	番号	氏名

ビジネス文書実務検定試験　第１級　模擬問題　解答用紙

（1～8計50問各２点　合計100点）

筆記１回（本誌 → P. 134）

1	①	②	③	④	⑤			
2	①	②	③	④	⑤			
3	①	②	③	④	⑤			
4	①	②	③	④	⑤	⑥	⑦	
5	①	②	③	④	⑤	⑥	⑦	⑧
6	①	②	③					
	④	⑤						
7	①	②	③	④	⑤	⑥	⑦	⑧
8	①	②	③	④	⑤			
	⑥	⑦	⑧	⑨	⑩			

得点

筆記２回（本誌 → P. 140）

1	①	②	③	④	⑤			
2	①	②	③	④	⑤			
3	①	②	③	④	⑤			
4	①	②	③	④	⑤	⑥	⑦	
5	①	②	③	④	⑤	⑥	⑦	⑧
6	①	②	③					
	④	⑤						
7	①	②	③	④	⑤	⑥	⑦	⑧
8	①	②	③	④	⑤			
	⑥	⑦	⑧	⑨	⑩			

得点

年	組	番号	氏名

※定型の筆記問題解答用紙です。ご自由にご使用ください。

ビジネス文書実務検定試験　第１級　筆記問題　解答用紙

（1～8計50問各２点　合計100点）

第　　回

1	①	②	③	④	⑤			
2	①	②	③	④	⑤			
3	①	②	③	④	⑤			
4	①	②	③	④	⑤	⑥	⑦	
5	①	②	③	④	⑤	⑥	⑦	⑧
6	①	②	③					
	④	⑤						
7	①	②	③	④	⑤	⑥	⑦	⑧
8	①	②	③	④	⑤			
	⑥	⑦	⑧	⑨	⑩			

得点

第　　回

1	①	②	③	④	⑤			
2	①	②	③	④	⑤			
3	①	②	③	④	⑤			
4	①	②	③	④	⑤	⑥	⑦	
5	①	②	③	④	⑤	⑥	⑦	⑧
6	①	②	③					
	④	⑤						
7	①	②	③	④	⑤	⑥	⑦	⑧
8	①	②	③	④	⑤			
	⑥	⑦	⑧	⑨	⑩			

得点

年	組	番号	氏名

オブジェクト（標題）の挿入・センタリング

⑤「資料」の文字で透かしを入れ、フォントの種類は明朝体で、文字の位置は水平とする。

我が社に愛好登山会が発足して今年で３年目になります。この間に数多くの山に登山しました。この度、一泊二日以上の山行についてまとめてみました。

山　名	所　在　地	特　　　　徴	標高（m）

②枠内で均等割付けする。

③左寄せする（均等割付けしない）。　④右寄せする。

英国人宣教師であったウォルター・ウェストン氏は、登山をレジャーとして広く知らしめた。彼の功績は、日本近代登山の父として、今日でも広く称えられている。それまで、日本の登山は、信仰や修行としての山登りであった。また、首領（狩猟）など生活をしていくための山行であった。

テキストファイルの挿入範囲

⑥取得した文章のフォントの種類は明朝体、サイズは12ポイントとし、３段で境界線を引かずに均等に段組みをする。

オブジェクト（写真）の挿入位置

私たち登山 a 会は、月１回程度土曜または休日に日帰りの山行を実施しています。また、夏季には宿泊を伴った山行も実施しています。山登りや自然、野鳥に興味のある方はどうぞお気軽に（ご）入会ください。

⑦枠を挿入し、枠線は細実線とする。

⑨網掛けする。

⑩一重下線を引く。

⑧枠内のフォントの種類はゴシック体、サイズは12ポイントとし、横書きとする。

調査　書間（ひるま）　浩一

⑪明朝体のひらがなでルビをふり、右寄せする。

解答→別冊① P.12

12回 （制限時間　20分）

【書式設定】余白は上下左右それぞれ25㎜。指示のない文字のフォントは、明朝体の全角で入力し、サイズは12ポイントに統一。プロポーショナルフォントは使用不可。
【注意事項】ヘッダーに左寄せで年組、番号、氏名を入力する。
【問　　題】次のⅠ～Ⅳに従い、右のような文書を作成しなさい。

Ⅰ　標題の挿入

出題内容に合った標題のオブジェクトを、用意されたフォルダなどから選び、指示された位置に挿入しセンタリングすること。

Ⅱ　表作成

下の資料Ａ・Ｂ並びに指示を参考に表を作成すること。

資料A

品　　名	特　　　　　徴	均一
炊飯器	遠赤黒釜でふっくら炊き上げ	５千円
マルチロースター	煙や臭いを削減するフィルター付き	３千円
直付照明	ちらつきの少ないインバータ採用	５千円
低反発敷布団・枕	体圧分散効果による快適な睡眠	５千円
平織カーペット	抗菌加工の安心カーペット	３千円
コーヒーメーカー	真空の２重ステンレスでおいしく保温	５千円
多目的収納ラック	４つのドアを積み重ねて多目的に収納	３千円

（直付照明の行に取り消し線、「トル」の校正記号）

資料B

単位：円

品　　名	品　　番	小売価格
炊飯器	ＳＰ－Ｌ１Ｈ	8,980
マルチロースター	ＴＳＨ－Ｍ２	6,270
直付照明	ＨＺＰＫ－４	7,590
低反発敷布団・枕	ＫＰ５０９Ｆ	9,940
平織カーペット	ＡＳ－２６Ｂ	4,910
コーヒーメーカー	ＭＫ－７２０	10,780
他目的収納ラック（多）	ＰＤ－２１Ｍ	5,760

指示
1．「５千円均一」と「３千円均一」の二つに分けた表を作成すること。
2．表は、行頭・行末を越えずに作成し、行間は、２．０とすること。
3．罫線は右の表のように太実線と細実線とを区別すること。
4．表の枠内の文字は１行で入力し、上下のスペースが同じであること。
5．右の表のように項目名とデータが正しく並んでいること。
6．表内の「小売価格」の数字は、明朝体の半角で入力し、３桁ごとにコンマを付けること。
7．ソート機能を使って、表全体を「小売価格」の高い順に並べ替えること。

Ⅲ　テキスト・オブジェクトの挿入

1．挿入する文章は、用意されたフォルダなどにあるテキストファイルから取得し、校正および編集すること。
2．出題内容に合ったイラストのオブジェクトを、用意されたフォルダなどから選び、指示された位置に挿入すること。

Ⅳ　その他

1．問題文にある校正記号に従うこと。
2．①～⑨の処理を行うこと。
3．右の問題文にない空白行を入れないこと。
4．右の問題文の［ａ］に当てはまる語句を以下から選択し入力すること。

コーヒー　　ロースター　　ラック

オブジェクト（標題）の挿入・センタリング

創業２周年、第３弾半期に一度の大均一祭を催します。通常では、約１．６倍から２倍する小売価格のものを特別に販売いたします。ぜひお越しください。

A．５千円均一

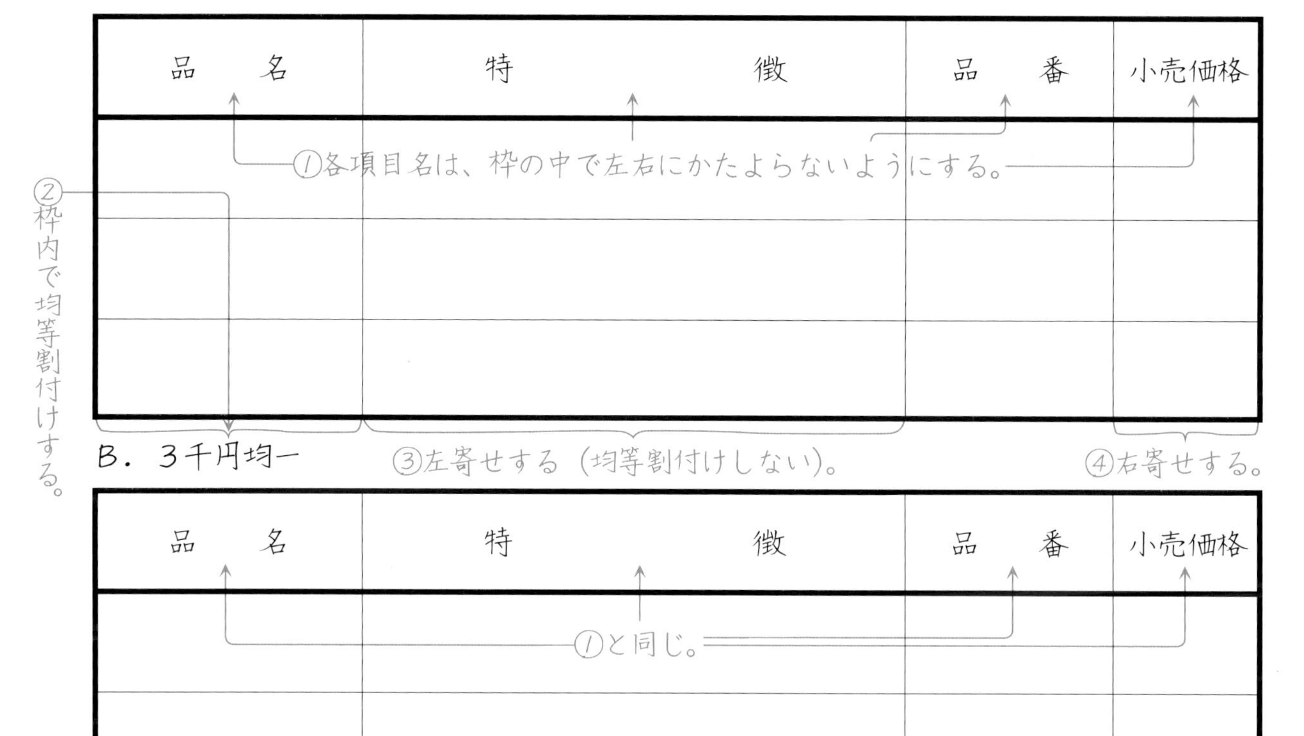

品　　名	特　　　　　徴	品　　番	小売価格

①各項目名は、枠の中で左右にかたよらないようにする。

②枠内で均等割付けする。

③左寄せする（均等割付けしない）。

④右寄せする。

B．３千円均一

品　　名	特　　　　　徴	品　　番	小売価格

①と同じ。

②と同じ。　③と同じ。　④と同じ。

単位：円　←⑤右寄せする。

超特価は、［ａ］メーカーです。自動抽出が可能で、毎回同じ味に仕上がります。使用後は、すすぎをして目詰まりを取るだけなので、お手入れも感嘆（簡単）です。大きさもコンパクトなので、置く場所もとりません。本格的なおいしいコーヒーが１杯約５０円で飲めるので、大満足です。

テキストファイルの挿入範囲

⑥取得した文章のフォントの種類は明朝体、サイズは12ポイントとし、３段で境界線を引かずに均等に段組みをし、「超」を２行の範囲で本文内にドロップキャップする。

オブジェクト（イラスト）の挿入位置

⑨明朝体のカタカナでルビをふり、右寄せする。

⑧枠内のフォントの種類は明朝体、サイズは12ポイントとし、横書きとする。

その他のお買い得な商品として、５００円と３００円の均一価格の商品を用意しました。

キッチンやバス、トイレなど数多くの日用品を用意しております。また、犬や猫などのペット用品、観葉植物や肥料なども取りそろえております。

⑦枠を挿入し、枠線は細実線とする。

セール販売責任者　哇川（アイカワ）　良二

解答→別冊①P.13

13回 （制限時間　20分）

【書式設定】余白は上下左右それぞれ25㎜。指示のない文字のフォントは、明朝体の全角で入力し、サイズは12ポイントに統一。プロポーショナルフォントは使用不可。
【注意事項】ヘッダーに左寄せで年組、番号、氏名を入力する。
【問　　題】次のⅠ～Ⅳに従い、右のような文書を作成しなさい。

Ⅰ　標題の挿入

出題内容に合った標題のオブジェクトを、用意されたフォルダなどから選び、指示された位置に挿入しセンタリングすること。

Ⅱ　表作成

下の資料Ａ・Ｂ並びに指示を参考に表を作成すること。

資料Ａ　企業について　　　単位　資本金：万円　年間売上高：万円

企　業　名	経　営　理　念　な　ど	資本金	年間売上高
マルカエ	個と集団の調和と発展を図る	36,050	120,988
松山精機	良い製品を安価（行く）で即納品	500	110,756
上原工業	お客様の期待に応えた製品を提供	9,000	163,569
新東洋加工	複雑な断面形状の製品を高精度に生産	880	258,561
富田製作所	創造と開発により社会発展に貢献	95,000	15,947,867
川田工機	ｃｓｒを果たす人々の幸せな未来	45,980	10,872,361

資料Ｂ　従業員数　　　単位：人

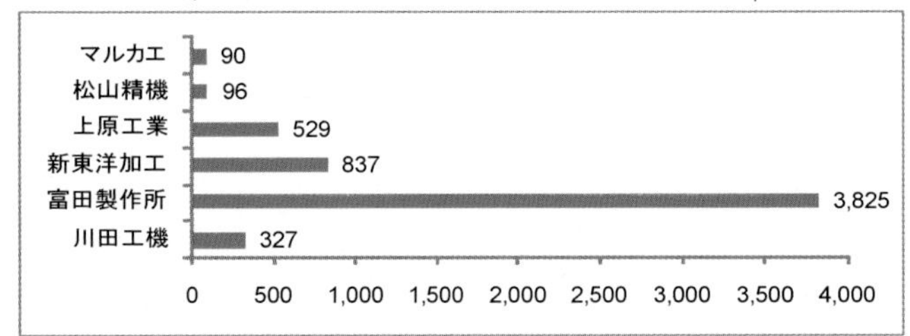

指示　１．表は、行頭・行末を越えずに作成し、行間は、２．０とすること。
２．罫線は右の表のように太実線と細実線とを区別すること。
３．表の枠内の文字は１行で入力し、上下のスペースが同じであること。
４．右の表のように項目名とデータが正しく並んでいること。
５．表内の「資本金」と「年間売上高」と「従業員数」の数字は、明朝体の半角で入力し、３桁ごとにコンマを付けること。
６．ソート機能を使って、表全体を「資本金」の多い順に並べ替えること。
７．表の「年間売上高」と「従業員数」の合計は計算機能を使って求めること。

Ⅲ　テキスト・オブジェクトの挿入

１．挿入する文章は、用意されたフォルダなどにあるテキストファイルから取得し、校正および編集すること。
２．出題内容に合ったイラストのオブジェクトを、用意されたフォルダなどから選び、指示された位置に挿入すること。

Ⅳ　その他

１．問題文にある校正記号に従うこと。
２．①～⑪の処理を行うこと。
３．右の問題文にない空白行を入れないこと。
４．右の問題文の［ａ］に当てはまる語句を以下から選択して入力すること。

アントレプレナー　　インストラクター　　コーディネーター

オブジェクト（標題）の挿入・センタリング

研究課題の授業「起業家を目指して（小野先生）」の企業研究レポートとして、市内に本社のある製造関係の企業について調査しました。

①網掛けする。

企業名	経　営　理　念　な　ど	資本金	年間売上高	従業員数
合　計				

②各項目名は、枠の中で左右にかたよらないようにする。

③枠内で均等割付けする。

④左寄せする（均等割付けしない）。

⑤右寄せする。

単位　資本金：万円　年間売上高：万円　従業員数：人

⑥右寄せする。

起業家とは、自ら事業を興す者をいう。［ a ］ともいい、ベンチャー企業を開業する者を指す場合が多い。日本では、諸外国と比べて起業活動が少ないのが現状である。また、ベンチャー企業とは、新分野でリスクを取りながら、新技術や新事業を開発し、事業として発足させた企業のことをいう。

スタイルの範囲　テキストファイル挿入

⑦取得した文章のフォントの種類は明朝体、サイズは12ポイントとし、「起」を2行の範囲で本文内にドロップキャップする。

オブジェクト（イラスト）の挿入位置

⑧枠を挿入し、枠線は細実線とする。

CSRとは

企業が社会に対して負う責任のこと。特に、企業活動において利潤の追求だけではなく、法律の遵守や社会的倫理の尊重などをつねに有して、安全かつ良質な財・サービスの提供を行うという企業の責務をいう。

⑨枠内のフォントの種類はゴシック体、サイズは12ポイントとし、縦書きとする。

⑩フォントサイズは20ポイントで、文字を線で囲み、1行で入力する。

3年D組　朏島（はいじま）　直樹

⑪明朝体のひらがなでルビをふり、右寄せする。

解答→別冊① P.14

14回　（制限時間　20分）

【書式設定】余白は上下左右それぞれ25㎜。指示のない文字のフォントは、明朝体の全角で入力し、サイズは12ポイントに統一。プロポーショナルフォントは使用不可。
【注意事項】ヘッダーに左寄せで年組、番号、氏名を入力する。
【問　　題】次のⅠ～Ⅳに従い、右のような文書を作成しなさい。

Ⅰ　標題の挿入
　出題内容に合った標題のオブジェクトを、用意されたフォルダなどから選び、指示された位置に挿入しセンタリングすること。

Ⅱ　表作成
　下の資料Ａ・Ｂ並びに指示を参考に表を作成すること。

資料A　空港の特徴

制度

名　称	開　港　年	特　　　　徴
能登空港	２００３年	全国で初めて搭乗率保証を導入
神戸空港	２００６年	マリンエアという愛称をもつ海上空港
種子島空港	２００６年	愛称はコスモポート種子島
茨城空港	２０１０年	正式名称は、百里飛行場と　いう
北九州空港	２００６年	周防灘の人工島にある海上空港
静岡空港	２００９年	富士山静岡空港という愛称で呼ばれる

資料B　管理面積・滑走路長

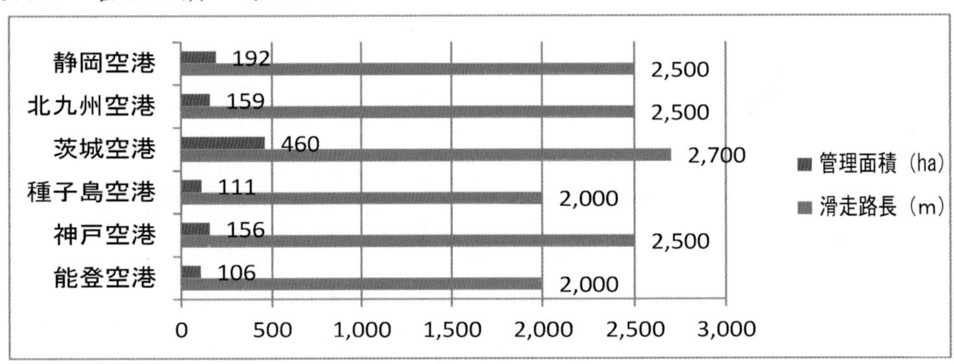

指示　１．表は、行頭・行末を越えずに作成し、行間は、２．０とすること。
　　２．罫線は右の表のように太実線と細実線とを区別すること。
　　３．表の枠内の文字は１行で入力し、上下のスペースが同じであること。
　　４．右の表のように項目名とデータが正しく並んでいること。
　　５．表内の「滑走路長」と「管理面積」の数字は、明朝体の半角で入力し、３桁ごとにコンマを付けること。
　　６．ソート機能を使って、表全体を「管理面積」の高い順に並べ替えること。
　　７．表の「管理面積」の合計は、計算機能を使って求め、３桁ごとにコンマを付けること。

Ⅲ　テキスト・オブジェクトの挿入
　１．挿入する文章は、用意されたフォルダなどにあるテキストファイルから取得し、校正および編集すること。
　２．出題内容に合ったイラストのオブジェクトを、用意されたフォルダなどから選び、指示された位置に挿入すること。

Ⅳ　その他
　１．問題文にある校正記号に従うこと。
　２．①～⑪の処理を行うこと。
　３．右の問題文にない空白行を入れないこと。
　４．右の問題文の［ａ］に当てはまる語句を以下から選択し入力すること。
　　　拠点　　**地方**　　**供用**

オブジェクト（標題）の挿入・センタリング

日本では、空港法により拠点空港・地方管理空港・その他の空港・教養空港（供用）に区分しています。その中で、話題になっている最近開港した空港を調べました。

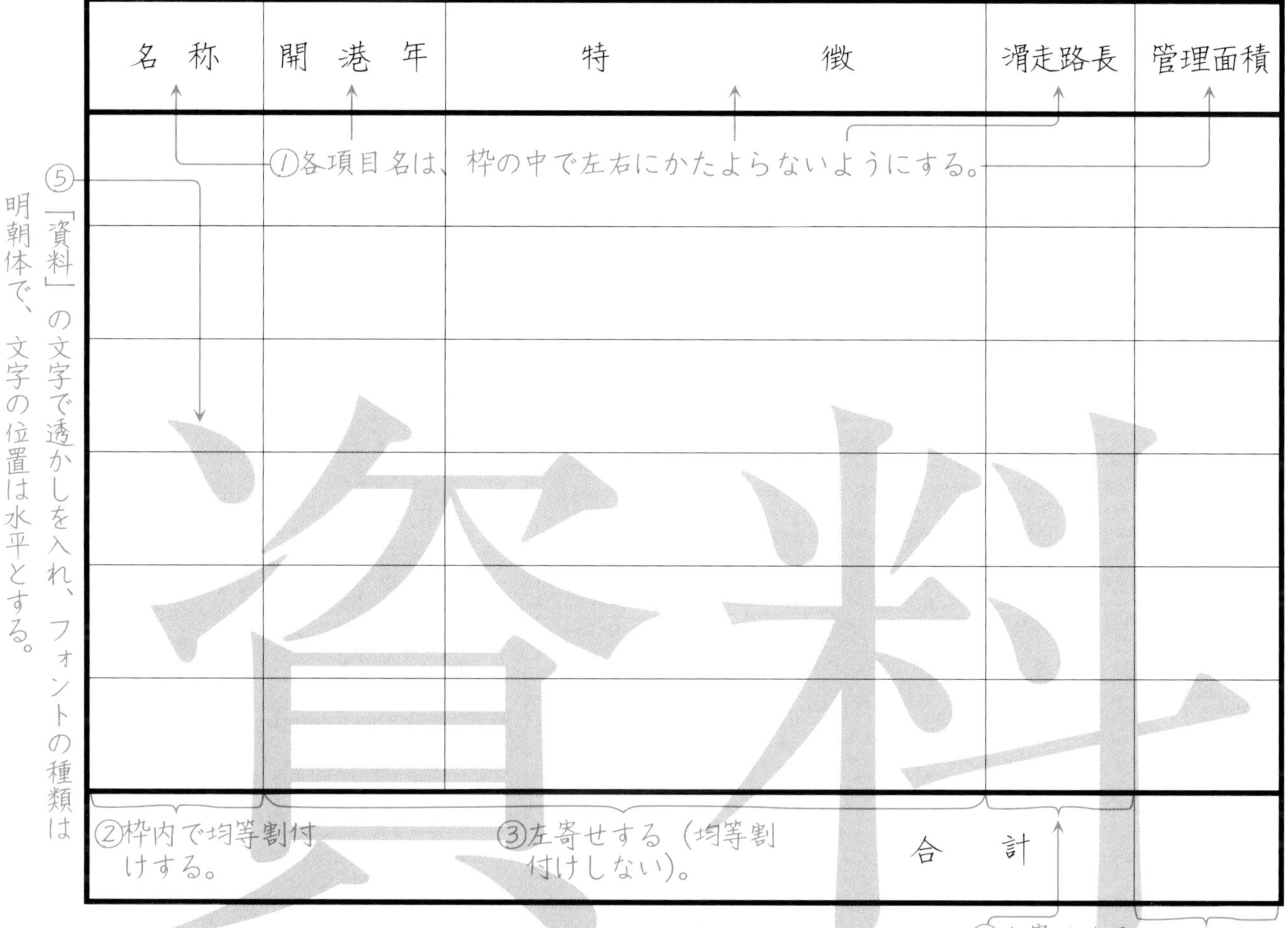

名　称	開　港　年	特　　　　徴	滑走路長	管理面積
		合　　計		

①各項目名は、枠の中で左右にかたよらないようにする。
②枠内で均等割付けする。
③左寄せする（均等割付けしない）。
④右寄せする。
⑤「資料」の文字で透かしを入れ、フォントの種類は明朝体で、文字の位置は水平とする。

＜単位　滑走路長：ｍ　管理面積：ｈａ＞　⑥右寄せする。

テキストファイルの挿入範囲

空港内にシネコンや温泉、テーマパークなどの施設を持つ驚きの大きな空港がある。飛行機を利用する人だけでなく、地元の人に楽しんでもらえる施設を目指して建設されたという。一方 a 空港は、取り巻く環境は厳しいが、このような空港のように知恵と行動力を駆使して、独自の活性化を図ってほしい。

⑦取得した文章のフォントの種類は明朝体、サイズは12ポイントとし、３段で均等に段組みをし、境界線を細実線で引く。

⑧枠を挿入し、枠線は細実線とする。

搭乗率保証制度

地元と航空会社の間で年間目標搭乗率を定めた制度。目標を下回った場合は、地元が航空会社に保証金を支払う。また、目標を上回った場合は、航空会社が地元に促進販売協力金を支払う制度。

⑨枠内のフォントの種類はゴシック体、サイズは12ポイントとし、縦書きとする。

オブジェクト（イラスト）の挿入位置

⑩フォントサイズは20ポイントで、文字を線で囲み、1行で入力する。

作成　狸山（さとやま）　千春

⑪明朝体のひらがなでルビをふり、右寄せする。

解答→別冊① P.15

15回 （制限時間　20分）

【書式設定】 余白は上下左右それぞれ25㎜。指示のない文字のフォントは、明朝体の全角で入力し、サイズは12ポイントに統一。プロポーショナルフォントは使用不可。
【注意事項】 ヘッダーに左寄せで年組、番号、氏名を入力する。
【問　　題】 次のⅠ～Ⅳに従い、右のような文書を作成しなさい。

Ⅰ　標題の挿入
出題内容に合った標題のオブジェクトを、用意されたフォルダなどから選び、指示された位置に挿入しセンタリングすること。

Ⅱ　表作成
下の資料Ａ・Ｂ並びに指示を参考に表を作成すること。

資料A

国　　　名	国　　内　　事　　情
サンマリノ共和国	マリーノという石工が建国した伝説
ツバル	財政収入源は入漁料と外国漁船出稼ぎ
ナウル共和国	公用語は英語、他にナウル語を使用
バチカン市国	法王を国家元首とする独立国家 が
マーシャル諸島共和国	経済開発、経済的自立の達成課題
モナコ公国	レーニエ３世大公、国務大臣１名代表
リヒテンシュタイン公国	軍は１８６８年に最終的に解消

資料B　　　　単位　国土面積：平方キロメートル　総人口：人

国　　　名	国土面積	総人口	区　別
マーシャル諸島共和国	180	58,791	大洋州
モナコ公国	2.02	38,100	欧州
リヒテンシュタイン公国	160	39,062	欧州
サンマリノ共和国	61.2	33,614	欧州
ナウル共和国	21.1	10,756	大洋州
ツバル	25.9	11,646	大洋州
バチカン市国	0.44	820	欧州

指示　１．「欧州」と「大洋州」の二つに分けた表を作成すること。
２．表は、行頭・行末を越えずに作成し、行間は、２．０とすること。
３．罫線は右の表のように太実線と細実線とを区別すること。
４．表の枠内の文字は１行で入力し、上下のスペースが同じであること。
５．右の表のように項目名とデータが正しく並んでいること。
６．表内の「国土面積」と「総人口」の数字は、明朝体の半角で入力し、３桁ごとにコンマを付けること。
７．ソート機能を使って、二つの表それぞれを「国土面積」の小さい順に並べ替えること。

Ⅲ　テキスト・オブジェクトの挿入
１．挿入する文章は、用意されたフォルダなどにあるテキストファイルから取得し、校正および編集すること。
２．出題内容に合ったイラストのオブジェクトを、用意されたフォルダなどから選び、指示された位置に挿入すること。

Ⅳ　その他
１．問題文にある校正記号に従うこと。
２．①～⑩の処理を行うこと。
３．右の問題文にない空白行を入れないこと。
４．右の問題文の［ａ］に当てはまる語句を以下から選択し入力すること。
ランキング　　バンキング　　シンキング

オブジェクト（標題）の挿入・センタリング

世界の国々では、国土の広さが大小さまざまです。また、まわりを海で囲まれた国や境国が定まっていない地域もあります。今回は、国土面積の小さい国を調べました。

①網掛けする。

A．欧州

国　　名	国　内　事　情	国土面積	総人口

②各項目名は、枠の中で左右にかたよらないようにする。

③枠内で均等割付けする。

④左寄せする（均等割付けしない）。

⑤右寄せする。

B．大洋州

国　　名	国　内　事　情	国土面積	総人口

②と同じ。

③と同じ。

④と同じ。

⑤と同じ。

<単位　国土面積：平方キロメートル　総人口：人>

⑥右寄せする。

中南米には、セントクリストファー・ネーヴィスという、小さな国がある。その面積は２６２，０００平方メートルで、人口は５４，０００人である。伝統的には農業、特に砂糖清算に大きく依存しているが、近年の経済多角化策の下で、柑橘類など砂糖以外の農産品、観光業、オフショア金融の振興に努めている。

（手書き訂正：清算→生産）

⑦取得した文章のフォントの種類はゴシック体、サイズは12ポイントとし、３段で均等に段組みをし、境界線を細実線で引き、「中」を２行の範囲で本文内にドロップキャップする。

テキストファイルの挿入範囲

オブジェクト（イラスト）の挿入位置

面積が３００平方キロメートル以下の小さな国は、１０か国あります。上記の８か国の他に、クック諸島とニウエがあります。

日本は、面積が３７７，７７０平方キロメートルで、面積の大きな国　a　で、６１位です。

（手書き訂正：３７７，７７０→３７７，９７５）

⑧枠を挿入し、枠線は細実線とする。

⑨枠内のフォントの種類は明朝体、サイズは１２ポイントとし、横書きとする。

作成：蝗原（こうはら）　啓二

⑩明朝体のひらがなでルビをふり、右寄せする。

解答→別冊① P.16

16回 （制限時間　20分）

【書式設定】余白は上下左右それぞれ25㎜。指示のない文字のフォントは、明朝体の全角で入力し、サイズは12ポイントに統一。プロポーショナルフォントは使用不可。

【注意事項】ヘッダーに左寄せで年組、番号、氏名を入力する。

【問　　題】次のⅠ～Ⅳに従い、右のような文書を作成しなさい。

Ⅰ　標題の挿入

出題内容に合った標題のオブジェクトを、用意されたフォルダなどから選び、指示された位置に挿入しセンタリングすること。

Ⅱ　表作成

下の資料並びに指示を参考に表を作成すること。

資料　　単位　貯水量：立方メートル　貯水率：％

名　称	特　　　徴	貯水量	貯水率
草木ダム	堤体景観にまとまりがあり周囲の緑とも調和	2,947	97
薗原ダム	薗原湖周辺はりんごの産地としても有名	326	109
相俣ダム	ダム湖に沈む温泉が移転し猿ヶ京温泉となる	1,037	98
矢木沢ダム	矢木沢発電所は東京電力で初めての揚水式の発電所	11,402	99
奈良俣ダム	堤体積は１，３１０万立方メートル―トル	7,165	100
藤原ダム	堤体はとても開放的で立ち寄る人々も多い	1,378	94
下久保ダム	主ダムと副ダムがＬ字型になった珍しいダム	8,345	98

指示　１．表は、行頭・行末を越えずに作成し、行間は、２．０とすること。

２．罫線は右の表のように太実線と細実線とを区別すること。

３．表の枠内の文字は１行で入力し、上下のスペースが同じであること。

４．右の表のように項目名とデータが正しく並んでいること。

５．表内の「貯水量」と「貯水率」の数字は、明朝体の半角で入力すること。

６．ソート機能を使って、表全体を「貯水量」の多い順に並べ替えること。

７．表の「貯水量」の合計は、計算機能を使って求め、３桁ごとにコンマを付けること。

８．「奈良俣ダム」の行全体に網掛けすること。

Ⅲ　テキスト・オブジェクトの挿入

１．挿入する文章は、用意されたフォルダなどにあるテキストファイルから取得し、校正および編集すること。

２．出題内容に合った写真のオブジェクトを、用意されたフォルダなどから選び、指示された位置に挿入すること。

Ⅳ　その他

１．問題文にある校正記号に従うこと。

２．①～⑩の処理を行うこと。

３．右の問題文にない空白行を入れないこと。

４．右の問題文の［ a ］に当てはまる語句を以下から選択し入力すること。

塩害　　水害　　虫害

オブジェクト（標題）の挿入・センタリング

毎年夏になると水の不足が心配されます。そのため、安定した水源を確保するために多くのダムが建設されました。そこで、学校の源水道である利根川水系のダムについて、貯水量を調査しました。

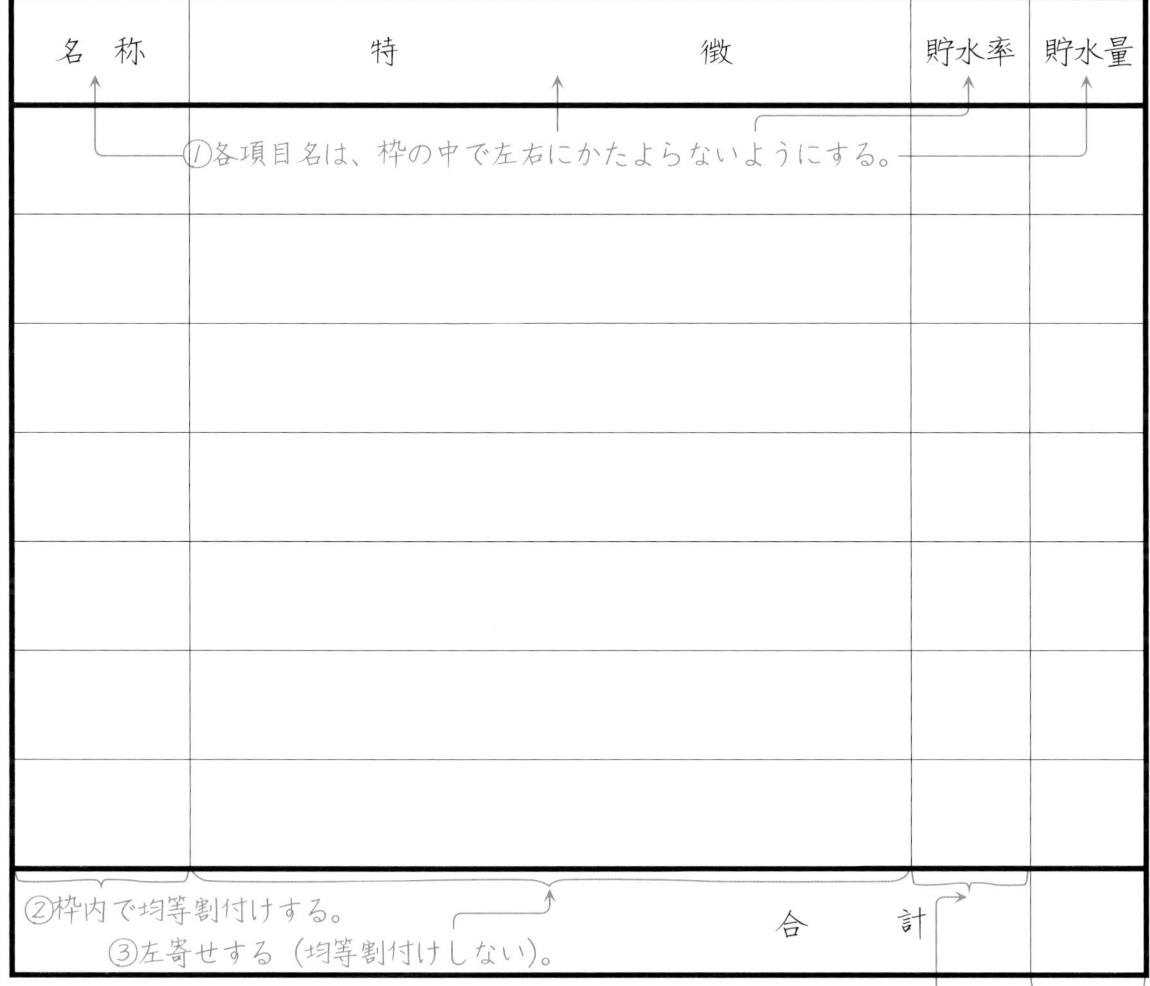

（単位　量：立方メートル　率：%）←⑤右寄せする。　④右寄せする。

⑥取得した文章のフォントの種類はゴシック体、サイズは12ポイントとし、「ダ」を2行の範囲で本文内にドロップキャップする。

ダムは、河川や自然湖沼、地下水などをせき止め貯水する土木構造物である。その主な目的は、利水や治水、発電などである。

ダムを建設することによる自然環境への影響から、一部のダムでは見直しがはじまり、ダムの建設が注視される場合もある。

テキストファイルの挿入範囲

⑦枠を挿入し、枠線は細実線とする。

渡良瀬貯水池

谷中湖と呼ばれる、ハート形の広大な遊水池である。広大なヨシ原と湿地帯に囲まれ、豊かな自然環境を残している。水量を調節し、利根川中・下流の a を防ぐ役目がある。

⑧枠内のフォントの種類はゴシック体、サイズは12ポイントとし、縦書きとする。

オブジェクト（写真）の挿入位置

⑨フォントサイズは20ポイントで、文字を線で囲み、1行で入力する。

涼田（いずみだ）　友子 ←⑩明朝体のひらがなでルビをふり、右寄せする。

解答→別冊①P.17

17回 (制限時間 20分)

【書式設定】余白は上下左右それぞれ25㎜。指示のない文字のフォントは、明朝体の全角で入力し、サイズは12ポイントに統一。プロポーショナルフォントは使用不可。
【注意事項】ヘッダーに左寄せで年組、番号、氏名を入力する。
【問　題】次のⅠ～Ⅳに従い、右のような文書を作成しなさい。

Ⅰ 標題の挿入

出題内容に合った標題のオブジェクトを、用意されたフォルダなどから選び、指示された位置に挿入しセンタリングすること。

Ⅱ 表作成

下の資料Ａ・Ｂ並びに指示を参考に表を作成すること。

資料A コース・海外出国者　　単位：人

国名	人気コース	海外出国者
タイ	世界遺産アユタヤの遺跡観光	885,938
韓国	ソウルで見る食べる気ままな旅	2,386,544
オーストラリア	チャーター便で行くエアーズロック	699,867
アメリカ・カナダ	北米大陸３大絶景めぐりの旅	5,073,673
香港	「香港」で食べる遊ぶ３日間	810,526
中国	中国を満喫「シルクロード浪漫紀行」	1,468,492

資料B 取扱い人数

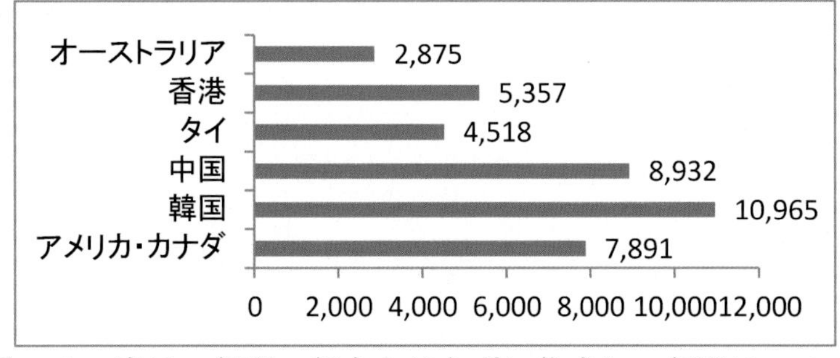

指示
1．表は、行頭・行末を越えずに作成し、行間は、２．０とすること。
2．罫線は右の表のように太実線と細実線とを区別すること。
3．表の枠内の文字は１行で入力し、上下のスペースが同じであること。
4．右の表のように項目名とデータが正しく並んでいること。
5．表内の「海外出国者」と「取扱い人数」の数字は、明朝体の半角で入力し、３桁ごとにコンマを付けること。
6．ソート機能を使って、表全体を「海外出国者」の多い順に並べ替えること。
7．表の「海外出国者」と「取扱い人数」の合計は計算機能を使って求めること。

Ⅲ テキスト・オブジェクトの挿入

1．挿入する文章は、用意されたフォルダなどにあるテキストファイルから取得し、校正および編集すること。
2．出題内容に合ったグラフのオブジェクトを、用意されたフォルダなどから選び、指示された位置に挿入すること。

Ⅳ その他

1．問題文にある校正記号に従うこと。
2．①～⑩の処理を行うこと。
3．右の問題文にない空白行を入れないこと。
4．右の問題文の［ａ］に当てはまる国名を以下から選択して入力すること。

オーストラリア　　韓国　　アメリカ・カナダ

オブジェクト（標題）の挿入・センタリング

日本から海外への出国者の多い国・地域は次のとおりです。当社が主催する個人向けの旅行取扱い人数と皮革（→比較）して、旅行の企画を再検討するなど多くの課題があります。

国　　　名	人　気　コ　ー　ス	海外出国者	取扱い人数
合　　　計			

①各項目名は、枠の中で左右にかたよらないようにする。
②枠内で均等割付けする。
③左寄せする（均等割付けしない）。
④右寄せする。

単位：人　←⑤右寄せする。

テキストファイルの挿入範囲

北米大陸３大絶景は、グランドキャニオン・カナディアンロッキー・ナイアガラの滝を巡るコースです。さらに、大人気のアンテロープキャニオンを訪れるプランも大人気です。この旅を制（覇）した人は、北米大陸を制覇したのと同じです。雄大な自然には、驚きと勘当（→感動）の連続で、スケールが違う欲張りツアーです。

⑥取得した文章のフォントの種類は明朝体、サイズは１２ポイントとし、２段で境界線を引かずに均等に段組みをする。

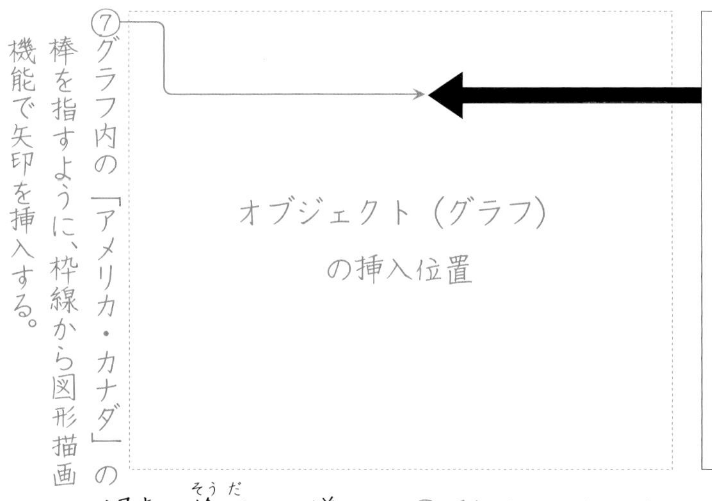

⑦グラフ内の「アメリカ・カナダ」の棒を指すように、枠線から図形描画機能で矢印を挿入する。

出国者数が第１位の人気のある国は、［ a ］です。このところ不動のトップとなっています。
また、当社が取扱う人数で第１位はお隣の国、韓国です。
最近は、中国やタイなど、東南アジアの国々も人気が出ています。このことを念頭にツアー新しい企画を提案してください。

⑧枠を挿入し、枠線は細実線とする。
⑨枠内のフォントの種類はゴシック体、サイズは12ポイントとし、横書きとする。

調査　槍田（そうだ）　一洋　←⑩明朝体のひらがなでルビをふり、右寄せする。

解答→別冊①Ｐ.18

18回 （制限時間　20分）

【書式設定】余白は上下左右それぞれ25㎜。指示のない文字のフォントは、明朝体の全角で入力し、サイズは12ポイントに統一。プロポーショナルフォントは使用不可。
【注意事項】ヘッダーに左寄せで年組、番号、氏名を入力する。
【問　　題】次のⅠ～Ⅳに従い、右のような文書を作成しなさい。

Ⅰ　標題の挿入

出題内容に合った標題のオブジェクトを、用意されたフォルダなどから選び、指示された位置に挿入しセンタリングすること。

Ⅱ　表作成

下の資料Ａ・Ｂ・Ｃ並びに指示を参考に表を作成すること。

資料A　淡水湖

湖沼	都道府県名	特　　徴	最大水深（m）
猪苗代湖	福島	東岸の志田浜は白鳥飛来地	93.5
屈斜路湖	北海道	美幌峠からの展望は絶景地	117.5
霞ヶ浦	茨城	湖面積に比べて水深が浅い	11.9
琵琶湖	滋賀	日本最大で淡路島よりも大きい	103.8

資料B　汽水湖

湖沼	都道府県名	特　　徴	最大水深（m）
宍道湖	島根	シラウオなど宍道湖七珍で有名	6.0
中　海	鳥取・島根	弓ケ浜と島根半島が囲む湖	17.1
サロマ湖	北海道	美しい湖面はロマンブルー	19.6

資料C　湖沼面積

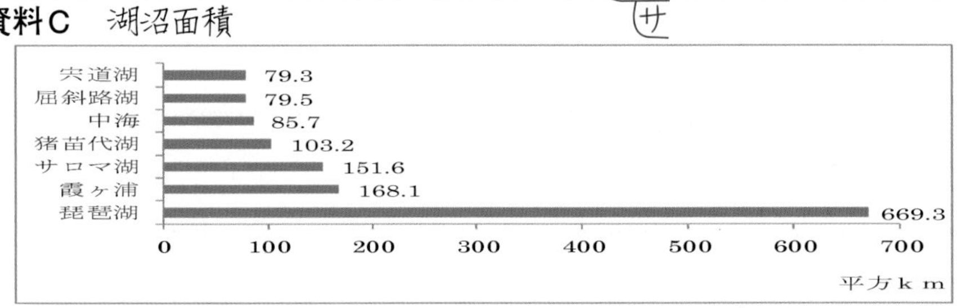

指示
1．「淡水湖」と「汽水湖」を一つにした表を作成すること。
2．表は、行頭・行末を越えずに作成し、行間は、２．０とすること。
3．罫線は右の表のように太実線と細実線とを区別すること。
4．表の枠内の文字は１行で入力し、上下のスペースが同じであること。
5．右の表のように項目名とデータが正しく並んでいること。
6．右の表の「種別」の欄には、資料Ａ・Ｂの「淡水湖」の場合は「淡水」、「汽水湖」の場合は「汽水」と入力すること。
7．表内の「最大水深」と「湖沼面積」の数字は、明朝体の半角で入力し、「湖沼面積」の合計は、３桁ごとにコンマを付けること。
8．ソート機能を使って、表全体を「湖沼面積」の広い順に並べ替えること。
9．表の「湖沼面積」の合計は、計算機能を使って求めること。

Ⅲ　テキスト・オブジェクトの挿入

1．挿入する文章は、用意されたフォルダなどにあるテキストファイルから取得し、校正および編集すること。
2．出題内容に合った写真のオブジェクトを、用意されたフォルダなどから選び、指示された位置に挿入すること。

Ⅳ　その他

1．問題文にある校正記号に従うこと。
2．①～⑩の処理を行うこと。
3．右の問題文にない空白行を入れないこと。
4．右の問題文の［ａ］に当てはまる語句を以下から選択し入力すること。

囲まれ　　定義し　　交流し

オブジェクト（標題）の挿入・センタリング

我が国には湖沼（や）が、北は北海道から南は沖縄まで数が（トル）多く点在しています。その中でも大きいものについて調べてみました。

湖　　沼	都道府県名	種別	特　　　　徴	最大水深	湖沼面積
			合　　　計		

①各項目名は、枠の中で左右にかたよらないようにする。

②枠内で均等割付けする。

③左寄せする（均等割付けしない）。

④右寄せする。

（単位　最大水深：ｍ　面積：平方ｋｍ）←⑤右寄せする。

⑥取得した文章のフォントの種類は明朝体、サイズは12ポイントとし、3段で均等に段組みをし、境界線を細実線で引き、「湖」を2行の範囲で本文内にドロップキャップする。

湖沼とは、陸に囲まれた水域をいう。海との間に若干の水の交流があっても、地形的にみて陸に囲まれていれば湖沼とよぶ。天然で面積が広く深いものを湖と呼び、狭く浅い場合には沼または池、人工的に造られたものを池と呼ぶことが多い。また、他に潟や浦、淵、海、トー、淡海などの湖沼（呼称）が用いられることもあるが、それぞれに明確な定義はない。

テキストファイルの挿入範囲

オブジェクト（写真）の挿入位置

淡水湖

淡水の湖沼で、水中に含まれている塩類が一リットル中に〇・五グラム以下の湖沼。

汽水湖

淡水と海水が混ざった塩分の少ない水の湖沼。海と水が　a　ているものが多い。

⑦枠を挿入し、枠線は細実線とする。

⑧枠内のフォントの種類はゴシック体、サイズは１２ポイントとし、縦書きとする。

⑨網掛けする。

調査　鴨脚（いちょう）　達男

⑩明朝体のひらがなでルビをふり、右寄せする。

解答→別冊① P.19

2 筆記問題

機械・機械操作

検定問題 1 2 に出題される内容　※青字部分を特に注意して覚えよう！

分野	用語	解説
一般	ＤＴＰ	卓上出版のこと。文字・図形・画像などのデータをパソコンなどで編集・レイアウトし、印刷物の版下を作成する作業のこと。
	プロパティ	アイコンやプログラムなど、オブジェクトの属性または属性の一覧表示のこと。プロパティを変更することで、オブジェクトの表示や処理などの設定を変更できる。
	デフォルトの設定	入力する方式や書式設定など、インストール直後の各種プロパティの初期設定のこと。ユーザが好みで変更できるが、職場など複数の人が使うパソコンでは設定を勝手に変えないことがマナーである。
	ユーザの設定	入力する方式や書式などの初期設定を、利便性を向上させるためにユーザの好みで変更した設定のこと。ユーザごとにＩＤを与え個別にログインすることで、一つのパソコンで複数の環境を実現できる。
	ＶＤＴ障害	ＶＤＴ（液晶画面など）を見る作業を長時間続けることで引き起こされる、眼精疲労・腰痛・肩こりなどの健康上の問題のこと。
	ＵＳＢポート	パソコンのインターフェースの一つで、ＵＳＢ機器を接続する接続口のこと。
	ＵＳＢハブ	パソコンとＵＳＢ機器を接続する集線装置のこと。ケーブルの長さを延長する、集線（分割）する、周辺装置に電源を供給するなどの機能がある。
キー操作	Ctrl＋A	「すべてを選択」の操作を実行するショートカットキーのこと。
	Ctrl＋B	「太字」の操作を実行するショートカットキーのこと。
	Ctrl＋I	「斜体」の操作を実行するショートカットキーのこと。
	Ctrl＋N	「新規作成」の操作を実行するショートカットキーのこと。
	Ctrl＋O	「ファイルを開く」の操作を実行するショートカットキーのこと。
	Ctrl＋S	「上書き保存」の操作を実行するショートカットキーのこと。
	Ctrl＋U	「下線」の操作を実行するショートカットキーのこと。
	Ctrl＋Shift	「日本語入力システムの切り替え」の操作を実行するショートカットキーのこと。
	Alt＋Ｆ4	「終了」の操作を実行するショートカットキーのこと。
	Alt＋X	Unicodeの文字コードと文字を相互変換するショートカットキーのこと。

分野	用語	解説
出力	マルチウィンドウ	画面上に複数の作業領域を表示し、同時に作業が進められる機能のこと。
	文頭（文末）表示	文書のある位置（ページ）から、文書の最初（最後）に移動する機能（呼び出して表示する機能）のこと。
	ヘッダー	文章の名称・年月日・ページ番号・ファイル名など、文書の本文とは別に同一形式・同一内容の文字列を、ページの上部に印刷する機能のこと。
	フッター	文章の名称・年月日・ページ番号・ファイル名など、文書の本文とは別に同一形式・同一内容の文字列を、ページの下部に印刷する機能のこと。
	差し込み印刷	氏名や住所など他のデータを、ひな形（テンプレート）となる文書の指定した位置へ入力して、複数の文書を自動的に作成・印刷する機能のこと。賞状印刷や宛名印刷などに使用する。
	バックグラウンド印刷	他の作業と並行して印刷できる機能のこと。
	部単位印刷	複数枚の印刷をする場合、開始ページ目から終了ページまでを１枚ずつ印刷し、これを指定した枚数になるまで繰り返す印刷方法のこと。ページごとに指定した枚数を印刷する方法は**ページ単位印刷**という。
	ローカルプリンタ	ＬＡＮなどを経由しないで、パソコンに直接接続されているプリンタのこと。
	ネットワークプリンタ	ＬＡＮなどを経由して、パソコンと接続されているプリンタのこと。
	裏紙（反故紙（ほごがみ））	省資源のために再利用する、裏面が白紙の使用済み用紙のこと。セキュリティの観点からは注意が必要である。
	偽造防止用紙	コピー機で複製すると、コピーしたことが一目瞭然となるような無断コピーを防止する刷り込みが背景に施されている用紙のこと。
	和文フォント	漢字やひらがな・カタカナなどの全角の日本語用の文字のデザインのこと。欧文や半角文字にも対応している。標準的な明朝体、視認性の高いゴシック体、一画・一点を続けない手書き書体の楷書体、速く書くために一画・一点を続ける行書体、江戸文字の勘亭流などがある。
	欧文フォント	主に海外で使われている、半角の英数字用の文字のデザインのこと。日本語文字には対応していないことが多い。標準的なArial、プロポーショナルフォントのCentury、等幅フォントのCourierなどがある。
編集	置換	文書から条件をつけて指定した文字列を探しだし、他の文字列に変更すること。
	段落	ある話題や内容について、行を改めて書かれた文章のひとまとまりのこと。
	ドロップキャップ	文頭の１文字を大きくし、強調する文字修飾のこと。

※〰線の用語は個別に出題されることがあります。

分野	用　　語	解　　　　　　説
記憶	組み文字	複数の文字を１文字分の枠の中に配置し、１文字として取り扱う機能のこと。
	外字	ユーザが作成して、システムに登録した文字のこと。
	文書の保管	まだ使う見込みのある文書を、必要に応じて取り出せるように整理し、身近で管理すること。
	文書の保存	当面使う予定のない文書を、必要に応じて取り出せるように整理し、書庫などで管理すること。
	文書の履歴管理	著作やプロジェクトの進行に伴って変遷する文書を、日時や作業の節目でのデータを保存し、作業内容を付記しておくこと。必要に応じて過去のデータに遡り、利用する。
	専門辞書	人名辞書、地名辞書や医療用語辞書など、分野ごとの詳細な用語を集めたかな漢字変換用の辞書のこと。
	標準辞書	ＩＭＥがデフォルトで使用するかな漢字変換用の辞書のこと。
	Unicode	世界中の文字を一元化して扱うことを目的に、それぞれの文字に一つの番号を割り当てた表のこと。文字コードの世界標準の一つになっている。
	ＪＩＳコード	正式にはISO-2022-JPといい、主に電子メールで日本語を扱う際に利用される符号化方式のこと。
	シフトＪＩＳコード	正式にはShift_JISといい、主にWindowsで日本語を扱う際に利用される符号化方式のこと。
電子メール	ＨＴＭＬメール	メール本文の文字修飾に加え、マークアップ言語を用いてページ編集ができるメールのこと。
	リッチテキストメール	フォントの種類やポイントなど、メールの文字に基本的な修飾ができるメールのこと。
	テキストメール	修飾されていない文字のみのデータで作成されたメールのこと。
	受信箱	メールサーバからダウンロードしたメールを保存しておく記憶領域のこと。
	送信箱	メールサーバにアップロードしたメールのコピーを保存しておく記憶領域のこと。
	ゴミ箱	削除したメールを保存しておく記憶領域のこと。
	メールボックス	受信者がダウンロードするまで受信した電子メールを保存しているメールサーバの記憶領域のこと。
	メーラ	電子メールを作成し受信者に向けて発信したり、自分あてのメールを受信し表示や印刷をしたりするソフトのこと。
	メーリングリスト	名簿に登録されている人のアドレスに、一斉にメールを送信するシステムのこと。メーリングリストからのメールに返信すると、全ての受取人に一斉送信される。
	Fw	転送を意味するForwardの略語のこと。Fwdとも略す。
	PS	追伸を意味するPostscriptの略語のこと。P.S.とも略す。
	Re	一般的に返信のメールであることを表示する略語のこと。「～について」を意味するラテン語に由来するといわれ、返信の操作をすると自動的に件名に付されることが多い。
	Reply	返信を意味する語句で、“Reply to ＊”で送信者＊に対する返信を意味する。返信の際にReply-Allを指定すると、ToだけでなくCcにも返信される。

筆記問題 1

解答→別冊①P.20

1 次の各文は何について説明したものか。最も適切な用語を解答群の中から選び、記号で答えなさい。

① 入力する方式や書式設定など、インストール直後の各種プロパティの初期設定のこと。
② 画面上に複数の作業領域を表示し、同時に作業が進められる機能のこと。
③ 電子メールにおいて、追伸を意味する略語のこと。
④ まだ使う見込みのある文書を、必要に応じて取り出せるように整理し、身近で管理すること。
⑤ 電子メールにおいて、転送を意味する略語のこと。
⑥ 他のデータを、ひな形（テンプレート）となる文書の指定した位置へ入力して、複数の文書を自動的に作成・印刷する機能のこと。
⑦ コピーしたことが一目瞭然となるような無断コピーを防止する刷り込みが背景に施されている用紙のこと。
⑧ 液晶画面などを見る作業を長時間続けることで引き起こされる、健康上の問題のこと。

【解答群】

ア．差し込み印刷　イ．ＰＰＣ用紙　ウ．ＶＤＴ障害
エ．文書の保管　オ．マルチウィンドウ　カ．Re
キ．デフォルトの設定　ク．ＤＴＰ　ケ．PS
コ．袋とじ印刷　サ．偽造防止用紙　シ．Fw

	①	②	③	④	⑤	⑥	⑦	⑧
1								

2 次の各用語に対して、最も適切な説明文を解答群の中から選び、記号で答えなさい。

① ヘッダー　② プロパティ　③ リッチテキストメール
④ ローカルプリンタ　⑤ 標準辞書　⑥ ユーザの設定
⑦ 和文フォント　⑧ 置換

【解答群】

ア．主に海外で使われている、半角の英数字用の文字のデザインのこと。
イ．入力する方式や書式などの初期設定を、利便性を向上させるためにユーザの好みで変更した設定のこと。
ウ．文書から条件をつけて指定した文字列を探しだし、他の文字列に変更すること。
エ．漢字やひらがな・カタカナなどの全角の日本語用の文字のデザインのこと。
オ．分野ごとの詳細な用語を集めたかな漢字変換用の辞書のこと。
カ．文書の本文とは別に同一形式・同一内容の文字列をページの上部に印刷する機能のこと。
キ．ＩＭＥがデフォルトで使用するかな漢字変換用の辞書のこと。
ク．文頭の１文字を大きくし、強調する文字装飾のこと。
ケ．アイコンやプログラムなど、オブジェクトの属性または属性の一覧表示のこと。
コ．修飾されていない文字のみのデータで作成されたメールのこと。
サ．フォントの種類やポイントなど、メールの文字に基本的な修飾ができるメールのこと。
シ．ＬＡＮなどを経由しないで、パソコンに直接接続されているプリンタのこと。

	①	②	③	④	⑤	⑥	⑦	⑧
2								

3 **次の各文は何について説明したものか。最も適切な用語を解答群の中から選び、記号で答えなさい。**

① 当面使う予定のない文書を、必要に応じて取り出せるように整理し、書庫などで管理すること。
② ＬＡＮなどを経由して、パソコンと接続されているプリンタのこと。
③ パソコンとＵＳＢ機器を接続する集線装置のこと。ケーブルの長さを延長する、集線（分割）する、周辺装置に電源を供給するなどの機能がある。
④ 文字・図形・画像などのデータをパソコンなどで編集・レイアウトし、印刷物の版下を作成する卓上出版のこと。
⑤ 文書のある位置（ページ）から、文書の最初（最後）に移動する機能のこと。
⑥ 他の作業と並行して印刷できる機能のこと。
⑦ 日時や作業の節目でのデータを保存し、作業内容を付記しておくこと。必要に応じて過去のデータに遡り、利用する。
⑧ メールサーバからダウンロードしたメールを保存しておく記憶領域のこと。

【解答群】

ア．部単位印刷	イ．文書の履歴管理	ウ．文頭（文末）表示
エ．受信箱	オ．文書の保存	カ．ローカルプリンタ
キ．ネットワークプリンタ	ク．ヘッダー	ケ．ＵＳＢハブ
コ．マルチウィンドウ	サ．ＤＴＰ	シ．バックグラウンド印刷

	①	②	③	④	⑤	⑥	⑦	⑧
3								

4 **次の各用語に対して、最も適切な説明文を解答群の中から選び、記号で答えなさい。**

① 段落　② 外字　③ フッター
④ ＵＳＢポート　⑤ ドロップキャップ　⑥ 専門辞書
⑦ 欧文フォント　⑧ メーラ

【解答群】

ア．パソコンのインターフェースの一つで、ＵＳＢ機器を接続する接続口のこと。
イ．画面上に複数の作業領域を表示し、同時に作業が進められる機能のこと。
ウ．電子メールを作成し受信者に向けて発信したり、自分あてのメールを受信し表示や印刷をしたりするソフトのこと。
エ．主に海外で使われている、半角の英数字用の文字のデザインのこと。
オ．文書の本文とは別に同一形式・同一内容の文字列をページの上部に印刷する機能のこと。
カ．ある話題や内容について、行を改めて書かれた文章のひとまとまりのこと。
キ．漢字やひらがな・カタカナなどの全角の日本語用の文字のデザインのこと。
ク．文書の本文とは別に同一形式・同一内容の文字列をページの下部に印刷する機能のこと。
ケ．ユーザが作成して、システムに登録した文字のこと。
コ．人名辞書、地名辞書や医療用語辞書など、分野ごとの詳細な用語を集めたかな漢字変換用の辞書のこと。
サ．文頭の１文字を大きくし、強調する文字修飾のこと。
シ．フォントの種類やポイントなど、メールの文字に基本的な修飾ができるメールのこと。

	①	②	③	④	⑤	⑥	⑦	⑧
4								

筆記問題 2

解答→別冊①P.20

1 次の各文の下線部について、正しい場合は○を、誤っている場合は最も適切な用語を解答群の中から選び、記号で答えなさい。

① ＵＳＢ機器を接続する接続口のことを**ＵＳＢハブ**という。
② 漢字やひらがな・カタカナなどの全角の日本語用の文字のデザインを**欧文フォント**という。
③ **バックアップ**とは、日時や作業の節目でのデータを保存し、作業内容を付記しておくことである。
④ パソコンなどで編集・レイアウトし、印刷物の版下を作成する作業のことを**ＤＴＰ**という。
⑤ **フッター**とは、本文とは別に同一形式・同一内容の文字列をページの上部に印刷する機能のことである。
⑥ **段組み**とは、複数の文字を１文字分の枠の中に配置し、１文字として取り扱う機能のことである。
⑦ 他のデータを、ひな形（テンプレート）となる文書の指定した位置へ入力して、複数の文書を自動的に作成・印刷する機能のことを**バックグラウンド印刷**という。
⑧ 受信した電子メールを保存しているメールサーバの記憶領域のことを**アドレスブック**という。

【解答群】

ア．dpi　**イ**．文書の履歴管理　**ウ**．袋とじ印刷
エ．差し込み印刷　**オ**．ローカルプリンタ　**カ**．ＵＳＢポート
キ．外字　**ク**．ヘッダー　**ケ**．メールボックス
コ．和文フォント　**サ**．受信箱　**シ**．組み文字

	①	②	③	④	⑤	⑥	⑦	⑧
1								

2 次の各文の下線部について、正しい場合は○を、誤っている場合は最も適切な用語を解答群の中から選び、記号で答えなさい。

① 利便性を向上させるためにユーザの好みで変更した設定のことを**デフォルトの設定**という。
② **インクジェットプリンタ**とは、ＬＡＮなどを経由しないで、パソコンに直接接続されているプリンタのことである。
③ 無断コピーを防止する刷り込みが背景に施されている用紙のことを**裏紙**という。
④ **文書ファイル**とは、まだ使う見込みのある文書を、必要に応じて取り出せるように整理し、身近で管理することである。
⑤ 電子メールにおいて、返信を意味する語句のことを**Fw**という。
⑥ 文書のある位置（ページ）から、文書の最初（最後）に移動する機能（呼び出して表示する機能）のことを**文頭（文末）表示**という。
⑦ 文頭の１文字を大きくし、強調する文字修飾のことを**段組み**という。
⑧ **標準辞書**とは、分野ごとの詳細な用語を集めたかな漢字変換用の辞書のことである。

【解答群】

ア．ドロップキャップ　**イ**．偽造防止用紙　**ウ**．ローカルプリンタ
エ．ユーザの設定　**オ**．透かし　**カ**．Reply
キ．プロパティ　**ク**．ネットワークプリンタ　**ケ**．専門辞書
コ．インデント　**サ**．PS　**シ**．文書の保管

	①	②	③	④	⑤	⑥	⑦	⑧
2								

3 次の各文の下線部について、正しい場合は○を、誤っている場合は最も適切な用語を解答群の中から選び、記号で答えなさい。

① パソコンとＵＳＢ機器を接続する集線装置のことを**ＵＳＢポート**という。
② 当面使う予定のない文書を、必要に応じて取り出せるように整理し、書庫などで管理することを**文書の保存**という。
③ **マルチウィンドウ**とは、オブジェクトの属性または属性の一覧表示のことである。
④ 行を改めて書かれた文章のひとまとまりのことを**ドロップキャップ**という。
⑤ **ＤＴＰ**とは、液晶画面などを見る作業を長時間続けることで引き起こされる、健康上の問題のことである。
⑥ 世界中の文字を一元化して扱うことを目的に、それぞれの文字に一つの番号を割り当てた表のことを**ＪＩＳコード**という。
⑦ ユーザが作成して、システムに登録した文字のことを**等幅フォント**という。
⑧ **印刷プレビュー**とは、文書の本文とは別に同一形式・同一内容の文字列を、ページの下部に印刷する機能のことである。

【解答群】

ア．ＶＤＴ障害　イ．ウィンドウ　ウ．外字
エ．ヘッダー　オ．プロパティ　カ．ＵＳＢハブ
キ．Unicode　ク．フッター　ケ．プロポーショナルフォント
コ．文書の保管　サ．シフトＪＩＳコード　シ．段落

	①	②	③	④	⑤	⑥	⑦	⑧
3								

4 次の各文の下線部について、正しい場合は○を、誤っている場合は最も適切な用語を解答群の中から選び、記号で答えなさい。

① ＩＭＥがデフォルトで使用するかな漢字変換用の辞書のことを**標準辞書**という。
② 文書から条件をつけて指定した文字列を探しだし、他の文字列に変更することを**禁則処理**という。
③ **再生紙**とは、省資源のために再利用する、裏面が白紙の使用済み用紙のことである。
④ インストール直後の各種プロパティの初期設定のことを**書式設定**という。
⑤ **差し込み印刷**とは、開始ページ目から終了ページまでを１枚ずつ印刷し、これを指定した枚数になるまで繰り返す印刷方法のことである。
⑥ 主に海外で使われている、半角の英数字用の文字のデザインのことを**半角文字**という。
⑦ 画面上に複数の作業領域を表示し、同時に作業が進められる機能のことを**マルチシート**という。
⑧ **プリンタドライバ**とは、ＬＡＮなどを経由してパソコンと接続されているプリンタのことである。

【解答群】

ア．欧文フォント　イ．ユーザの設定　ウ．置換
エ．ＵＳＢポート　オ．デフォルトの設定　カ．ネットワークプリンタ
キ．反故紙　ク．ローカルプリンタ　ケ．部単位印刷
コ．マルチウィンドウ　サ．専門辞書　シ．学習機能

	①	②	③	④	⑤	⑥	⑦	⑧
4								

文書の種類・文書の作成

検定問題 3 4 5 に出題される内容

分野	用語			解説
通信文書（一般文書）	社内文書		報告書	業務や研究・調査などについて、状況や結果を整理して、上司や部署に提出する文書。
			稟議書（りんぎしょ） 決裁書	すでに予定されている業務や起案された案件に対して、会議を開くことなく、部課長などの決裁者が回覧・押印して許可を与える文書。 例 予算の決裁、施設の利用許可、見積書の送付
			起案書	様々な業務に関わる作業を開始していいかを、上司に対して許可を求める文書。
	社内文書／社外文書		企画書	新しい業務の目標達成や問題解決のために、具体的な提案・活動予定・コンセプト（方針）などをまとめた文書。 例 新商品開発、旅行プラン
			提案書	会議に提出する、自らが関わる業務の変更や新しい案をまとめた文書。プレゼンテーションの際に、取引先など社外に提示するために作成されることもある。
	社外文書	社交文書	推薦状	優れた人物や企業の資質や能力を評価し、採用を促す文書。
			弔慰状	取引先など関係する故人の葬儀にあたって、その死を悼みお悔やみを述べる文書。
			見舞状	病気や災害に遭った相手に、慰めたり励ましたりするための文書。
		取引文書	照会状	取引先などに対して、不明な事項を質問し、回答を求める文書。
			契約書	取引に先立ち決定された条件などを書き込み、その確認として双方の押印やサインをした文書。同じ物を2部作成し、双方で保管する。取引でトラブルが生じた場合には、裁判での証拠となりうる。
			承諾書	取引先から提示された内容について、了解したことを伝える文書。
			苦情状	先方に対して、過失や不手際などについて、当方の不満や言い分を伝える文書。
			通知状	相手方に対して、了解しておいて欲しい事柄を、伝えるための文書。
			督促状	取引先に対して、期日に遅れている取り引きの実行を促す文書。
			詫び状	先方に対して、当方の過失や不手際などを陳謝する文書。
			回答状	先方に対して、当方への質問・照会・要求などに対する返事を伝える文書。
			目論見書	有価証券の募集または売り出しのためにその相手方に提供する文書。当該有価証券の発行者の事業その他の事項に関する説明を記載したものである。
		その他	公告	一般に対して、ある事実を公表し広く一般に知らせる文書。官報や新聞への掲載や官公庁での掲示で行う。 例 公共工事の入札案内、議会の招集告示、企業の決算報告、失踪宣告
帳票	社内文書		帳簿	事務上の必要事項を記入していく、ノートやバインダなどの文書。 例 金銭出納帳、商品有高帳
	社外文書／取引文書		委任状	証明書の交付や届けを自分の代わりに行使してもらう場合など、その代理であることを証明するための文書。
			申請書	官公庁や企業に対し、申し込みや応募をするための文書。
文書の構成・作成	前文挨拶の例			※98〜99ページの「文書作成の例」を参照。
	月の異名と時候の挨拶の例			
	本文の例			
	末文挨拶の例			

分野	用　語	解　　　　説
文書の構成・作成	5W1H	用件や提案を正確に漏れなく伝えるために、文書中に盛り込まなくてはならない基本的な内容を表すもので、Who（誰が）・Why（なぜ）・When（いつ）・Where（どこで）・What（何を）・How（どのように）のこと。
	7W2H	マーケティングやプロジェクトなどで要点や目的・方針を検討する際に用いられるフレームワーク（考え方の骨組み）で、Who（誰が）・Why（なぜ）・When（いつ）・Where（どこで）・What（何を）・Whom（誰に）・Which（どれから）・How（どのように）・HowMuch（どのくらい）のこと。
	文書主義	業務の遂行にあたり、その記録として文書を作成すること。
	短文主義	特に必要のない限り、一文（句点までの文字の長さ）は60～80字程度を限度に、なるべく短い文章を作成すること。
	簡潔主義	用件を把握しやすくするために、虚飾を避け箇条書きなどを利用して、理解しやすい文章を作成すること。
	一件一葉主義	一通の文書に、一つの用件だけ書くこと。文書が定型化でき、また、受信者の確認ミスが少なくなるなど、事務の質や効率を重視する。
	箇条書き	伝えたい項目や内容を短文で簡潔にまとめ、列挙して提示する文字表現、または罫線のない表のこと。
	忌み言葉	慶事や弔事に際して、縁起が良くないので使うのを避ける語句のこと。文書では、句読点も「切れる」「終わる」の意を含むため、使わない。 例：別れる、滑る、無くなる、枯れる、消える
	重ね言葉	弔事に際して、繰り返すことを連想させるために使うのを避ける語句のこと。 例：色々、次々、重ね重ね、再三再四
	禁句	ネガティブなイメージや皮肉に取られるなど、受け手の気持ちを害したり乱したりしないために、使わないもしくは言い換えるべき語句のこと。ネチケットの配慮事項の一つとされる。

電子メールの構成の例［受信］

［電子メール受信の留意事項］

① 日常的に確認し、必要に応じて、できる限りすみやかに受信した旨の返信をする。

② 心当たりの無い発信者や内容の迷惑メールは、返信や問い合わせ、拡散などはせずに削除する。特に添付ファイルをダウンロードしたり、誘導されたサイトを表示してはいけない。

③ フィルターや振り分けの設定を利用して、迷惑メールを受け取らないように工夫する。

④ 全員返信（Reply-All）は、送信者に加え、知ることができるすべてのアドレスに一斉送信される。このため、複数のToとCcが指定されているメールの場合は、特に注意深くチェックする。

⑤ メーリングリストで届けられたメールは、単なる返信でもメンバー全員への返信になるので注意する。

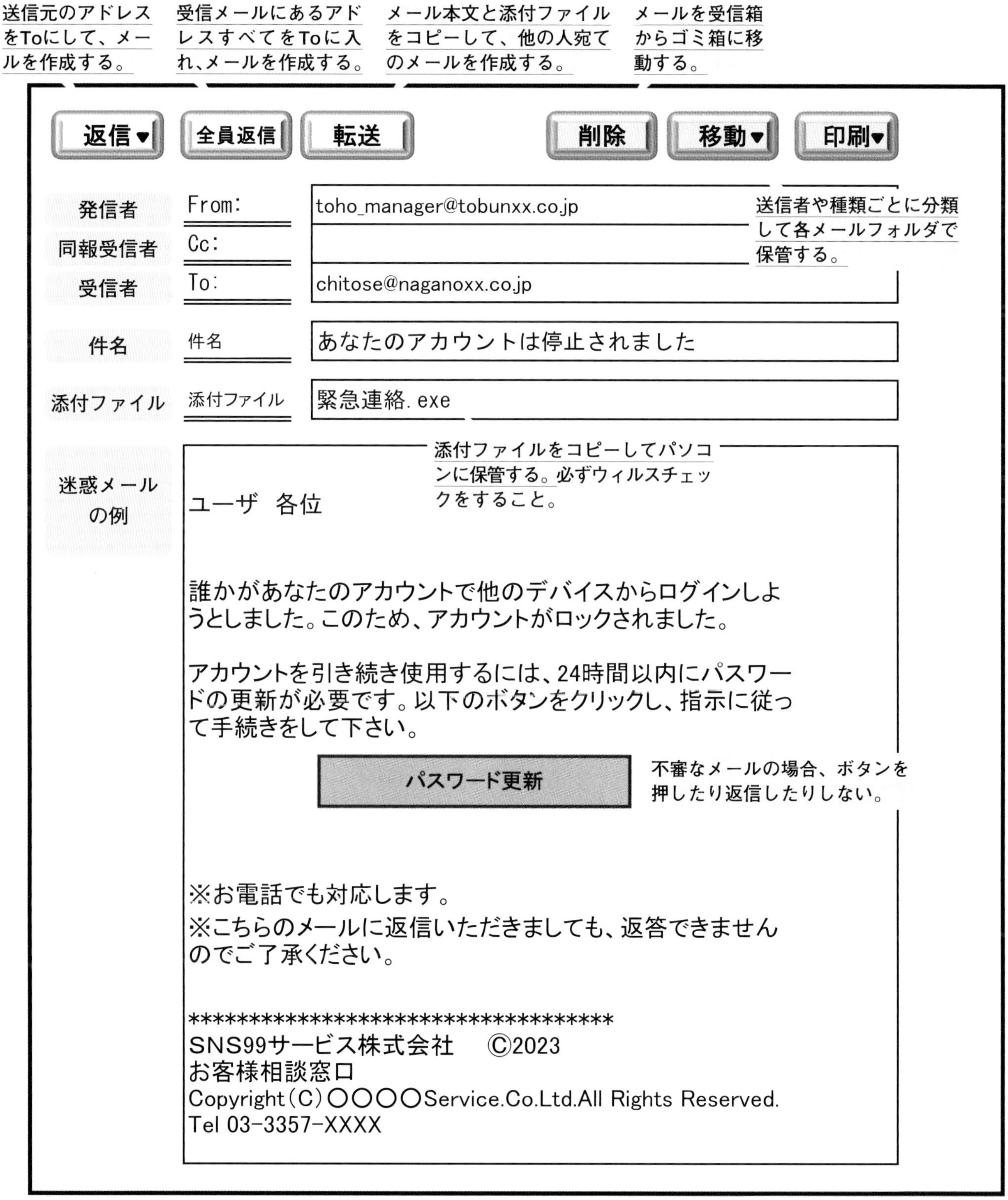

送信元のアドレスをToにして、メールを作成する。

受信メールにあるアドレスすべてをToに入れ、メールを作成する。

メール本文と添付ファイルをコピーして、他の人宛てのメールを作成する。

メールを受信箱からゴミ箱に移動する。

返信▼　全員返信　転送　削除　移動▼　印刷▼

発信者	From:	toho_manager@tobunxx.co.jp
同報受信者	Cc:	
受信者	To:	chitose@naganoxx.co.jp
件名	件名	あなたのアカウントは停止されました
添付ファイル	添付ファイル	緊急連絡. exe

送信者や種類ごとに分類して各メールフォルダで保管する。

添付ファイルをコピーしてパソコンに保管する。必ずウィルスチェックをすること。

迷惑メールの例

ユーザ　各位

誰かがあなたのアカウントで他のデバイスからログインしようとしました。このため、アカウントがロックされました。

アカウントを引き続き使用するには、24時間以内にパスワードの更新が必要です。以下のボタンをクリックし、指示に従って手続きをして下さい。

パスワード更新

不審なメールの場合、ボタンを押したり返信したりしない。

※お電話でも対応します。
※こちらのメールに返信いただきましても、返答できませんのでご了承ください。

****
SNS99サービス株式会社　Ⓒ2023
お客様相談窓口
Copyright（C）○○○○Service.Co.Ltd.All Rights Reserved.
Tel 03-3357-XXXX

文書作成の例　☆個人宛と企業宛の使い分けに留意する。

前文挨拶	頭語・時候の挨拶・挨拶文	拝啓　○○の候、貴社（貴行・貴校・貴所・貴会）ますますご発展のこととお喜び（お慶び）申し上げます。 （参考）「貴社」の代わりに「御社」を用いることもある。慶事には「お喜び」ではなく「お慶び」を用いることが多い。
		謹啓　時下、ますますご盛栄（ご清栄、ご繁栄、ご隆盛、ご隆昌）のこととお喜び申し上げます。
		（個人宛）拝啓　○○様（皆様）におかれましては、ますますご清祥（ご健勝）のことと存じ（お喜び申し上げ）ます。
	感謝の言葉	毎度（毎々）格別のお引き立て（ご贔屓、ご愛顧）を賜り、厚く（心から）お礼申し上げます。
		平素より（日頃から）ひとかたならぬ（誠に、並々ならぬ）ご厚情（ご懇情、ご高配、ご配慮、ご厚誼）をいただき、誠にありがとうございます。
	返信	拝復　お手紙（御状、ご書状）拝見（拝読、拝受）いたしました。 （参考）一連の手紙で、前回と繰り返しになるような場合は、時候の挨拶などは省略することもある。
	年賀状（賀詞）	謹賀新年（恭賀新春） 謹んで新年（新春）のお慶びを申し上げます
月の異名と時候の挨拶	1月（睦月）むつき	寒気ことのほか厳しい季節となりましたが、／風花の舞う今日このごろ、／厳寒の候、
	2月（如月）きさらぎ	梅のつぼみもほころぶころとなりましたが、／余寒の候、／春寒の候、
	3月（弥生）やよい	桃の花咲く季節となりましたが、／春寒もすっかりゆるみ、／早春の候、
	4月（卯月）うづき	春もたけなわの今日このごろ、／陽春の候、／桜花爛漫の候、
	5月（皐月）さつき	若葉の緑もすがすがしい季節となりましたが、／ 風薫る季節となりましたが、／新緑の候、
	6月（水無月）みなづき	アジサイも色鮮やかになってまいりましたが、／初夏の候、／向暑の候、
	7月（文月）ふづき	連日の暑さ厳しい折から、／盛夏の候、／酷暑の候、
	8月（葉月）はづき	ヒグラシの声に季節の移ろいを覚えるころとなりましたが、／晩夏の候、／残暑の候、
	9月（長月）ながつき	朝夕めっきり涼しさを覚える季節となりましたが、／清涼の候、／初秋の候、
	10月（神無月）かんなづき	日増しに秋も深まり、／灯火親しむころとなりましたが、／清秋の候、
	11月（霜月）しもつき	穏やかな小春日和が続いておりますが、／向寒の候、／深冷の候、
	12月（師走）しわす	寒さがひとしお身にしみる年の瀬となりましたが、／霜寒の候、／寒冷の候、
本文	報告／連絡	さて、このたび弊社（私ども）では、かねて（以前より、昨年来）予定（企画、計画、建設、準備）しておりました○○○について（開店・開業・竣工・完成すること、運び）になりましたので、お知らせ（ご案内・ご連絡、ご報告）いたします（申し上げます）。
	祝賀	このたびは、御社（○○様）におかれましては○○○とのこと、ご同慶の至りと存じます（衷心よりお祝い申し上げます、拝察しております、祝意の意を表します、心よりお祝い申し上げます）。
	お詫び	このたび（今般、本件、この件につきまして）は、私どもの不手際（不始末、不首尾、不徳の致すところ、過誤）によりご迷惑（ご心配、ご面倒、お手数）をおかけいたしましたこと、大変申し訳なくお詫び申し上げます（お詫びの言葉もございません、心より陳謝いたします、失礼を致しました）。
	お願い	大変お手数をおかけいたしますが（ご迷惑をおかけいたしますが、誠に恐れ入りますが、恐縮ではございますが、ご多忙とは存じますが）、○○○していただきますよう、なにとぞ（ご理解、ご配意、ご支援、ご指導、ご鞭撻）のほど、よろしくお願い申し上げます。
	感謝	これもひとえに皆様方の日ごろからのご支援（ご指導、ご鞭撻、ご教授、ご教示）の賜物（お陰）と、深く感謝いたしております。 （参考）ご指導・ご鞭撻は、目上の人や先生など教えてもらう立場の人に使う。
	見積り依頼	さて、弊社では○○○を控え、「×××」の仕入れを検討しております。つきましては、下記（別紙・添付ファイル）の内容でお見積をいただきたく（の作成をお願いしたいと）存じます。 （参考）見積依頼などのデータは改竄防止のため、電子メールではＰＤＦなどの別ファイルとする。
	報告	このたび（今回、今般）発生しました○○○の経緯（経過・原因）について、別紙のとおりご報告いたします（申し上げます・させていただきます）。

本文	決意の表明	この機に（これを契機とし、これを好機と捉え）、皆様のご期待（ご要望）に添えますよう一層（鋭意、さらに）努力（奮励、精進、尽力、研鑽）してまいる所存です。
	受取のお願い	ご査収（ご確認［文書など］、検収、検品）のほどよろしくお願いいたします。　お受け取りください［一般的］。　ご高覧［目上の方への文書等］（ご笑納［普通の贈り物］）いただければ幸いです。
	返答のお願い	誠に申し訳ございません（勝手ではありますが）が、準備の都合もございますので、令和◯年◯月◯日までにご返信（ご返事・ご回答）くださいますようお願い申し上げます。
	年賀状	旧年中はひとかたならぬご愛顧（ご高配）を賜り（にあずかり）誠にありがとうございました（厚く御礼申し上げます）貴社のますますのご発展（ご繁栄）と皆様のご健勝を心よりお祈り申し上げます
	喪中	服喪中（喪中）につき　年末年始（新年・年頭）のご挨拶をご遠慮（差し控え・失礼）させていただきます （参考）喪中の手紙では、頭語、時候の挨拶などを付けない。また、句読点も付けないことが多い。
	哀悼	逝去の報に接し、ご冥福をお祈りいたします（このたびはご愁傷様でございます、御霊のご平安をお祈り申し上げます）、心（衷心、赤心）より哀悼の意を表します（お悔やみ申し上げます）。 （参考）「ご冥福」は一般的に用いられるが、仏教用語なので注意する。
末文挨拶	取引のお願い	今後とも（引き続き、本年も）、何とぞご用命（ご利用、ご注文、ご指名、ご愛顧）を賜りますよう（伏して、重ねて、謹んで）お願い申し上げます。
	出席のお願い	ご多忙（ご多用）［の折］と存じ（恐縮ではございい）ますが、万障お繰り合わせのうえ（ふるって、ぜひ、お誘い合わせのうえ）ご来臨（ご来場、ご参加）賜りますようお願い申し上げます。
	援助のお願い	今後とも、倍旧の（変わらぬ、以前にも増して、旧に倍して、なお一層の）お引き立て（ご支援、ご指導、ご鞭撻、ご厚誼、ご厚情、ご理解）のほど（を賜りますよう）お願い申し上げます。
	用件の再確認	まずは（以上）、ご連絡（ご報告、ご挨拶）のみにて失礼いたします（かたがたお願い申し上げます）。
	報告挨拶	はなはだ僭越（略儀、恐縮、不躾）ながら（取り急ぎ）、書面（書中）をもってご挨拶（ご報告、ご連絡）させていただきます。
	祈念　企業／個人	末筆とはなりましたが（謹んで）、御社（貴店、皆様方）のますますの（さらなる）ご繁栄（ご繁昌、ご発展、ご活躍、ご多幸、ご健勝）をご祈念申し上げます。
	祈念　個人	（個人宛）余寒（寒さ、暑さ、残暑）厳しき折（時節柄、季節柄）、くれぐれも（何とぞ、どうぞ）ご自愛ください（お身体をおいといください、お風邪など召しませんように、お健やかにお過ごしください）。 （参考）「もらう」の意味でない「いただく」「ください」は仮名書きにする。

☆（参考）で示した事項は出題されません。

ビジネス文書で扱う語彙の意味と使い分け

ビジネス文書で使う用語の意味と使い分け		
	当社	自分の所属する企業のこと。社内など身内や対等の相手に使う。
	弊社	自分の所属する企業のこと。社外の目上や格上の相手に使う。
	貴社、貴行、貴校、貴団体など	文章などで取引先や相手の所属する企業、銀行、学校などを表す。
	御社、御行、御校、御団体など	話し言葉で、取引先や相手の所属する企業、銀行、学校などを表す。
	賜る	「もらう」または「与える」の意味。 例 日頃よりご愛顧賜り、誠にありがとうございます。
	承る	「受ける」または「聞く」の意味。 例 ご依頼の件、確かに承りました。
	ご鞭撻(べんたつ)	「戒め励ます」の意味で、相手に指導や協力を謙虚に求める場合に用いる。 例 以後も変わらぬご指導ご鞭撻を賜りますよう、よろしくお願い申し上げます。
	時下	「この頃」の意味で、前文で、時候の挨拶を省略する場合に用いる。
	時節柄、季節柄	「このような季節・状況なので」の意味で、末文で、相手の健康などを気遣う際に用いる。
	ご愛顧、ご贔屓、ご厚誼	相手によく利用したり接してくれることへの感謝の意を伝える。
	ご高配、ご厚情、お心遣い、お気遣い	相手の心配りに対する感謝の意を伝える。
	ご隆盛、ご隆昌、ご盛栄	前文挨拶で、団体宛に使い、相手の繁栄を喜ぶ。
	ご健勝	前文または末文で、個人宛に使い、相手の健康を喜びまた祈念する。
	ご活躍	前文または末文で、個人宛に使い、相手のさらなる成長や健闘を願う。
	ご発展	前文または末文で、団体宛に使い、相手のさらなる繁盛や繁栄を願う。
	哀悼(あいとう)	人の死を悲しみいたむこと。 例 謹んで哀悼の意を表します。
	幸甚(こうじん)	「この上ない幸せ」の意味で、相手への謝意を示す。 例 晴れやかな結婚式にご招待いただき、幸甚に存じます。
	査収(さしゅう)	「よく確認して受け取る」の意味で、送り側で使う。 例 提案書を同封いたしましたので、よろしくご査収ください。
	自愛(じあい)	「自分の体を大切にする」の意味で、相手の健康を気遣う。 例 寒い季節となりましたが、くれぐれもご自愛のほど…
	僭越(せんえつ)	「出過ぎた事をする」の意味で、相手に忠告や意見をする、または目上の人を差し置いて挨拶をする場合などに用いる。 例 僭越ながら、ご挨拶申し上げます。
	賜物(たまもの)	「いただいた物」、「良い結果」などを意味する。 例 優勝は、地域の皆様のご支援の賜物です。
	衷心(ちゅうしん)	「本心」の意味で、心の奥底からという真摯な態度を表す。 例 衷心よりお悔やみ申し上げます。
	拝察(はいさつ)	「自分がそう推測している」という意味で「ご」を付けないで使う。 例 残暑厳しい折ですが、皆様ご健勝のことと拝察申し上げます。
	万障(ばんしょう)	「色々不都合な事情」のこと。「お」や「ご」は付けない。 例 万障お繰り合わせの上、ご参加をお願いいたします。
	喪中(もちゅう)	「忌中(きちゅう)に続く、近親者の死別にあたり、故人を偲んで過ごす期間」のこと。祝い事や年賀状を控えることも多い。 例 喪中につき、新年のご挨拶を控えさせていただきます。
	所存(しょぞん)	「～するつもりである」の謙譲語。 例 明るい家庭を築いていく所存です。
	末筆(まっぴつ)	「手紙の最後となってしまいました」の意味で、末文で使う。 例 末筆ながら、貴社のますますのご繁栄をお祈り申し上げます。
	来臨(らいりん)	「来場する」の意味で、招待する際に使用する。 例 ご多忙のところ恐縮ですが、ご来臨の栄を賜りたくお願いいたします。

プレゼンテーション

分野	用語	解説
プレゼンテーション	クライアント	プレゼンテーションでは、説明や提示などを受ける顧客、依頼人、得意先などのこと。
	キーパーソン	契約の決裁権・決定権を持つ具体的な人物や、内容を理解し同意してもらう目標となる聞き手のこと。
	プレゼンター	プレゼンテーションを行う発表者のこと。
	知識レベル	聞き手の持つ見識や理解している用語の種類や程度のこと。これを想定して、分かりやすい配付資料や話の内容を検討する。
	ストーリー	話のアウトラインのこと。シナリオ、台本。リード→序論→本論→結論→質疑応答・締めくくり、といった流れのこと。
	フレームワーク	話を分かりやすく説得力を持ったものにするためのロジカルシンキングにのっとった説明の進め方や枠組みのこと。
	起承転結	問題の提起→発展→視点の変更→まとめの4段落で構成する、作文や物語向きのフレームワークのこと。
	三段論法	序論→本論→結論の3段落で構成する、論文や講話向きのフレームワークのこと。
	結論先出し法	最初に結果や重要点を述べ、次に理由や具体例などを挙げ、最後にまとめに戻るフレームワークのこと。
	リード	論文や講演などでの、導入部分のこと。ポイントの確認や、話の全体像を提示し、聞き手・読み手の関心を高める工夫が求められる。
	アニメーション効果	画面の絵や文字に動きを与えること。印象を強めたり関心をひいたりするために用いる。
	サウンド効果	スライドを表示する際やポイントとなる場面で、短く音を鳴らすこと。注意を引きつけるために用いる。
	プレゼンテーションの流れ	目的の確立→発表準備→リハーサル→本番→評価、といった流れのこと。
	発表準備	資料収集、内容整理、聴衆分析、スライドの作成、配付資料作成など、プレゼンテーション直前までの活動のこと。
	プランニングシート	目的確認、発表準備作業、聴衆分析など、プレゼンテーション全体の企画をまとめた表のこと。
	チェックシート	内容が目的に合致しているか、説明不足がないか、機器の準備など、点検項目を確認する表のこと。
	聴衆分析（リサーチ）	プレゼンテーションを企画する段階で行う、聞き手に関する事前調査の一つ。様々な調査を行い、適切な配付資料とプレゼンテーションの用意に役立てる。
	プレビュー	プレゼンテーションの実施前に行う事前検討のこと。内容が目的と合致しているか、説明不足がないか確認をしたり、トラブルを予想したりして対応を検討したりする。
	リハーサル	プレゼンテーションを最初から最後まで通して行う事前練習のこと。繰り返すことで、スムースなプレゼンテーションができるように完成度を高める。
	評価（レビュー）	プレゼンテーションの実施後に行う事後検討のこと。うまくいった点、失敗した点や準備不足などを確認し、アフターケアや次回の参考とする。

分野	用　語	解　　説
プレゼンテーション	フィードバック	リハーサルや本番の評価を次回に反映させること。
	スライドマスタ	スライドのひな形（テンプレート）のこと。目的に適したレイアウトや背景などが、使いやすいようにあらかじめ設定されている。
	プレースホルダ	スライドの中で、点線や実線で囲まれた領域のこと。タイトルや本文、グラフ、図などのオブジェクトを格納する。
	背景デザイン	スライドの地に配置する模様や風景などの静止画像データのこと。
	アウトラインペイン	スライドのサムネイルを表示する領域のこと。話の筋道（ストーリー）に沿って、表示する順序を考える。
	スライドペイン	プレゼンテーションソフトで、スライドに文字や図形を配置したり、編集したりする領域のこと。
	ノートペイン	発表時の注意事項や台本をメモする領域のこと。スライドショーを実行する際、スクリーンには表示されない。
	デリバリー技術	プレゼンテーションの効果を高めるための、プレゼンターの話し方やアピール方法のこと。アイコンタクト、ボディランゲージ、発声の強弱・抑揚、間、再質問法などがある。
	発問	聞き手に対して、質問すること。全員対象発問、指名発問、リレー発問などがある。
	アイコンタクト	聞き手に視線を送ること。話を聞いて理解してもらえるように促す。Ｓ字またはＺ字に全体を見渡すと効果的である。
	ボディランゲージ	ジェスチャ（動作）、視線（アイコンタクト）、表情などによる言葉以外の表現のこと。
	ハンドアクション	対象の大きさや形を表したり、方向や指名をしたりする、手や腕を使った表現のこと。
	ＨＤＭＩ	ディジタル信号の映像・音声・制御信号を１本のケーブルにまとめて送信する規格のこと。パソコンとモニタやプロジェクタ、テレビとハードディスクレコーダやゲーム機との接続などに使う。
	ＶＧＡ	パソコンからディスプレイへ、アナログＲＧＢ信号の映像を出力する規格のこと。
	ＵＳＢ	パソコンのインターフェースの一つで、ほとんどの周辺装置を接続するために利用されている規格のこと。ホットプラグや給電、集線できるなどの長所をもち、端子の形状や機能により、複数の種類がある。また、ケーブルや通信相手と通信速度が一致しない場合は、低い方の速度で通信される。
	５Ｗ１Ｈ	用件や提案を正確に漏れなく伝えるために、文書中に盛り込まなくてはならない基本的な内容を表すもので、Who（誰が）・Why（なぜ）・When（いつ）・Where（どこで）・What（何を）・How（どのように）のこと。
	７Ｗ２Ｈ	マーケティングやプロジェクトなどで要点や目的・方針を検討する際に用いられるフレームワーク（考え方の骨組み）で、Who（誰が）・Why（なぜ）・When（いつ）・Where（どこで）・What（何を）・Whom（誰に）・Which（どれから）・How（どのように）・HowMuch（どのくらい）のこと。

筆記問題 3

解答→別冊①P.20

1 次の各問いの答えとして、最も適切なものをそれぞれのア～ウの中から選び、記号で答えなさい。

① 「毎度格別のお引き立てを賜り、厚くお礼申し上げます。」の挨拶文の分類はどれか。
　ア．時候の挨拶　　イ．前文挨拶　　ウ．末文挨拶

② 10月の時候の挨拶はどれか。
　ア．日増しに秋も深まり、
　イ．穏やかな小春日和が続いておりますが、
　ウ．朝夕めっきり涼しさを覚える季節となりましたが、

③ 4月の異名はどれか。
　ア．弥生　　イ．卯月　　ウ．皐月

④ 1月の時候の挨拶はどれか。
　ア．霜寒の候、　　イ．厳寒の候、　　ウ．春寒の候、

⑤ 「連日の暑さ厳しい折から、」の挨拶文を用いる月はどれか。
　ア．9月　　イ．8月　　ウ．7月

⑥ 「すべてを選択」の操作を実行するショートカットキーはどれか。
　ア．Ctrl + Z　　イ．Ctrl + O　　ウ．Ctrl + A

⑦ ショートカットキーCtrl + Bにより実行される内容はどれか。
　ア．太字　　イ．斜体　　ウ．下線

⑧ 「新規作成」の操作を実行するショートカットキーはどれか。
　ア．Ctrl + V　　イ．Ctrl + N　　ウ．Ctrl + S

	①	②	③	④	⑤	⑥	⑦	⑧
1								

2 次の各問いの答えとして、最も適切なものをそれぞれのア～ウの中から選び、記号で答えなさい。

① 「梅のつぼみもほころぶころとなりましたが、」の挨拶文を用いる月はどれか。
　ア．5月　　イ．3月　　ウ．2月

② 5月の時候の挨拶はどれか。
　ア．風薫る季節となりましたが、
　イ．春寒もすっかりゆるみ、
　ウ．春もたけなわの今日このごろ、

③ 8月の異名はどれか。
　ア．文月　　イ．長月　　ウ．葉月

④ 9月の時候の挨拶はどれか。
　ア．晩夏の候、　　イ．初秋の候、　　ウ．清秋の候、

⑤ 「まずは、ご報告のみにて失礼いたします。」の挨拶文の分類はどれか。
　ア．時候の挨拶　　イ．前文挨拶　　ウ．末文挨拶

⑥ 「上書き保存」の操作を実行するショートカットキーはどれか。
　ア．Ctrl + N　　イ．Ctrl + S　　ウ．Ctrl + I

⑦ ショートカットキーAlt + F4により実行される内容はどれか。
　ア．終了　　イ．ファイルを開く　　ウ．ヘルプの表示

⑧ 「下線」の操作を実行するショートカットキーはどれか。
　ア．Ctrl + X　　イ．Ctrl + C　　ウ．Ctrl + U

	①	②	③	④	⑤	⑥	⑦	⑧
2								

3 次の各問いの答えとして、最も適切なものをそれぞれのア〜ウの中から選び、記号で答えなさい。

① 「貴社ますますご発展のこととお喜び申し上げます。」の挨拶文の分類はどれか。
ア．時候の挨拶　イ．前文挨拶　ウ．末文挨拶

② 6月の時候の挨拶はどれか。
ア．若葉の緑もすがすがしい季節となりましたが、
イ．連日の暑さ厳しい折から、
ウ．アジサイも色鮮やかになってまいりましたが、

③ 11月の異名はどれか。
ア．長月　イ．神無月　ウ．霜月

④ 12月の時候の挨拶はどれか。
ア．寒冷の候　イ．厳寒の候　ウ．余寒の候

⑤ 「春もたけなわの今日このごろ、」の挨拶文を用いる月はどれか。
ア．弥生　イ．卯月　ウ．皐月

⑥ 「ファイルを開く」の操作を実行するショートカットキーはどれか。
ア．Ctrl＋O　イ．Ctrl＋S　ウ．Ctrl＋U

⑦ ショートカットキーCtrl＋Shiftにより実行される内容はどれか。
ア．日本語入力システムの切り替え　イ．終了　ウ．すべてを選択

⑧ 「斜体」の操作を実行するショートカットキーはどれか。
ア．Ctrl＋A　イ．Ctrl＋B　ウ．Ctrl＋I

	①	②	③	④	⑤	⑥	⑦	⑧
3								

4 次の各問いの答えとして、最も適切なものをそれぞれのア〜ウの中から選び、記号で答えなさい。

① 「朝夕めっきり涼しさを覚える季節となりましたが、」の挨拶文を用いる月はどれか。
ア．文月　イ．葉月　ウ．長月

② 1月の時候の挨拶はどれか。
ア．寒気ことのほか厳しい季節となりましたが、
イ．梅のつぼみもほころぶころとなりましたが、
ウ．桃の花咲く季節となりましたが、

③ 7月の異名はどれか。
ア．皐月　イ．水無月　ウ．文月

④ 8月の時候の挨拶はどれか。
ア．酷暑の候　イ．残暑の候　ウ．初秋の候

⑤ 「今後とも、倍旧のお引き立てのほどお願い申し上げます。」の挨拶文の分類はどれか。
ア．時候の挨拶　イ．前文挨拶　ウ．末文挨拶

⑥ Unicodeの文字コードと文字を相互変換するショートカットキーはどれか。
ア．Ctrl＋A　イ．Alt＋X　ウ．Ctrl＋I

⑦ ショートカットキーCtrl＋Nにより実行される内容はどれか。
ア．新規作成　イ．ファイルを開く　ウ．上書き保存

⑧ 「終了」の操作を実行するショートカットキーはどれか。
ア．Alt＋F4　イ．Ctrl＋Shift　ウ．Ctrl＋U

	①	②	③	④	⑤	⑥	⑦	⑧
4								

筆記問題 4

解答→別冊①P.20

1 次の＜A群＞の各用語に対して、最も適切な説明文を＜B群＞の中から選び、記号で答えなさい。

＜A群＞

① スライドマスタ　② スライドペイン　③ 評価（レビュー）
④ アニメーション効果　⑤ ボディランゲージ　⑥ クライアント
⑦ 三段論法　⑧ 聴衆分析（リサーチ）

＜B群＞

ア．スライドのサムネイルを表示する領域のこと。話の筋道（ストーリー）に沿って、表示する順序を考える。
イ．プレゼンテーションでは、説明や提示などを受ける顧客、依頼人、得意先などのこと。
ウ．プレゼンテーションを企画する段階で行う、聞き手に関する事前調査のこと。
エ．画面の絵や文字に動きを与えること。
オ．対象の大きさや形を表したり、方向や指名をしたりする、手や腕を使った表現のこと。
カ．ジェスチャ（動作）、視線（アイコンタクト）、表情などによる言葉以外の表現のこと。
キ．序論→本論→結論の３段落で構成する、論文や講話向きのフレームワークのこと。
ク．スライドの中で、点線や実線で囲まれたオブジェクトを格納する領域のこと。
ケ．あらかじめ設定されているスライドのひな形（テンプレート）のこと。
コ．スライドを表示する際やポイントとなる場面で、短く音を鳴らすこと。
サ．プレゼンテーションの実施後に行う事後検討のこと。
シ．プレゼンテーションソフトで、スライドに文字や図形を配置したり、編集したりする領域のこと。

	①	②	③	④	⑤	⑥	⑦	⑧
1								

2 次の＜A群＞の各説明文に対して、最も適切な用語を＜B群＞の中から選び、記号で答えなさい。

＜A群＞

① スライドのサムネイルを表示する領域のこと。
② スライドを表示する際やポイントとなる場面で、短く音を鳴らすこと。
③ 論文や講演などでの、導入部分のこと。聞き手・読み手の関心を高める。
④ 契約の決裁権・決定権を持つ具体的な人物や、内容を理解し同意してもらう目標となる聞き手のこと。
⑤ 対象の大きさや形を表したり、方向や指名をしたりする、手や腕を使った表現のこと。
⑥ 聞き手の持つ見識や理解している用語の種類や程度のこと。
⑦ スライドの中で、点線や実線で囲まれた領域のこと。
⑧ プレゼンテーションを最初から最後まで通して行う事前練習のこと。

＜B群＞

ア．フレームワーク　イ．キーパーソン
ウ．プランニングシート　エ．プレースホルダ
オ．サウンド効果　カ．デリバリー技術
キ．ハンドアクション　ク．リハーサル
ケ．アウトラインペイン　コ．聴衆分析（リサーチ）
サ．知識レベル　シ．リード

	①	②	③	④	⑤	⑥	⑦	⑧
2								

3 次の＜A群＞の各説明文に対して、最も適切な用語を＜B群＞の中から選び、記号で答えなさい。

＜A群＞

① 最初に結果や重要点を述べ、次に理由や具体例などを挙げ、最後にまとめに戻るフレームワークのこと。
② 内容が目的に合致しているか、説明不足がないか、機器の準備など、点検項目を確認する表のこと。
③ リハーサルや本番の評価を次回に反映させること。
④ 聞き手に対して質問すること。
⑤ プレゼンテーションを行う発表者のこと。
⑥ 発表時の注意事項や台本をメモする領域のこと。
⑦ 資料収集、聴衆分析、配付資料作成など、プレゼンテーション直前までの活動のこと。
⑧ 目的の確立→発表準備→リハーサル→本番→評価、といった流れのこと。

＜B群＞

ア．フィードバック
イ．スライドペイン
ウ．プレゼンター
エ．クライアント
オ．ノートペイン
カ．プレゼンテーションの流れ
キ．結論先出し法
ク．発表準備
ケ．プランニングシート
コ．チェックシート
サ．発問
シ．三段論法

	①	②	③	④	⑤	⑥	⑦	⑧
3								

4 次の＜A群＞の各用語に対して、最も適切な説明文を＜B群＞の中から選び、記号で答えなさい。

＜A群＞

① プランニングシート
② ストーリー
③ 背景デザイン
④ フレームワーク
⑤ アイコンタクト
⑥ プレビュー
⑦ デリバリー技術
⑧ 起承転結

＜B群＞

ア．目的の確立→発表準備→リハーサル→本番→評価、といった流れのこと。
イ．話のアウトラインのこと。
ウ．話を分かりやすく説得力を持ったものにするためのロジカルシンキングにのっとった説明の進め方や枠組みのこと。
エ．問題の提起→発展→視点の変更→まとめで構成する、フレームワークのこと。
オ．発表準備作業、聴衆分析など、プレゼンテーション全体の企画をまとめた表のこと。
カ．スライドの地に配置する模様や風景などの、静止画像データのこと。
キ．スライドのひな形（テンプレート）のこと。
ク．プレゼンテーションの実施前に行う事前検討のこと。
ケ．内容整理、スライドの作成など、プレゼンテーション直前までの活動のこと。
コ．アイコンタクトやボディランゲージなど、プレゼンテーションの効果を高めるための、プレゼンターの話し方やアピール方法のこと。
サ．序論→本論→結論で構成する、論文や講話向きのフレームワークのこと。
シ．聞き手に視線を送ること。

	①	②	③	④	⑤	⑥	⑦	⑧
4								

筆記問題 5

解答→別冊①P.20

1 次の各文の〔　〕の中から最も適切なものを選び、記号で答えなさい。

① 〔ア．短文主義　イ．簡潔主義　ウ．一件一葉主義〕とは、用件を把握しやすくするために、箇条書きなどを利用して、理解しやすい文章を作成することである。

② 具体的な提案・活動予定・コンセプト（方針）などをまとめた文書のことを〔ア．提案書　イ．起案書　ウ．企画書〕という。

③ 事務上の必要事項を記入していく、ノートやバインダなどの文書のことを〔ア．帳簿　イ．帳票　ウ．稟議書〕という。

④ 〔ア．通知状　イ．照会状　ウ．依頼状〕とは、相手方に対して了解しておいて欲しい事柄を、伝えるための文書である。

⑤ 有価証券の募集または売り出しのためにその相手方に対して提供する文書のことを〔ア．申請書　イ．目論見書　ウ．確認書〕という。

⑥ 相手の心配りに対する感謝の意を伝えるのは、〔ア．ご鞭撻　イ．ご愛顧　ウ．ご高配〕である。

⑦ 前文挨拶として適切な表現は、〔ア．まずは、ご連絡かたがたお願い申し上げます。
イ．拝啓　毎々格別のお引き立てを賜り、厚くお礼申し上げます。〕である。

⑧ 下のように伝えたい項目を、短文で簡潔にまとめ、列挙して提示する文字表現のことを〔ア．箇条書き　イ．段組み　ウ．ドロップキャップ〕という。

> 新商品開発の経過および見通しについて
> 商品プロモーションの改善について

	①	②	③	④	⑤	⑥	⑦	⑧
1								

2 次の各文の〔　〕の中から最も適切なものを選び、記号で答えなさい。

① 状況や結果を整理して、上司や部署に提出する文書のことを〔ア．報告書　イ．稟議書　ウ．起案書〕という。

② 〔ア．承諾書　イ．契約書　ウ．通知状〕とは、取引に先立ち決定された条件などを書き込み、その確認として双方の押印やサインをした文書のことである。

③ 企業の決算報告や公共工事の入札案内など、ある事実を公表し広く一般に知らせる文書のことを〔ア．回覧　イ．公告　ウ．通達〕という。

④ 受信箱からメールを削除（ゴミ箱へ移動）するためには〔ア．移動　イ．返信　ウ．削除〕ボタンを押す。

⑤ 一通の文書に、一つの用件だけ書く文書の構成のことを〔ア．簡潔主義　イ．短文主義　ウ．一件一葉主義〕という。

⑥ 〔ア．万障　イ．拝察　ウ．衷心〕とは、「自分がそう推測している」という意味である。

⑦ 末文挨拶として適切な表現は、「末筆ながら、貴社のますますの〔ア．ご発展　イ．ご健勝〕をお祈り申し上げます。」である。

⑧ 下のように文頭の１文字を大きくし、強調する文字装飾のことを〔ア．組み文字　イ．段組み　ウ．ドロップキャップ〕という。

> 新商品は、女性にターゲットを絞り、単に品質や安全性だけではなく、パッケージデザインやブランド性を持たせることで商品のブランド化を目指す。そのために必要となるプロモーションなどを今後検討する必要がある。

	①	②	③	④	⑤	⑥	⑦	⑧
2								

3 次の各文の〔　　〕の中から最も適切なものを選び、記号で答えなさい。

① 承諾書とは、〔**ア**．不明な事項を質問し、回答を求める文書
イ．提示された内容について、了解したことを伝える文書〕のことである。

② 様々な業務に関わる作業を開始していいかを、上司に対して許可を求める文書を〔**ア**．提案書　**イ**．企画書　**ウ**．起案書〕という。

③ 受信者のメール環境を選ばないために、文字修飾などを付けない〔**ア**．テキストメール　**イ**．ＨＴＭＬメール〕を選択する。

④ 故人の葬儀にあたって、その死を悼みお悔やみを述べる文書を〔**ア**．弔慰状　**イ**．見舞状　**ウ**．詫び状〕という。

⑤ 〔**ア**．委任状　**イ**．目論見書　**ウ**．申請書〕は、官公庁や企業に対して、申し込みや応募をするための文書である。

⑥ 一文（句点までの文字の長さ）は60～80字程度を限度にして、なるべく短い文章を作成することを〔**ア**．簡潔主義　**イ**．一件一葉主義　**ウ**．短文主義〕という。

⑦ 末文挨拶として適切な表現は、
〔**ア**．拝啓　平素よりひとかたならぬご厚情を賜り、厚くお礼申し上げます。
イ．まずは、ご連絡かたがたお願い申し上げます。〕である。

⑧ 下の文の下線部のように、複数の文字を１文字分の枠の中に配置し、１文字として取り扱う機能のことを〔**ア**．ドロップキャップ　**イ**．組み文字　**ウ**．箇条書き〕という。

バケツに水を10<u>リットル</u>用意してください。

	①	②	③	④	⑤	⑥	⑦	⑧
3								

4 次の各文の〔　　〕の中から最も適切なものを選び、記号で答えなさい。

① 苦情状は〔**ア**．社交文書　**イ**．社内文書　**ウ**．取引文書〕に分類される。

② 〔**ア**．弔慰状　**イ**．見舞状　**ウ**．詫び状〕は、災害に遭った相手を、慰めたり励ましたりするための文書をいう。

③ 先方に対して、当方への質問・照会・要求などに対する返事を伝える文書を〔**ア**．回答状　**イ**．承諾書　**ウ**．照会状〕という。

④ 稟議書とは、〔**ア**．有価証券の募集または売り出しのためにその相手方に提供する文書
イ．会議を開くことなく、決裁者が回覧・押印して許可を与える文書〕のことである。

⑤ 自分の代わりに行使してもらう場合など、その代理であることを証明するための文書を〔**ア**．委任状　**イ**．申請書　**ウ**．照会状〕という。

⑥ 〔**ア**．７Ｗ２Ｈ　**イ**．重ね言葉　**ウ**．５Ｗ１Ｈ〕とは、文書中に盛り込まなくてはならない基本的な内容を表すもので、Who（誰が）・Why（なぜ）・When（いつ）・Where（どこで）・What（何を）・How（どのように）のことである。

⑦ 前文挨拶として適切な表現は、〔**ア**．謹啓　時下、ますますご盛栄のこととお喜び申し上げます。
イ．今後とも、倍旧のご指導のほどお願い申し上げます。〕である。

⑧ ある話題や内容について、行を改めて書かれた文章のひとまとまりのことを〔**ア**．置換　**イ**．段落　**ウ**．箇条書き〕という。

	①	②	③	④	⑤	⑥	⑦	⑧
4								

漢字・熟語

検定問題 6 7 8 に出題される内容

(1) 難読語

生憎	あいにく
曖昧	あいまい
灰汁	あく
欠伸	あくび
斡旋	あっせん
安堵	あんど
塩梅	あんばい
萎縮	いしゅく
意匠	いしょう
委嘱	いしょく
一瞥	いちべつ
慇懃	いんぎん
因縁	いんねん
隠蔽	いんぺい
迂回	うかい
迂闊	うかつ
鬱憤	うっぷん
得手	えて
会得	えとく
婉曲	えんきょく
冤罪	えんざい
厭世	えんせい
押収	おうしゅう
往生	おうじょう
嗚咽	おえつ
悪寒	おかん
憶測	おくそく
快哉	かいさい
改竄	かいざん
凱旋	がいせん
快諾	かいだく
乖離	かいり
画策	かくさく
陽炎	かげろう
苛酷	かこく
瑕疵	かし
気質	かたぎ・きしつ
割愛	かつあい
恰好	かっこう
喝采	かっさい
葛藤	かっとう
苛烈	かれつ
勘案	かんあん
管轄	かんかつ
贋作	がんさく
緩衝	かんしょう
肝腎	かんじん

生糸	きいと
危惧	きぐ
毅然	きぜん
毀損	きそん
忌憚	きたん
拮抗	きっこう
生粋	きっすい
華奢	きゃしゃ
驚愕	きょうがく
矜持	きょうじ
強靱	きょうじん
矯正	きょうせい
形相	ぎょうそう
楔	くさび
曲者	くせもの
功徳	くどく
工面	くめん
迎合	げいごう
警鐘	けいしょう
痙攣	けいれん
希有	けう
怪訝	けげん
健気	けなげ
懸念	けねん
牽引	けんいん
牽制	けんせい
喧噪	けんそう
語彙	ごい
幸甚	こうじん
拘泥	こうでい
更迭	こうてつ
高騰	こうとう
勾配	こうばい
極意	ごくい
姑息	こそく
極寒	ごっかん
忽然	こつぜん
声色	こわいろ
渾身	こんしん
痕跡	こんせき
混沌	こんとん
最期	さいご
采配	さいはい
最頻	さいひん
索引	さくいん
些細	ささい
流石	さすが

颯爽	さっそう
雑踏	ざっとう
懺悔	ざんげ
暫時	ざんじ
暫定	ざんてい
潮騒	しおさい
弛緩	しかん
時化	しけ
嗜好	しこう
示唆	しさ
仔細	しさい
自重	じちょう・じじゅう
昵懇	じっこん
叱咤	しった
疾病	しっぺい
灼熱	しゃくねつ
煮沸	しゃふつ
遮蔽	しゃへい
終焉	しゅうえん
羞恥	しゅうち
竣工	しゅんこう
遵守・順守	じゅんしゅ
逡巡	しゅんじゅん
旬報	じゅんぽう
掌握	しょうあく
憔悴	しょうすい
焦燥	しょうそう
常套	じょうとう
嘱託	しょくたく
所詮	しょせん
熾烈	しれつ
真摯	しんし
進捗	しんちょく
辛辣	しんらつ
遂行	すいこう
簾	すだれ
精悍	せいかん
逝去	せいきょ
脆弱	ぜいじゃく
折衝	せっしょう
雪辱	せつじょく
折衷	せっちゅう
刹那	せつな
台詞	せりふ
僭越	せんえつ
漸減	ぜんげん
漸次	ぜんじ

漸増	ぜんぞう
羨望	せんぼう
戦慄	せんりつ
象牙	ぞうげ
造詣	ぞうけい
相殺	そうさい
双璧	そうへき
挿話	そうわ
齟齬	そご
咀嚼	そしゃく
措置	そち
堆積	たいせき
黄昏	たそがれ
手向	たむけ
探索	たんさく
談判	だんぱん
団欒	だんらん
知己	ちき
逐次	ちくじ
緻密	ちみつ
抽出	ちゅうしゅつ
躊躇	ちゅうちょ
厨房	ちゅうぼう
重複	ちょうふく・じゅうふく
陳謝	ちんしゃ
珍重	ちんちょう
陳腐	ちんぷ
追悼	ついとう
定款	ていかん
逓減	ていげん
逓増	ていぞう
適宜	てきぎ
顛末	てんまつ
投函	とうかん
慟哭	どうこく
洞察	どうさつ
踏襲	とうしゅう
獰猛	どうもう
陶冶	とうや
逗留	とうりゅう
督促	とくそく
匿名	とくめい
咄嗟	とっさ
怒涛	どとう
吐露	とろ
頓挫	とんざ
馴染	なじみ

如実	にょじつ
捏造	ねつぞう
長閑	のどか
暖簾	のれん
暢気	のんき
徘徊	はいかい
剥奪	はくだつ
暴露	ばくろ
破綻	はたん
煩雑	はんざつ
範疇	はんちゅう
頒布	はんぷ
繁茂	はんも
煩悶	はんもん
氾濫	はんらん
伴侶	はんりょ
凡例	はんれい
批准	ひじゅん
逼迫	ひっぱく
罷免	ひめん
肥沃	ひよく
披露	ひろう
敏捷	びんしょう
頻繁	ひんぱん
吹聴	ふいちょう
俯瞰	ふかん
輻輳	ふくそう
普請	ふしん
払拭	ふっしょく
侮蔑	ぶべつ
訃報	ふほう
便宜	べんぎ
萌芽	ほうが
呆然	ぼうぜん
補填	ほてん
奔放	ほんぽう
翻弄	ほんろう
邁進	まいしん
埋没	まいぼつ
末裔	まつえい
蔓延	まんえん
冥利	みょうり
無垢	むく
瞑想	めいそう
冥福	めいふく
目処	めど
眩暈	めまい
朦朧	もうろう
目途	もくと・めど
冶金	やきん
約款	やっかん
所以	ゆえん
擁護	ようご
養蚕	ようさん
烙印	らくいん
拉致	らち
辣腕	らつわん
爛漫	らんまん
罹災	りさい
律儀	りちぎ
流暢	りゅうちょう
稟議	りんぎ
流布	るふ
漏洩	ろうえい
狼狽	ろうばい
呂律	ろれつ
賄賂	わいろ
湾曲	わんきょく

［十二支］

干支	えと
子	ね
丑	うし
寅	とら
卯	う
辰	たつ
巳	み
午	うま
未	ひつじ
申	さる
酉	とり
戌	いぬ
亥	い

(2) 四字熟語

悪戦苦闘	あくせんくとう
暗中模索	あんちゅうもさく
唯々諾々	いいだくだく
意気揚々	いきようよう
異口同音	いくどうおん
以心伝心	いしんでんしん
一意専心	いちいせんしん
一期一会	いちごいちえ
一日千秋	いちじつせんしゅう
一念発起	いちねんほっき
一網打尽	いちもうだじん
一挙両得	いっきょりょうとく
一心不乱	いっしんふらん
一朝一夕	いっちょういっせき
意味深長	いみしんちょう
紆余曲折	うよきょくせつ
温厚篤実	おんこうとくじつ
温故知新	おんこちしん
臥薪嘗胆	がしんしょうたん
感慨無量	かんがいむりょう
換骨奪胎	かんこつだったい
勧善懲悪	かんぜんちょうあく
危機一髪	ききいっぱつ
起死回生	きしかいせい
奇想天外	きそうてんがい
喜怒哀楽	きどあいらく
旧態依然	きゅうたいいぜん
興味津々	きょうみしんしん
虚心坦懐	きょしんたんかい
謹厳実直	きんげんじっちょく
鶏口牛後	けいこうぎゅうご
経世済民	けいせいさいみん
乾坤一擲	けんこんいってき
捲土重来	けんどちょうらい（けんどじゅうらい）
巧言令色	こうげんれいしょく
荒唐無稽	こうとうむけい
公明正大	こうめいせいだい
呉越同舟	ごえつどうしゅう
国士無双	こくしむそう
孤軍奮闘	こぐんふんとう
五里霧中	ごりむちゅう
言語道断	ごんごどうだん
才色兼備	さいしょくけんび
三寒四温	さんかんしおん
山紫水明	さんしすいめい
自画自賛	じがじさん
試行錯誤	しこうさくご
自業自得	じごうじとく
七転八起	しちてんはっき
質実剛健	しつじつごうけん
四面楚歌	しめんそか
縦横無尽	じゅうおうむじん
周章狼狽	しゅうしょうろうばい
自由奔放	じゆうほんぽう
順風満帆	じゅんぷうまんぱん
上意下達	じょういかたつ
初志貫徹	しょしかんてつ
思慮分別	しりょふんべつ
心機一転	しんきいってん
針小棒大	しんしょうぼうだい
深謀遠慮	しんぼうえんりょ
晴耕雨読	せいこううどく
清廉潔白	せいれんけっぱく
責任転嫁	せきにんてんか
切磋琢磨	せっさたくま
絶体絶命	ぜったいぜつめい
千載一遇	せんざいいちぐう
千差万別	せんさばんべつ
創意工夫	そういくふう
大器晩成	たいきばんせい
単刀直入	たんとうちょくにゅう
猪突猛進	ちょとつもうしん
沈思黙考	ちんしもっこう
適材適所	てきざいてきしょ
徹頭徹尾	てっとうてつび
電光石火	でんこうせっか
天真爛漫	てんしんらんまん
当意即妙	とういそくみょう
東奔西走	とうほんせいそう
二律背反	にりつはいはん
馬耳東風	ばじとうふう
波瀾万丈	はらんばんじょう
百戦錬磨	ひゃくせんれんま
百花繚乱	ひゃっかりょうらん
品行方正	ひんこうほうせい
不言実行	ふげんじっこう
不撓不屈	ふとうふくつ
付和雷同	ふわらいどう
粉骨砕身	ふんこつさいしん
平身低頭	へいしんていとう
傍若無人	ぼうじゃくぶじん
抱腹絶倒	ほうふくぜっとう
本末転倒	ほんまつてんとう
無我夢中	むがむちゅう
無病息災	むびょうそくさい
勇猛果敢	ゆうもうかかん
羊頭狗肉	ようとうくにく
臨機応変	りんきおうへん
論功行賞	ろんこうこうしょう

(3) 同音異義語

あ 行

あいしょう	相性	−が良い
	愛唱	−歌
	愛称	−で呼ぶ
あいせき	哀惜	−の念
	愛惜	−の品
	相席	−で利用する
いがい	以外	それ−
	意外	−な出来事
	遺骸	−を収容する
いかん	移管	国庫−
	遺憾	−の意
いぎ	異議	−を唱える
	意義	−のある事
	威儀	−を正す
いけん	意見	−を述べる
	異見	−立て
	違憲	−立法
いこう	以降	10時−
	意向	相手の−
	移行	新制度へ−
	遺稿	−を分析する
いさい	委細	−面談
	異彩	−を放つ
	異才	−発掘
いし	意思	自分の−
	意志	−を固める
	遺志	父の−
	医師	内科の−
いしょう	意匠	−を凝らす
	衣装	花嫁−
	異称	−を調べる
いじょう	以上	これ−
	異常	−な暑さ
	異状	−なし
	委譲	権限の−
いしょく	衣食	−住
	委嘱	委員の−
	移植	−手術
	異色	−な存在
いせき	遺跡	古代−
	移籍	チームを−する
いぜん	依然	旧態−
	以前	常識−の問題
いぞん	異存	−はない
	依存	親に−する
いちどう	一同	有志−
	一堂	−に会す
いっかん	一貫	−した態度
	一環	計画の−
いどう	移動	車両の−
	異動	人事−
	異同	両者の−
いらい	以来	卒業−
	依頼	講演の−
いりゅう	遺留	−品
	慰留	辞職を−する
えいせい	衛星	−放送
	衛生	保健−
	永世	−中立国
えいり	鋭利	−な刃物
	営利	−目的
えんかく	遠隔	−操作
	沿革	会社の−
えんだい	演題	−を掲示する
	演台	−に立つ
	縁台	庭の−
	遠大	−な計画
おうしゅう	押収	証拠品の−
	応酬	パンチの−
	欧州	−連合

か 行

かいか	階下	−の音
	開化	文明−
	開花	−宣言
	開架	−式の図書館
かいかん	快感	−を味わう
	会館	市民−
	開館	−時間
がいかん	概観	経済動向を−する
	外観	建物の−
かいき	会期	国会の−延長
	快気	−祝
	怪奇	複雑−
	回帰	−分析
かいぎ	会議	職員−
	懐疑	−的な噂
かいきゅう	階級	−制度
	懐旧	−の情
かいきん	解禁	アユ漁の−
	開襟	−シャツ
	皆勤	−賞
かいこ	懐古	−趣味
	回顧	−録
	解雇	−予告
かいこう	開校	学校の−記念日
	開講	市民講座の−式
	開港	新空港の−
	開口	−一番
かいこん	開墾	荒れ地の−
	悔恨	−の情
かいしょう	解消	ストレス−
	快勝	試合に−する
	改称	社名を−する
かいじょう	開場	−時間
	会場	発表会の−
	海上	−輸送
かいしん	会心	−の作
	改新	大化の−
	改心	−を誓う
	回診	主治医の−
かいせつ	解説	ニュース−
	開設	支店の−
かいそう	回想	−にふける
	改装	店舗の−
	会葬	−お礼
	回送	−電車
かいてい	改訂	−版
	改定	価格−
	開廷	−を宣言する
	海底	−火山
かいとう	解答	模範−
	回答	アンケートの−
	解凍	冷凍食品の−
がいとう	該当	−者
	街頭	−演説
	街灯	−の設置
	外灯	玄関の−
かいほう	解放	子育てから−される
	開放	図書館の−
	介抱	病人の−
	快方	−に向かう
かがく	科学	社会−
	化学	−の実験
	価額	帳簿−
かき	夏期	−講習会
	火気	−厳禁
	下記	−のとおり
	牡蠣	−の旨い季節
	火器	−の使用を許可する
	夏季	−休業
	花期	−が過ぎる
	花器	−を揃える
	柿	桃栗3年−8年
かくしん	核心	−にふれる
	確信	−をもつ
	革新	技術−
かくちょう	格調	−が高い
	拡張	敷地を−する
	各町	−の山車
かくりつ	確立	外交方針の−
	確率	降水−
かげん	加減	塩−を見る
	下限	上限と−
	下弦	−の月
かじょう	過剰	−防衛
	箇条	−書き
	渦状	−星雲
かせつ	仮説	−の検証
	仮設	−トイレ
	架設	電柱を−する
かせん	河川	一級−
	下線	−を引く
	寡占	−市場
	架線	−が切れる
かだい	課題	夏休みの−
	過大	−に見積もる
	仮題	小説の−
かてい	家庭	−学習
	仮定	−の話
	過程	生産−
	課程	大学院の博士−
かんかく	感覚	−がにぶる
	間隔	前後の−
かんき	換気	部屋の−
	喚起	注意を−する
	歓喜	優勝に−した
	寒気	−がゆるむ
	乾期	−が長引く
かんけつ	簡潔	−な説明
	完結	ドラマが−する
	間欠	−泉
かんこう	刊行	記念誌の−
	観光	−バス
	慣行	−を破る
	感光	フィルムが−する
かんさつ	観察	生態を−する
	鑑札	愛犬登録の−
	監察	−官
かんし	看視	機械を−する
	監視	−の目を逃れる
	冠詞	−を調べる
	漢詩	−を読む
かんしゅう	慣習	地域の−
	監修	教科書を−する
	観衆	大−
かんしょう	鑑賞	音楽−
	勧奨	納税を−する
	干渉	内政−
	観賞	草花を−する
かんじょう	勘定	−科目
	感情	−移入
	環状	−道路
	艦上	−搭載機
かんしょく	感触	−のよい肌ざわり
	官職	−を全うする
	閑職	−に回される
	間食	−を控える

かんしん	感心	流暢な英語に－する
	関心	興味－をもつ
	寒心	－に堪えない
	歓心	－を買う
かんせい	完成	－披露
	官製	－はがき
	管制	航空－
	感性	－を育む
	慣性	－の法則
	歓声	大－
	閑静	－な住宅街
かんせん	観戦	テレビ－
	幹線	－道路
	感染	空気－
	汗腺	－からの分泌
かんそう	乾燥	－注意報
	感想	読書－文
	完走	フルマラソンの－者
	歓送	－迎会
かんたん	簡単	－明瞭
	感嘆	－文
	肝胆	－相照らす
かんだん	寒暖	－計
	歓談	しばしご－ください
	間断	－なく話し続ける
かんち	感知	煙を－する
	関知	一切－しない
	完治	ケガが－する
かんてい	官邸	首相－
	鑑定	古美術品の－
	艦艇	－の停泊
かんべん	簡便	－に済ます
	勘弁	－してください
かんよう	慣用	世間の－
	肝要	－な点
	寛容	－な態度
	観葉	－植物
きかい	機械	大型の－
	器械	－体操
	機会	絶好の－
	奇怪	－な現象
きかく	企画	新番組の－
	規格	－品
きかん	期間	有効－
	機関	交通－
	器官	内臓の－
	帰還	地球に－する
	基幹	－産業
	気管	－支炎
ききゅう	希求	世界平和を－する
	気球	－に乗る
	危急	－存亡
	帰休	一時－をする
きけん	危険	－な場所
	棄権	試合を－する
きげん	紀元	－前
	期限	提出－
	機嫌	－がいい
	起源	種の－
きこう	機構	－改革
	起工	新工場の－式
	気候	－変動
	貴校	－のご発展を祈ります
きじゅん	規準	守るべきは－
	基準	－を満たす
	帰順	政府に－する
きしょう	希少	－金属
	気象	－観測衛星
	気性	－が激しい
	起床	－時間
きせい	既製	－品
	既成	－政党
	規制	－緩和
	帰省	－客
	気勢	－を上げる
	寄生	－虫
きちょう	貴重	－品
	基調	－講演
	記帳	受付で－する
	几帳	－面
	機長	－の指示
	帰朝	使節団が－する
きどう	軌道	－修正
	機動	－力
	起動	パソコンを－する
	気道	－を確保する
きとく	危篤	－状態から脱出する
	奇特	－な人
	既得	－権益
きはく	希薄	空気が－になる
	気迫	－が伝わる
きゅうかん	休館	－日
	休刊	雑誌の－
	急患	－を搬送する
	旧館	－と新館
きゅうこう	急行	－列車
	休校	臨時－
	休講	－のおしらせ
	休耕	－田
	旧交	－を温める
きゅうしょく	休職	－願
	求職	－活動
	給食	学校－
きゅうせい	旧制	－中学
	旧姓	結婚前の－
	急性	－中毒
	急逝	－のしらせが届く
	救世	－主
きゅうよ	給与	－所得
	窮余	－の策
きょうい	驚異	－的な活躍
	脅威	戦争の－
	強意	－の表現
	胸囲	－を計測する
きょうかい	協会	全商－主催の検定試験
	境界	－線
	教会	－音楽
きょうぎ	協議	研究－会
	競技	－大会
	狭義	広義と－
	経木	－で包む
きょうこう	恐慌	世界－
	強硬	－な姿勢
	強行	－突破
	教皇	－を迎える
きょうちょう	強調	必要性を－する
	協調	－介入
	凶兆	－が現れる
きょうそう	競争	価格－
	競走	百メートル－
	強壮	－剤
	協奏	－曲
	狂騒	都会の－
きょうよう	教養	－を身につける
	共用	パソコンを－する
	強要	寄付を－する
	供用	空港の－を開始する
きょうりょく	協力	－して事に当たる
	強力	－なエンジン
きょくげん	極限	－に達する
	極言	－すれば、優勝も無理だ
	局限	地域が－される
きょくち	極地	－を探検する
	局地	－的な大雨
	極致	芸の－に至る
きょこう	挙行	式典を－する
	虚構	－を見破る
きょり	巨利	－をむさぼる
	距離	長－走者
きりつ	規律	－正しい生活
	起立	－、礼、着席
きろ	帰路	－に就く
	岐路	人生の－に立つ
きんこう	均衡	－を保つ
	近郊	東京－
	金鉱	－を発見する
けいい	敬意	－を表する
	経緯	事件の－
	軽易	－な服装
けいかい	軽快	－な足取り
	警戒	－を厳重にする
けいき	景気	－が回復する
	契機	成功への－
	計器	－飛行
	刑期	－を終える
けいこう	携行	学生証を－する
	傾向	増加－に転じる
	蛍光	－塗料
	経口	－補水液
けいしょう	敬称	－を付ける
	継承	伝統芸能を－する
	警鐘	－をならす
	景勝	－地を訪れる
	軽傷	－を負う
	軽症	－患者
けいじょう	経常	－利益
	計上	予算に－する
	形状	細長い－のもの
けいたい	携帯	－電話
	形態	株式会社の－をとる
	敬体	常体と－
けいとう	系統	青－の色
	傾倒	ジャズに－する
	継投	－策をとる
けっき	決起	－集会
	血気	－盛んな若者
けっこう	結構	もう－です
	決行	雨天でも－します
	血行	指先の－が悪くなる
	欠航	台風で－となる
げんえき	現役	－のスポーツ選手
	減益	－に転じる
	原液	濃縮果汁の－
けんきょ	検挙	交通違反で－される
	謙虚	－な態度
げんきん	現金	ATMで－を引き出す
	厳禁	土足－
げんこう	現行	－の制度
	言行	－録
	原稿	－用紙
けんしょう	健勝	ご－
	検証	実地－
	憲章	－を尊重する
	懸賞	－に応募する
	顕彰	－碑を建立する
げんしょう	現象	不思議な－
	減少	人口が－する
げんせい	厳正	－に審査する
	現世	－主義
	原生	－林
げんせん	源泉	－かけ流しの温泉
	厳選	素材を－した
	減船	このところ－が増えた
げんてん	原点	－に戻る
	原典	－に照らし合わせる
	減点	２点－

けんとう	検討	内容を－する
	見当	－が付かない
	健闘	－を祈る
	献灯	お祭りに－をする
	拳闘	－倶楽部
けんめい	懸命	－の努力が実る
	賢明	－な判断
	件名	－を考える
	県名	－を記入する
こうい	行為	親切な－
	好意	－を抱く
	厚意	相手の－にすがる
	更衣	6月は－の季節だ
こうえん	公演	－を見にいく
	講演	有名作家の－会
	後援	横綱の－会
	好演	－が評価された
こうか	高価	－な美術品
	効果	徐々に－が現れる
	硬貨	百円－
	硬化	動脈－を予防する
	降下	パラシュートで－する
	高架	－鉄道
こうかい	公開	ラジオの－放送
	公海	－上を航行する船舶
	航海	一等－士
	後悔	－先に立たず
	更改	契約を－する
こうがい	郊外	－に家を建てる
	口外	－無用
	公害	－訴訟
	口蓋	－まで傷が及んだ
こうがく	高額	－な契約金
	工学	土木－
	光学	－顕微鏡
	後学	－のために見る
	向学	－心に燃える
こうかん	交換	物々－
	好感	－のもてる青年
	高官	政府－のコメント
	交歓	各国公使の－会
	向寒	－の候
こうき	好機	－をのがす
	後期	江戸時代の－
	高貴	－な壷
	後記	編集－
	光輝	－を放つ
	校旗	母校の－
	好奇	－の目を向ける
こうぎ	講義	先生の－を聴く
	抗議	厳重に－する
	広義	－の意味を調べる
	公儀	－の隠密
こうきゅう	高給	－取り
	高級	－な食材
	公休	－日
	恒久	－の平和
	硬球	野球やテニスの－
こうけい	後継	－者を育成する
	光景	ほほえましい－
	口径	－の大きい銃
こうざ	講座	韓国語－
	口座	銀行－
	高座	－にのぼる
こうさい	公債	－を取り扱う
	光彩	ひときわ－を放つ
	交際	－が広い
	虹彩	瞳の－
こうさく	耕作	田畑を－する
	工作	夏休みの－
	交錯	期待と不安が－する
こうし	公私	－共々
	行使	武力を－する
	格子	－戸
	厚志	ご－に感謝する
	講師	－の先生
こうしゃ	公社	－を民営化する
	校舎	－内を巡回する
	降車	－口はあちらです
	後者	前者と－
	巧者	試合－
こうしょう	交渉	－がまとまる
	公証	－役場へ出向く
	鉱床	レアメタルの－
	高尚	－な趣味
	考証	時代－
	公称	－部数百万部の雑誌
	校章	－入りの帽子
こうじょう	工場	－から製品を出荷する
	向上	学力－の取り組み
	交情	－を深める
	厚情	ご－を賜る
	恒常	－的な催し物
	口上	お祝いの－を述べる
こうしん	更新	自動車免許の－手続き
	交信	無線で－する
	行進	入場－
	後進	－を指導する
こうせい	構成	文章を－する
	校正	出版物の－作業を行う
	後世	－まで伝えられる功績
	厚生	福利－
	公正	－な裁判
	恒星	－天文学
	攻勢	－に転じる
こうせき	功績	－をたたえる
	鉱石	鉄－の生産
	航跡	－をたどる
こうそう	構想	－を練る
	高層	－ビルが乱立する
	抗争	派閥間の－
	後送	別便で－する
こうそく	拘束	身柄を－される
	高速	－道路
	校則	学校の－
	梗塞	心筋－
こうちょう	好調	仕事が－に運ぶ
	紅潮	顔を－させて怒る
	校長	－先生
	公聴	－会を開く
こうてい	行程	旅行の－表
	工程	－別原価計算
	公定	－歩合
	公邸	知事－
	高低	－のある土地
	校庭	－のゴミ拾いをする
	肯定	現状を－する
	皇帝	ナポレオン－
こうてん	好転	景気が－する
	好天	－に恵まれる
	交点	X座標とY座標の－
	公転	－周期
こうとう	高騰	原油価格の－
	口頭	－試問
	口答	その場で－した
	高等	－学校
	好投	投手が－する
こうにん	公認	－記録
	後任	－の担当者
こうはい	後輩	－の面倒をみる
	荒廃	田畑が－する
	高配	ご－を賜る
	交配	純血種との－が進む
こうはん	後半	夏休みの－
	公判	初－が開かれた
	広範	影響が－に及ぶ
	鋼板	－の生産量
こうほう	公報	官庁から出される－
	広報	－活動
	工法	地震に強い－
	後方	－で音がした
こうみょう	功名	けがの－
	巧妙	－な手口
	光明	－を見いだす
こうりつ	効率	発電－
	高率	－の利息
	公立	－高校を受験する
こくじ	告示	投票日の－
	酷似	筆跡が－する
	国字	日本で－が作られた
	刻字	印材に－する
こくせい	国政	－に参画する
	国勢	－調査

さ 行

さいけん	債券	銀行に－を預ける
	債権	－者
	再建	財政－
	再検	念のため－する
さいげん	際限	－なく続く話
	再現	当時の状況を－する
さいご	最後	－のチャンス
	最期	－の言葉
さいこう	最高	－におもしろい映画
	再考	－を促す
	再興	国家の－をはかる
	採光	－窓
	催行	最小－人数
さいしん	最新	－の情報
	再審	裁判の－が認められた
	細心	－の注意
さくせい	作成	法案を－する
	作製	地図を－する
さんせい	参政	－権
	賛成	その意見に－する
	酸性	－とアルカリ性
	三世	ナポレオン－
しあん	思案	－をめぐらす
	私案	－をまとめる
	試案	－を発表する
じえい	自営	－業
	自衛	－手段
じか	時価	－で販売する
	自家	太陽光の－発電
	磁化	鉄が－する
しかく	資格	－取得
	視覚	－に訴える
	死角	－で見えない
	視角	－にとらえる
じき	次期	－生徒会長
	時期	運動会の－
	時季	－外れの台風
	時機	－を見計らう
	磁気	－嵐が起きる
	磁器	陶器と－
じきゅう	自給	－自足
	時給	－800円
	持久	－力
しこう	施行	法律が－される
	思考	－を深める
	指向	－性アンテナ
	志向	ブランド－
	試行	－錯誤
	至高	－の芸に達する
しさく	施策	福祉－
	試作	－品
	思索	－にふける

	詩作	－を続ける
しじ	支持	意見を－する
	指示	－語
	師事	先生に－する
ししょう	支障	－を乗り越える
	師匠	－の演技をまねる
しじょう	市場	中央卸売－
	史上	－初の快挙
	紙上	新聞－を賑わす
	詩情	－豊かな作品
	私情	－をはさむ
	試乗	新車に－する
しせい	施政	－方針を述べる
	姿勢	－を正す
	私製	－の葉書
	市井	－の生活
	死生	－感
じせい	時世	－に合う
	自生	－の植物
	自制	－心
	自省	－の念
	磁性	－体
じせき	次席	－検事
	自席	－に戻る
	事績	－を残す
	自責	－の念
	耳石	－を取る
しせつ	施設	公共－
	使節	友好－団
	私設	－秘書
じぜん	次善	－の策
	慈善	－事業
	事前	－連絡
じたい	事態	深刻な－
	辞退	出場－
	自体	それ－が間違いだ
	字体	－の違いに注意する
してい	指定	新幹線の－席
	師弟	－関係
	子弟	－を教育する
	私邸	－を訪れる
してき	指摘	誤りを－する
	私的	－な発言
	史的	－事実
してん	支店	－を開設する
	視点	独自の－
	支点	－、力点、作用点
じてん	辞典	国語－
	事典	百科－
	時点	現－
	自転	地球の－
	次点	選挙で－となる
	字典	書体－
しどう	指導	検定の－
	始動	エンジンを－する
	私道	－の掃除をする
	市道	県道と－
しぼう	志望	－校に合格する
	脂肪	皮下－
	死亡	－の連絡が入る
	子房	－は果実のもとです
しめい	指名	－入札
	氏名	－を記入する
	使命	－感に燃える
しもん	諮問	－機関
	試問	口答－
	指紋	－を調べる
しゅうかん	習慣	早寝早起きの－
	週間	－天気予報
	週刊	－誌を読む
	収監	－される
しゅうき	周期	公転－
	秋期	－試験
	周忌	三－
	臭気	－が鼻をつく
しゅうし	収支	貿易－
	終始	－笑顔で対応する
	終止	－符がうたれる
	修士	大学の－課程
しゅうしゅう	収拾	－がつく
	収集	昆虫の－
しゅうしょく	就職	－試験
	修飾	－語
	愁色	－がにじんだ
しゅうしん	終身	－保険
	就寝	－時間
	執心	－にとらわれる
しゅうせい	修正	軌道－
	習性	動物の－
	終生	－忘れ得ぬ
しゅうち	周知	－の事実
	衆知	－を集める
	羞恥	－心
しゅうちゃく	終着	－駅
	執着	－心
	祝着	－至極
しゅうとく	拾得	－物
	修得	単位を－する
	習得	技術を－する
しゅうりょう	終了	定期試験が－する
	修了	全課程を－する
	収量	米の－
	秋涼	－の候
しゅさい	主催	全商協会－の検定
	主宰	劇団を－する
	主菜	－はステーキです
しゅっこう	出向	系列会社に－する
	出航	上海に向けて－する
	出港	漁場へ－する
しゅび	首尾	－一貫
	守備	－につく
しよう	使用	電卓を－する
	私用	－の電話
	試用	－期間
	仕様	特別－
	枝葉	－末節
しょうかい	商会	○○－
	照会	身元を－する
	紹介	－状
しょうがい	渉外	－担当
	生涯	－教育
	傷害	－保険
しょうかん	償還	－期限
	召喚	証人を－する
	召還	本国に－される
	小寒	－は二十四節気の一つ
じょうき	上記	－のとおり
	常軌	－を逸する
	蒸気	－機関車
	上気	－した顔
しょうきゃく	償却	減価－費
	焼却	－処分
	消却	記憶から－する
しょうしゃ	商社	総合－
	勝者	試合の－を称える
	照射	X線を－する
	瀟洒	－なカフェ
	小社	－にて開催中
しょうすう	小数	－第2位未満
	少数	－意見
しょうそう	焦燥	－感
	尚早	時期－
	正倉	－院
しょうにん	昇任	部長に－する
	承認	独立が－される
	証人	－として出廷する
	小人	－料金
	商人	近江－
じょうむ	常務	－理事を務める
	乗務	－員
しょき	初期	江戸時代－
	書記	生徒会の－
	暑気	－払い
しょくりょう	食糧	－事情
	食料	生鮮－品
じりつ	自律	－神経
	自立	－語
じれい	辞令	転勤－
	事例	－を挙げる
しんか	進化	－する情報社会
	深化	専門性の－
	真価	－を発揮する
	臣下	－にくだる
しんがい	侵害	著作権の－
	心外	－な発言
	辛亥	－革命
しんぎ	審議	法案の－
	真偽	－を確かめる
	心技	－体
しんこう	振興	商業教育の－
	進行	議事を－する
	信仰	－心
	親交	隣国との－
	侵攻	他国の－を防ぐ
しんこく	申告	確定－
	深刻	－な表情
	清国	明に代わり－が成立した
	親告	－罪
しんしょ	新書	－判
	信書	－便
しんじょう	信条	思想－の自由
	心情	－を察する
	真情	－を知る
	身上	－書
しんすい	浸水	床下－
	進水	－式
	心酔	ロックに－する
しんせい	申請	－書類
	新制	－中学
	新生	－児
	新星	－のごとく現れる
	神聖	－な場所
しんそう	新装	－開店
	深層	海洋－水
	真相	－を究明する
しんちょう	伸長	学力が－する
	新調	スーツを－する
	慎重	－に審議する
	身長	－を測る
	深長	意味－
しんとう	浸透	雨水の－を防ぐ
	新党	－を結成する
	心頭	怒り－
	神道	－は日本古来の宗教
しんにゅう	侵入	不法に－した
	浸入	水の－
	進入	－禁止
	新入	－社員
しんぱん	審判	－を下す
	侵犯	国境－
	新版	－の教科書
	信販	－会社を訪問する
しんぼう	辛抱	じっと－する
	信望	級友の－が厚い
	深謀	－遠慮
しんろ	進路	台風の－

	針路	北北東に－をとる
すいい	推移	時が－する
	水位	ダムの－
すいこう	推敲	原稿を－する
	遂行	任務を－する
	水耕	－栽培
すいしん	推進	クールビズを－する
	水深	－２メートル
	垂心	三角形の－
すいとう	出納	現金－帳
	水稲	－栽培
	水筒	－を持参する
せいえい	清栄	ご－のことと存じます
	精鋭	少数－
せいか	正価	割引販売と－販売
	成果	－が上がる
	青果	－市場
	盛夏	－の候
	生家	－を訪ねる
	聖火	－ランナー
	聖歌	－を歌う
	生花	－を贈る
せいかい	政界	－に進出する
	正解	全問－
	盛会	－を祈念する
せいかく	正確	－な記帳
	性格	穏やかな－
せいきゅう	請求	－書
	性急	－に事を運ぶ
	制球	－力
せいさい	制裁	－を受ける
	生彩	－を放つ
	精細	－な報告
	正妻	－を迎える
せいさく	制作	絵画の－
	製作	家具を－する
	政策	金融緩和－
せいさん	生産	野菜を－する
	成算	－がある
	清算	借金を－する
	精算	乗車券の－をする
せいそう	清掃	－車
	正装	－で参加する
	成層	－圏
せいちょう	成長	経済－
	生長	苗木が－する
	静聴	ご－願います
	正調	－よさこい節
せいとう	政党	既成－
	正当	－な理由
	正統	源氏の－
	正答	－を導き出す
	製糖	－工場
せいめい	生命	政治－
	声明	共同－を出す
	姓名	－判断
	清明	－は二十四節気の一つ
せいやく	制約	－が多い
	誓約	－書
	製薬	－会社
	成約	保険が－する
ぜっこう	絶好	－のチャンス
	絶交	友人と－する
せっしゅ	摂取	栄養物を－する
	接種	予防－
ぜったい	絶対	－に負けない
	絶体	－絶命
ぜんかい	前回	－の放映
	全会	－一致
	全快	病気が－する
	全開	エンジンを－する
	全壊	家屋が－した
せんきょ	選挙	－の投票に行く
	占拠	不法－
ぜんご	前後	５人－
	善後	－策
ぜんしん	前進	交渉が－する
	漸進	技術が－する
	全身	－が痛む
せんせい	専制	－政治
	先生	－と生徒
	宣誓	選手－
	先制	１点を－する
ぜんせん	全線	－開通
	前線	梅雨－
	善戦	強豪チームに－する
せんとう	先頭	－打者
	戦闘	－機
	銭湯	近所の－に行く
そうい	相違	事実と－ない
	創意	－工夫
	総意	出席者の－
そうぎょう	操業	－時間
	創業	－以来三十年
	早暁	－から起き出す
そうさ	操作	機械－
	捜査	事件の－
	走査	－線
そうさい	相殺	過失を－する
	総裁	政党の－
	葬祭	冠婚－
そうぞう	想像	－を絶する
	創造	天地－説
そうたい	相対	難問に－する
	総体	高校－に出場する
	早退	－届
そがい	阻害	競争を－する
	疎外	－感
そくせい	促成	－栽培
	速成	技術者の－
そくせき	即席	－のみそ汁
	足跡	－をたどる

た行

たいか	対価	－を求める
	耐火	－金庫
	退化	文明が－する
	大火	江戸の－
	大過	－なく過ごす
	大家	画壇の－
たいき	大気	－圏
	待機	自宅－
	大器	未完の－
たいしょう	対照	比較－
	対称	左右－
	対象	研究－
	大勝	試合に－する
	大将	お山の－
	大賞	－に輝く
	大正	－元年
たいしょく	退職	定年－
	耐食	－性の金属
	退色	塗装が－する
	大食	－漢
	体色	－を変化させる
たいせい	態勢	着陸－
	体勢	－を立て直す
	体制	社会主義－
	大勢	－に影響はない
	耐性	ウィルスへの－
たいぼう	待望	－の出来事
	耐乏	－生活
たよう	多様	多種－
	多用	カタカナを－する
	他用	施設の－を禁ずる
ちか	地価	－の高騰
	地下	－鉄
	治下	ナポレオンの－
ちせい	治世	エリザベス女王の－
	知性	－の豊かな人
	地勢	－図
ちたい	地帯	砂漠－
	遅滞	－なく納める
	痴態	－を演じる
ちめい	致命	－的なミス
	地名	－を覚える
	知名	－度
ちゅうしょう	抽象	－的な説明
	中傷	他人を－する
	中小	－企業
ちょうこう	兆候	デフレの－が見られる
	聴講	－生
	調光	－器
	朝貢	－使節の一行
ちょうしゅう	徴収	代金を－する
	聴衆	－を魅了する
	徴集	軍隊に－される
	長州	－征伐
ちんか	沈下	地盤－
	鎮火	火災が－する
ちんたい	賃貸	－契約
	沈滞	景気が－する
ついきゅう	追求	利益を－する
	追究	学問を－する
	追及	責任を－する
つうか	通貨	預金－
	通過	電車が－する
ていおん	低温	－注意報
	低音	－で歌う
	定温	－動物
ていか	定価	－販売
	低下	気温が－する
ていき	定期	－検診
	提起	問題－
ていけい	提携	資本－
	定形	－郵便物
ていじ	定時	－に出勤する
	提示	書類を－する
ていしょく	停職	－処分
	定食	日替わり－
	抵触	法律に－する
	定職	－に就く
てきかく	的確	－な評価
	適格	彼は－者だ
てきせい	適性	－検査
	適正	－価格
てんか	天下	－統一
	添加	食品－物
	転嫁	責任を－する
	点火	花火に－する
てんかい	展開	論争を－する
	転回	－禁止
	天界	－に生まれ変わる
てんき	天気	－予報
	転機	人生の－
	転記	元帳に－する
てんとう	店頭	－取引
	点灯	ライトを－する
	転倒	－防止の手すり
とうか	等価	－交換
	投下	資本を－する
	透過	－性のフィルム
	灯火	－管制
	灯下	－で内職をする
とうき	当期	－純利益
	騰貴	物価が－する
	登記	不動産－

	投機	－的な事業
	投棄	不法－
	冬期	－は通行不能となる
	陶器	－を陳列する
どうこう	動向	景気の－を探る
	同行	看護師が旅行に－する
	同好	－の人々が集まる
	瞳孔	虹彩の中心が－
とうし	投資	企業に－をする
	透視	－能力
	闘志	－を燃やす
とうじ	当時	－の記憶
	湯治	－場
	冬至	－点
	答辞	代表して－をよむ
	杜氏	酒蔵の－
とうしょ	当初	－の予定
	当所	－へのアクセス
	投書	－が届く
とうじょう	登場	－人物
	搭乗	－手続き
	東上	田舎から－する
とうち	統治	国を－する
	当地	ご－検定
	倒置	－法
とうよう	登用	人材を－する
	東洋	－思想
	盗用	アイデアを－する
どうよう	同様	新品－
	動揺	－を隠せない
	童謡	－を合唱する
とくい	得意	－科目
	特異	－な才能
とくしつ	特質	伝統文化の－
	得失	－を論ずる
どくそう	独創	－的な考え
	独走	－態勢
	独奏	クラリネットを－する
	毒草	－を処分する
とくちょう	特徴	－ある顔立ち
	特長	彼女の－は素直さだ
とくてん	得点	試合で－を入れる
	特典	購入者に－を与える

な行

ないぞう	内蔵	パソコン－
	内臓	－脂肪
なんきょく	難局	－に直面する
	難曲	－を何なくこなす
	南極	－観測隊
にんき	任期	国会議員の－
	人気	－者
ねんしょう	年商	－５億円の会社
	燃焼	不完全－
	年少	－者
ねんとう	年頭	－の挨拶
	念頭	－に置く
	粘投	投手の－が続く
のうこう	濃厚	－な味
	農耕	－民族
	農工	－の盛んな地区
のうどう	能動	－的に行動する
	農道	－を歩く

は行

はいかん	拝観	－料は無料です
	配管	－工事
	廃刊	雑誌が－になった
	廃艦	船は－が決まった
はいき	廃棄	－処分
	排気	－ガス
はいしゃ	敗者	－の弁
	配車	－計画
	廃車	－同然の車
はいすい	排水	船の－量
	背水	－の陣
	配水	－管
はいせん	配線	－工事
	廃線	路線が－になる
	敗戦	－投手
はくちゅう	白昼	－堂々
	伯仲	実力－
はくひょう	白票	－を投じる
	薄氷	－を踏む
はけん	派遣	選手団を－する
	覇権	リーグ戦の－
はっこう	発行	新株を－する
	発効	条約が－する
	発光	－ダイオード
	発酵	－食品
	薄幸	－な運命
はっしゃ	発射	ロケットを－する
	発車	バスの－時刻
はっしん	発信	－主義
	発進	車を－させる
	発疹	－がでる
はっせい	発生	事故が－する
	発声	－練習
	八世	エドワード－
はっそう	発想	－の転換
	発送	小包を－する
	発走	競走馬が－枠に入る
はっぽう	発泡	－性の入浴剤
	八方	四方－
	発砲	銃の－
はんえい	繁栄	国家の－
	反映	世相を－する
はんせい	反省	深く－する
	半生	－を振り返る
はんとう	半島	房総－
	反騰	株価が－する
はんれい	凡例	グラフの－
	判例	－法
	反例	－を示す
	範例	他の－となる
びこう	備考	－欄
	尾行	犯人を－する
	鼻孔	－が詰まる
	微香	－が鼻をくすぐる
ひしょ	秘書	重役－
	避暑	－地
ひじょう	非常	－事態
	非情	冷酷－
ひっし	必死	－にこらえる
	必至	そうなることは－だ
ひなん	避難	－訓練
	非難	失敗を－する
ひょうき	標記	－の件
	表記	封筒に－された住所
	氷期	－が明けた
ひろう	披露	新作を－する
	疲労	－がたまる
	拾う	お金を－
ふか	付加	条件を－する
	負荷	重責を－する
	不可	可もなく－もなし
	賦課	税金を－する
ふきゅう	普及	広く－する
	不朽	－の名作
	不休	不眠－
	腐朽	桟橋が－する
ふくり	複利	－で計算する
	福利	－厚生
ふごう	符号	モールス－
	符合	証言が事実と－する
	富豪	大－
	負号	正号と－
ふしょう	不詳	作者－の作品
	不祥	－事
	負傷	手を－する
	不肖	－の息子
ふしん	不振	食欲－
	不信	－の念を抱く
	不審	－者
	普請	家を－する
	腐心	会社経営に－する
ふつう	普通	－自動車
	不通	電話回線が－になる
ふとう	埠頭	－にたたずむ
	不当	－な取り扱い
	不等	連立－式
ふどう	不同	順－
	不動	－の地位を築く
	浮動	－票
ふへん	不変	－の態度
	普遍	－主義
	不偏	－不党の精神
ふよう	不要	会費は－です
	扶養	－家族
	浮揚	景気－策
へいき	併記	両方とも－する
	平気	－な顔をする
	兵器	秘密－
へいこう	並行	２台の車が－して走る
	平衡	－感覚
	平行	－四辺形
	閉口	暑さに－する
	閉講	－式
	弊行	－において取り扱います。
へいせい	平静	－を装う
	平成	－から令和へ
へんかん	変換	仮名を漢字に－する
	返還	優勝旗の－
へんこう	変更	予定を－する
	偏向	－した思想
	偏光	－レンズ
へんしん	返信	電子メールを－する
	変身	大－を遂げた
	変心	政治家の－
	変針	航路を－する
ほうい	方位	－磁石
	包囲	－網
	法衣	－をまとう
ぼうえき	貿易	自由－
	防疫	－対策
ほうがく	方角	東の－
	法学	－部
	邦楽	洋楽と－
ほうき	法規	交通－
	放棄	権利を－する
	蜂起	群衆が－する
ほうそう	放送	地上デジタル－
	包装	－紙
	法曹	－界
ほうち	法治	－国家
	放置	－自転車
	報知	火災－機
ぼうちょう	膨張	空気が－する
	傍聴	会議を－する
	防潮	－林を植える
ぼうとう	暴騰	物価が－する
	冒頭	－に挨拶する
	暴投	大－を投げる
ほうふ	豊富	－な地下資源
	抱負	新年の－
ほけん	保険	自動車－
	保健	－室
ほしょう	保障	安全－

	保証	－書
	補償	損害－
ほどう	補導	－員
	歩道	横断－
	舗道	－を整備する

ま　行

むえん	無塩	－バター
	無煙	－火薬
	無援	孤立－
	無縁	－の出来事
むき	無期	－延期
	無機	－化合物
	向き	－を変える
むじょう	無常	諸行－
	無上	－の喜び
	無情	－の雨
むりょう	無料	入場－
	無量	－の悲しみ
めいあん	明暗	－を分ける
	名案	それは－だ
めいげん	明言	－を避ける
	名言	－を残す
	迷言	－に翻弄される
めいじ	明示	－して念を押す
	明治	－・大正・昭和

や　行

やこう	夜光	－塗料
	夜行	－列車
ゆうかん	勇敢	－に立ち向かう
	夕刊	－を買って読む
	有閑	－階級
	有感	－地震
ゆうきゅう	有給	－休暇
	遊休	－地
	悠久	－不変の自然
ゆうこう	有効	－期限
	友好	－国
ゆうし	融資	資金の－を受ける
	有志	－を募る
	勇士	戦いの－
	有史	－以前
	雄姿	－を拝む
ゆうしゅう	優秀	－な成績
	有終	－の美
	憂愁	－に沈む
	幽囚	－の身となる
ゆうしょう	優勝	－旗
	有償	－修理
	勇将	－の下に弱卒なし
ゆうたい	優待	－券
	勇退	定年前に－する
	幽体	－離脱
ようい	用意	食事の－をする
	容易	－なことではない
ようご	用語	情報処理－
	養護	－施設
	擁護	人権を－する
ようこう	要項	募集－
	陽光	真夏の－はまぶしい
	洋行	－帰り
ようじん	用心	火の－
	要人	政府の－
ようせい	養成	後継者を－する
	要請	救助を－する
	陽性	－反応が出る
よじょう	余剰	－生産物
	余情	旅の－にひたる

ら　行

りこう	履行	約束を－する
	利口	－な動物
	理工	－系の大学に進む
りしょく	離職	－者
	利殖	－に励む
りゅうせい	隆盛	－を極める
	流星	－を観測する
りょうよう	療養	自宅－
	両用	水陸－バス
	両様	－の意味をもつ
れいがい	例外	－を設ける
	冷害	－にあう
れいじょう	礼状	－をもらう
	令状	捜索－を示す
	令嬢	資産家の－
	霊場	－巡り
れんけい	連携	友好的な－
	連係	－プレイ
ろじ	路地	－裏
	露地	－栽培

筆記問題 6

解答→別冊①P.21

1 次の各文の下線部の読みを、ひらがなで答えなさい。

① 質問に対して、**曖昧**な返答をする。
② 新たなビルの建設が終わり**竣工**式を行った。
③ 昨年の**雪辱**を果たすことができた。
④ 準備が足りず本末**転倒**な結果となった。
⑤ 証拠品を**押収**する。
⑥ **流石**にその問題を解くことはできなかった。
⑦ 周囲から**羨望**のまなざしで見られる。
⑧ 経営の立て直しに向けて暗中**模索**の最中だ。
⑨ 演奏後、観客から盛大な**喝采**を浴びた。
⑩ どんなときでも、**姑息**な手段はとるべきではない。
⑪ **緻密**な計画を作り上げる。
⑫ 周囲に**翻弄**される。
⑬ **驚愕**の事実を知らされた。
⑭ **健気**に働く姿が上司から評価された。
⑮ 従来の方法を**踏襲**することにした。
⑯ 展示会でカタログを**頒布**した。

1	①	②	③	④
	⑤	⑥	⑦	⑧
	⑨	⑩	⑪	⑫
	⑬	⑭	⑮	⑯

2 次の各文の下線部の読みを、ひらがなで答えなさい。

① 彼は会社の資金を**工面**しに来た。
② この計画には**仔細**な検討が必要だ。
③ 背筋に**悪寒**が走ったので早く休む。
④ **暖簾**をくぐって店に入る。
⑤ 学校で就職を**斡旋**してもらう。
⑥ 彼女は天真**爛漫**な性格だ。
⑦ **頻繁**に電車が来る。
⑧ 時間いっぱいまで**渾身**の力で戦った。
⑨ これが横綱の強い**所以**である。
⑩ 彼の申し出を**婉曲**に断った。
⑪ 事の**顛末**を記録する。
⑫ 変なうわさが**流布**している。
⑬ 上半期の黒字は、下半期の赤字で**相殺**されてしまった。
⑭ 互いに切磋**琢磨**して技術を高める。
⑮ どうぞ**忌憚**のないご意見をお願いします。
⑯ ポストに手紙を**投函**した。

2	①	②	③	④
	⑤	⑥	⑦	⑧
	⑨	⑩	⑪	⑫
	⑬	⑭	⑮	⑯

筆記問題 7

解答→別冊①P.21

1 次の各文の〔　〕の中から、四字熟語の一部として最も適切なものを選び、記号で答えなさい。

① 彼らは呉越〔ア．同車　イ．同舟　ウ．同地〕で難題を乗り越えようとしている。
② 〔ア．絶対　イ．舌苔　ウ．絶体〕絶命の危機を脱した。
③ 彼は〔ア．待機　イ．大樹　ウ．大器〕晩成な生涯を送った。
④ あの人とは一期〔ア．一意　イ．一会　ウ．一夕〕の縁だった。
⑤ 失敗を教訓に〔ア．新規　イ．心気　ウ．心機〕一転やり直すことを決めた。
⑥ 社員の能力に合わせた適材〔ア．適所　イ．適処　ウ．敵所〕の部署に異動させる。
⑦ 友人の話は意味〔ア．伸張　イ．深長　ウ．慎重〕で、本心が読みにくい。
⑧ 社長は質実〔ア．剛健　イ．合憲〕な人だ。
⑨ 今期のアニメ作品はどれもおもしろくて、〔ア．千紫　イ．百花　ウ．万別〕繚乱でした。
⑩ 開発にあたり〔ア．御故　イ．恩顧　ウ．温故〕知新をつねに心がける。
⑪ 〔ア．三貫　イ．三寒　ウ．三巻〕四温のような気温に春を感じる。
⑫ トラブルについて平身〔ア．誠意　イ．方正　ウ．低頭〕して謝る。
⑬ 危機〔ア．一発　イ．一髪〕のところで難を逃れた。
⑭ 彼女は経世〔ア．済国　イ．済民　ウ．再生〕を掲げて、政治家への夢を目指した。
⑮ 自分の理想のために〔ア．一意　イ．理念　ウ．初志〕貫徹するつもりだ。
⑯ 新人の奇想〔ア．天外　イ．工夫　ウ．夢中〕な発想に驚かされる。

	①	②	③	④	⑤	⑥	⑦	⑧	⑨	⑩	⑪	⑫	⑬	⑭	⑮	⑯
1																

2 次の各文の〔　〕の中から、四字熟語の一部として最も適切なものを選び、記号で答えなさい。

① 部長は温厚〔ア．匿実　イ．篤実　ウ．得実〕な人柄で部下に慕われている。
② 彼は喜怒〔ア．哀楽　イ．相楽　ウ．合楽〕を顔に出さない人だ。
③ 〔ア．個軍　イ．孤軍〕奮闘して業界大手まで成長した。
④ 現在の〔ア．三面　イ．八面　ウ．四面〕楚歌の状況を打ち破る策を考える。
⑤ 我が社には百戦〔ア．錬磨　イ．練磨〕の営業マンが多い。
⑥ 会議の参加者がすぐに付和〔ア．転嫁　イ．霧中　ウ．雷同〕して、全然自分の意見がない。
⑦ 一人で〔ア．思慮　イ．沈思〕黙考すること一時間が過ぎた。
⑧ 彼女は自由〔ア．無人　イ．奔放　ウ．応変〕な性格だ。
⑨ 時代劇は〔ア．完全　イ．勧善　ウ．敢然〕懲悪な話が多い。
⑩ 君の奥さんは〔ア．文武　イ．十色　ウ．才色〕兼備だね。
⑪ 優勝して意気〔ア．揚々　イ．洋々　ウ．陽々〕と帰る。
⑫ 合格したいけど勉強したくないなんて二律〔ア．背反　イ．矛盾　ウ．反対〕だ。
⑬ この試合は徹頭〔ア．撤尾　イ．哲尾　ウ．徹尾〕攻めに回った。
⑭ 社長は順風〔ア．波瀾　イ．満帆　ウ．爛漫〕な人生を歩んできた。
⑮ 引退試合で〔ア．歓概　イ．観概　ウ．感慨〕無量の涙を流した。
⑯ 彼は〔ア．一心　イ．一念　ウ．一挙〕不乱に研究を進めた。

	①	②	③	④	⑤	⑥	⑦	⑧	⑨	⑩	⑪	⑫	⑬	⑭	⑮	⑯
2																

筆記問題 8

解答→別冊①P.21

1 次の各文の下線部の漢字が、正しい場合は○を、誤っている場合は〔　　〕の中から最も適切なものを選び、記号で答えなさい。

① 自分の**医師**を表す。〔ア．意思　イ．遺子　ウ．遺志〕
② 宇宙から地球に無事**機関**する。〔ア．期間　イ．基幹　ウ．帰還〕
③ クイズの**憲章**に応募する。〔ア．検証　イ．顕彰　ウ．懸賞〕
④ 穀物相場で価格が**高等**した。〔ア．好投　イ．高騰　ウ．口頭〕
⑤ 法廷に証人を**召喚**する。〔ア．償還　イ．召還〕
⑥ 時間に**成約**されることが多い。〔ア．製薬　イ．制約　ウ．誓約〕
⑦ 新たな条約が**薄幸**した。〔ア．発効　イ．発行　ウ．発酵〕
⑧ 二日間の**悠久**休暇を取得した。〔ア．有給　イ．遊休〕
⑨ 相手の行動に**普請**を抱く。〔ア．不振　イ．不信　ウ．不審〕
⑩ 自宅を購入し**当期**を行った。〔ア．投棄　イ．騰貴　ウ．登記〕
⑪ 乗車券の**生産**を窓口で行う。〔ア．精算　イ．清算　ウ．成算〕
⑫ 一定の**臭気**で公転をしている。〔ア．秋期　イ．周忌　ウ．周期〕
⑬ 原稿の**構成**作業を行う。〔ア．公正　イ．校正　ウ．厚生〕
⑭ 図書館の**快感**日を調べる。〔ア．開館　イ．会館〕
⑮ **衛星**放送の受信契約を結ぶ。〔ア．衛生　イ．永世〕
⑯ 彼の振る舞いは**向寒**が持てる。〔ア．交歓　イ．高官　ウ．好感〕

	①	②	③	④	⑤	⑥	⑦	⑧	⑨	⑩	⑪	⑫	⑬	⑭	⑮	⑯
1																

2 次の各文の下線部に漢字を用いたものとして、最も適切なものを〔　　〕の中から選び、記号で答えなさい。

① お世話になった人へ**れいじょう**を出す。〔ア．礼状　イ．令状〕
② 文化祭で**どうよう**を合唱する。〔ア．童謡　イ．動揺〕
③ 資本を**とうか**して事業を拡張する。〔ア．等価　イ．投下　ウ．灯下〕
④ 問題を解き**せいとう**を導き出す。〔ア．正当　イ．正統　ウ．正答〕
⑤ 先輩の**しじ**に従って行動する。〔ア．支持　イ．師事　ウ．指示〕
⑥ 伝統的な技能を**けいしょう**する。〔ア．敬称　イ．継承　ウ．景勝〕
⑦ 隣接する市に施設を**きょうよう**する。〔ア．教養　イ．供用〕
⑧ ようやく子育てから**かいほう**された。〔ア．解放　イ．開放　ウ．介抱〕
⑨ 彼とは**あいしょう**で呼び合う仲だ。〔ア．相性　イ．愛称　ウ．愛唱〕
⑩ 台風の接近で船の**けっこう**が相次いだ。〔ア．決行　イ．結構　ウ．欠航〕
⑪ 学力の**こうじょう**について研究する。〔ア．口上　イ．恒常　ウ．向上〕
⑫ 出席者の**そうい**を汲んで決める。〔ア．総意　イ．創意〕
⑬ **たいしょう**者を別室に案内する。〔ア．対照　イ．大勝　ウ．対象〕
⑭ 入社前にスーツを**しんちょう**した。〔ア．慎重　イ．新調　ウ．深長〕
⑮ 責任を部下に**てんか**する。〔ア．添加　イ．転嫁　ウ．点火〕
⑯ 製品の**ほしょう**書を紛失した。〔ア．保証　イ．保障〕

	①	②	③	④	⑤	⑥	⑦	⑧	⑨	⑩	⑪	⑫	⑬	⑭	⑮	⑯
2																

筆記まとめ問題①

解答用紙→別冊②P.30　解答→別冊①P.22

1

次の各文は何について説明したものか。最も適切な用語を解答群の中から選び、記号で答えなさい。

① 入力する方式や書式などの初期設定を、利便性を向上させるためにユーザの好みで変更した設定のこと。
② メール本文の文字修飾に加え、マークアップ言語を用いてページ編集ができるメールのこと。
③ 他の作業と並行して印刷できる機能のこと。
④ 文書から条件をつけて指定した文字列を探しだし、他の文字列に変更すること。
⑤ 省資源のために再利用する、裏面が白紙の使用済み用紙のこと。

【解答群】

ア．リッチテキストメール	**イ**．ユーザの設定	**ウ**．ＨＴＭＬメール
エ．バックグラウンド印刷	**オ**．差し込み印刷	**カ**．裏紙
キ．再生紙	**ク**．置換	**ケ**．欧文フォント

2

次の各文の下線部について、正しい場合は○を、誤っている場合は最も適切な用語を解答群の中から選び、記号で答えなさい。

① パソコンのインターフェースの一つで、ＵＳＢ機器を接続する接続口のことを**ＵＳＢハブ**という。
② まだ使う見込みのある文書を、必要に応じて取り出せるように整理し、身近で管理することを**文書の保存**という。
③ **シフトＪＩＳコード**とは、主にWindowsで日本語を扱う際に利用される符号化方式のことである。
④ ある話題や内容について、行を改めて書かれた文章のひとまとまりのことを**箇条書き**という。
⑤ ユーザが作成して、システムに登録した文字のことを**組み文字**という。

【解答群】

ア．段落	**イ**．文書の保管	**ウ**．ＪＩＳコード
エ．マルチウィンドウ	**オ**．文書の履歴管理	**カ**．プロパティ
キ．ＵＳＢポート	**ク**．外字	

3

次の各問いの答えとして、最も適切なものをそれぞれのア～ウの中から選び、記号で答えなさい。

① ３月の異名はどれか。
　ア．長月　**イ**．弥生　**ウ**．如月
② ５月の時候の挨拶はどれか。
　ア．春もたけなわの今日このごろ、
　イ．桃の花咲く季節となりましたが、
　ウ．風薫る季節となりましたが、
③ ３月の時候の挨拶はどれか。
　ア．早春の候、　**イ**．陽春の候、　**ウ**．春寒の候、
④ 「すべてを選択」の操作を実行するショートカットキーはどれか。
　ア．[Ctrl]＋[N]　**イ**．[Ctrl]＋[B]　**ウ**．[Ctrl]＋[A]
⑤ ショートカットキー[Ctrl]＋[I]により実行される内容はどれか。
　ア．下線　**イ**．斜体　**ウ**．太字

4

次の＜A群＞の各用語に対して、最も適切な説明文を＜B群＞の中から選び、記号で答えなさい。

＜A群＞

① プレースホルダ
② プレゼンター
③ プレビュー
④ 聴衆分析（リサーチ）
⑤ 発問
⑥ 起承転結
⑦ 知識レベル

＜B群＞

ア．プレゼンテーションを行う発表者のこと。
イ．スライドの中で、点線や実線で囲まれた領域のこと。
ウ．論文や講演などでの、導入部分のこと。
エ．プレゼンテーションを企画する段階で行う、聞き手に関する事前調査のこと。
オ．問題の提起→発展→視点の変更→まとめの4段落で構成する、作文や物語向きのフレームワークのこと。
カ．聞き手の持つ見識や理解している用語の種類や程度のこと。
キ．スライドを表示する際やポイントとなる場面で短く音を鳴らすこと。
ク．プレゼンテーションの実施前に行う事前検討のこと。
ケ．聞き手に対して質問すること。
コ．プレゼンテーションでは、説明や提示などを受ける顧客、依頼人、得意先などのこと。
サ．序論→本論→結論の3段落で構成する、論文や講話向きのフレームワークのこと。
シ．聞き手に視線を送ること。

5

次の各文の〔　　〕の中から最も適切なものを選び、記号で答えなさい。

① 相手方に対して、了解しておいて欲しい事柄を、伝えるための文書のことを
〔**ア**．照会状　**イ**．承諾状　**ウ**．通知状〕という。

② 回答状とは、〔**ア**．先方に対して、当方への質問・照会などに対する返事を伝える文書
イ．先方に対して、当方の過失や不手際などを陳謝する文書
ウ．先方に対して、過失や不手際などについて、当方の不満や言い分を伝える文書〕
のことである。

③ 心当たりの無い発信者や内容の迷惑メールは、問い合わせや拡散などはせずに
〔**ア**．全員返信（Reply-All）　**イ**．返信　**ウ**．削除〕する。

④ 慶事や弔事に際して、縁起が良くないので使うのを避ける語句のことを〔**ア**．重ね言葉
イ．禁句　**ウ**．忌み言葉〕という。

⑤ 一般に対して、ある事実を公表し広く一般に知らせる文書のことを〔**ア**．公告
イ．目録見書　**ウ**．企画書〕という。

⑥ 末文挨拶として適切でない表現は、
〔**ア**．今後とも、何とぞご用命を賜りますようお願い申し上げます。
イ．毎度格別のお引き立てを賜り、厚くお礼申し上げます。〕である。

⑦ 社内文書ではないのは、〔**ア**．起案書　**イ**．詫び状　**ウ**．報告書〕である。

⑧ 下記のような速く書くために一画・一点を続ける日本語用の文字のデザインを
〔**ア**．楷書体　**イ**．勘亭流　**ウ**．行書体〕という。

江戸時代の文化芸能

6

次の各文の下線部の読みを、ひらがなで答えなさい。

① **暫時**の間お待ちください。
② 我ながら**迂闊**だったと言わざるを得ない。
③ 組織の**定款**を定めた。
④ **稟議**書を部長に提出してきた。
⑤ 彼の夢は観客を**抱腹**絶倒させることだ。

7

次の各文の〔　　〕の中から、四字熟語の一部として最も適切なものを選び、記号で答えなさい。

① 〔ア．悪線　イ．悪戦〕苦闘の末、ようやくすべての作業が終了した。
② 今年一年、〔ア．無病　イ．無秒　ウ．無描〕息災を祈ってきた。
③ 不撓〔ア．八起　イ．不屈　ウ．努力〕の精神がある限り、このチームに敗北はありえない。
④ 互いに〔ア．誠意　イ．公明〕正大であるべきだ。
⑤ 彼は新人に対して、鶏口〔ア．羊後　イ．狼後　ウ．牛後〕の気概を持つよう話をした。

8

次の＜Ａ＞・＜Ｂ＞の各問いに答えなさい。

＜Ａ＞次の各文の下線部の漢字が、正しい場合は○を、誤っている場合は〔　　〕の中から最も適切なものを選び、記号で答えなさい。

① 学力を**胸囲**的に伸ばしたい。　〔ア．脅威　イ．強意　ウ．驚異〕
② 内定が出たのでお**令状**を出した。　〔ア．礼状　イ．令嬢〕
③ **発効**ダイオードは、省電力で使用できる。　〔ア．発行　イ．発光〕
④ 会社として利益を**追求**した。　〔ア．追究　イ．追及〕
⑤ ６月は、**行為**の季節である。　〔ア．好意　イ．更衣　ウ．厚意〕

＜Ｂ＞次の各文の下線部に漢字を用いたものとして、最も適切なものを〔　　〕の中から選び、記号で答えなさい。

⑥ 彼は、多種**たよう**な壁紙のサンプルを見せた。〔ア．多用　イ．多様　ウ．他用〕
⑦ 学生募集**ようこう**をホームページに掲載した。〔ア．洋行　イ．要項〕
⑧ 課長が**ちめい**的なミスをしてしまった。　〔ア．致命　イ．地名〕
⑨ この作品は作者**ふしょう**である。　〔ア．不肖　イ．不祥　ウ．不詳〕
⑩ この辞書は、２つの意味を**へいき**している。　〔ア．併記　イ．平気〕

筆記まとめ問題②

解答用紙→別冊②P.30　解答→別冊①P.22

1

次の各用語に対して、最も適切な説明文を解答群の中から選び、記号で答えなさい。

①　組み文字　　②　送信箱　　③　差し込み印刷
④　フッター　　⑤　ＤＴＰ

【解答群】

ア． 複数の文字を１文字分の枠の中に配置し、１文字として取り扱う機能のこと。
イ． アイコンやプログラムなど、オブジェクトの属性または属性の一覧表示のこと。
ウ． メールサーバにアップロードしたメールのコピーを保存しておく記憶領域のこと。
エ． メールサーバからダウンロードしたメールを保存しておく記憶領域のこと。
オ． 氏名や住所など他のデータを、ひな形（テンプレート）となる文書の指定した位置へ入力して、複数の文書を自動的に作成・印刷する機能のこと。賞状印刷や宛名印刷に使用する。
カ． 文書の本文とは別に同一形式・同一内容の文字列をページの下部に印刷する機能のこと。
キ． 文書の本文とは別に同一形式・同一内容の文字列をページの上部に印刷する機能のこと。
ク． 文字・図形などのデータをパソコンなどで編集・レイアウトし、印刷物の版下を作成する卓上出版のこと。

2

次の各文の下線部について、正しい場合は○を、誤っている場合は最も適切な用語を解答群の中から選び、記号で答えなさい。

①　**標準辞書**とは、分野ごとの詳細な用語を集めたかな漢字変換用の辞書のことである。
②　ＵＳＢ機器を接続する接続口のことを**ＵＳＢポート**という。
③　一般的に返信のメールであることを表示する略語のことを**Re**という。
④　**ネットワークプリンタ**とは、ＬＡＮなどを経由しないで、パソコンに直接接続されているプリンタのことである。
⑤　オブジェクトの属性または属性の一覧表示のことを**デフォルトの設定**という。

【解答群】

ア． PS　　**イ．** ローカルプリンタ　　**ウ．** ＵＳＢハブ
エ． Fw　　**オ．** 専門辞書　　**カ．** 段落
キ． プロパティ　　**ク．** ドロップキャップ

3

次の各問いの答えとして、最も適切なものをそれぞれのア～ウの中から選び、記号で答えなさい。

①　８月の異名はどれか。
　ア． 文月　　**イ．** 葉月　　**ウ．** 長月
②　６月の時候の挨拶はどれか。
　ア． 盛夏の候、　　**イ．** 新緑の候、　　**ウ．** 初夏の候、
③　３月の時候の挨拶はどれか。
　ア． 梅のつぼみもほころぶころとなりましたが、
　イ． 桃の花咲く季節となりましたが、
　ウ． 春もたけなわの今日このごろ、
④　ショートカットキー［Ctrl］＋［B］により実行される内容はどれか。
　ア． 斜体　　**イ．** 新規作成　　**ウ．** 太字
⑤　「終了」の操作を実行するショートカットキーはどれか。
　ア． ［Alt］＋［F4］　　**イ．** ［Ctrl］＋［Shift］　　**ウ．** ［Ctrl］＋［S］

4

次の＜A群＞の各説明文に対して、最も適切な用語を＜B群＞の中から選び、記号で答えなさい。

＜A群＞

① プレゼンテーションを企画する段階で行う、聞き手に関する事前調査のこと。
② ジェスチャ（動作）、表情などによる言葉以外の表現のこと。
③ 契約の決裁権・決定権を持つ具体的な人物や、内容を理解し同意してもらう目標となる聞き手のこと。
④ スライドのひな形（テンプレート）のこと。
⑤ 話を分かりやすく説得力を持ったものにするためのロジカルシンキングにのっとった説明の進め方や枠組みのこと。
⑥ ボディランゲージや再質問法など、プレゼンテーションの効果を高めるための、プレゼンターの話し方やアピール方法のこと。
⑦ 画面の絵や文字に動きを与えること。

＜B群＞

ア．フレームワーク
イ．キーパーソン
ウ．聴衆分析（リサーチ）
エ．クライアント
オ．デリバリー技術
カ．アイコンタクト
キ．ボディランゲージ
ク．サウンド効果
ケ．スライドマスタ
コ．アニメーション効果

5

次の各文の〔　　〕の中から最も適切なものを選び、記号で答えなさい。

① 取引に先立ち決定された条件などを書き込み、その確認として双方の押印やサインをした文書のことを〔**ア**．通知状　**イ**．承諾書　**ウ**．契約書〕という。
② 〔**ア**．回答状　**イ**．督促状　**ウ**．詫び状〕は、先方に対して、当方への質問・照会・要求などに対する返事を伝える文書である。
③ 会議に提出する、自らが関わる業務の変更や新しい案をまとめた文書のことを〔**ア**．起案書　**イ**．提案書　**ウ**．企画書〕という。
④ 来臨とは、〔**ア**．よく確認して受け取る　**イ**．来場する　**ウ**．自分の体を大切にする〕の意味である。
⑤ 事務上の必要事項を記入していく、ノートやバインダなどの文書のことを、〔**ア**．帳簿　**イ**．報告書　**ウ**．企画書〕という。
⑥ 末文挨拶として適切な表現は、〔**ア**．引き続き、何とぞご愛顧を賜りますようお願い申し上げます。　**イ**．毎度格別のお引き立てを賜り、厚くお礼申し上げます。〕である。
⑦ 業務の遂行にあたり、その記録として文書を作成することを〔**ア**．短文主義　**イ**．簡潔主義　**ウ**．文書主義〕という。
⑧ 下記のような文書から条件をつけて指定した文字列を探しだし、他の文字列に変更することを〔**ア**．箇条書き　**イ**．置換　**ウ**．段落〕という。

全国の工業高等学校一覧 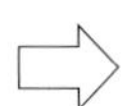 全国の商業高等学校一覧

6

次の各文の下線部の読みを、ひらがなで答えなさい。

① 彼女は**慇懃**に挨拶をした。
② 彼は古典落語に**造詣**が深い。
③ 損失を**補填**する。
④ 鉄道が**暫定**開業した。
⑤ 学問に**真摯**に取り組む。

7

次の各文の〔　　〕の中から、四字熟語の一部として最も適切なものを選び、記号で答えなさい。

① その結果も〔ア．自業　イ．自豪〕自得だから仕方ない。
② 上司の傍若〔ア．武人　イ．舞人　ウ．無人〕ぶりに、部下たちは困惑している。
③ 新メニューは、試行〔ア．挑戦　イ．錯誤　ウ．創意〕の末に完成した。
④ 〔ア．一意　イ．一網　ウ．一挙〕両得を試みた。
⑤ 〔ア．星光　イ．晴耕〕雨読な暮らしがしてみたい。

8

次の＜Ａ＞・＜Ｂ＞の各問いに答えなさい。

＜Ａ＞次の各文の下線部の漢字が、正しい場合は○を、誤っている場合は〔　　〕の中から最も適切なものを選び、記号で答えなさい。

① 彼は**器械**体操の選手だ。　〔ア．機械　イ．機会〕
② 宅配便を**発走**した。　〔ア．発送　イ．発想〕
③ **聖祭**に欠ける話し方だ。　〔ア．制裁　イ．生彩　ウ．精細〕
④ 人員に**世情**が出た。　〔ア．余剰　イ．余情〕
⑤ 庭には**遠大**がある。　〔ア．演題　イ．演台　ウ．縁台〕

＜Ｂ＞次の各文の下線部に漢字を用いたものとして、最も適切なものを〔　　〕の中から選び、記号で答えなさい。

⑥ 説明書の**かいてい**版を出す。〔ア．改定　イ．改訂〕
⑦ その考え方を**こうてい**する。〔ア．肯定　イ．公定　ウ．行程〕
⑧ それは**どくそう**的な考えだ。〔ア．独走　イ．独創〕
⑨ 物価が**ぼうとう**した。　〔ア．冒頭　イ．暴投　ウ．暴騰〕
⑩ **かんたん**で明瞭な答えだ。　〔ア．感嘆　イ．簡単〕

筆記まとめ問題③

解答用紙→別冊②P.30　解答→別冊①P.22

1

次の各文は何について説明したものか。最も適切な用語を解答群の中から選び、記号で答えなさい。

① 主に電子メールで日本語を扱う際に利用される符号化方式のこと。
② 他の作業と並行して印刷できる機能のこと。
③ ユーザが作成して、システムに登録した文字のこと。
④ 入力する方式や書式設定など、インストール直後の各種プロパティの初期設定のこと。
⑤ 文書から条件をつけて指定した文字列を探しだし、他の文字列に変更すること。

【解答群】

ア．外字　**イ**．バックグラウンド印刷　**ウ**．シフトＪＩＳコード
エ．ＪＩＳコード　**オ**．置換　**カ**．組み文字
キ．デフォルトの設定　**ク**．ページ単位印刷

2

次の各文の下線部について、正しい場合は○を、誤っている場合は最も適切な用語を解答群の中から選び、記号で答えなさい。

① 文書のある位置（ページ）から、文書の最後に移動する機能（呼び出して表示する機能）のことを**文頭表示**という。
② 液晶画面などを見る作業を長時間続けることで引き起こされる、健康上の問題のことを**ＤＴＰ**という。
③ **メーリングリスト**は、電子メールの名簿に登録されている人のアドレスに、一斉にメールを送信するシステムのことである。
④ ＩＭＥがデフォルトで使用するかな漢字変換用の辞書のことを**専門辞書**という。
⑤ **ローカルプリンタ**とは、ＬＡＮなどを経由して、パソコンと接続されているプリンタのことである。

【解答群】

ア．ネットワークプリンタ　**イ**．文末表示　**ウ**．ユーザの設定
エ．ＶＤＴ障害　**オ**．プロパティ　**カ**．段落
キ．メールボックス　**ク**．標準辞書

3

次の各問いの答えとして、最も適切なものをそれぞれのア～ウの中から選び、記号で答えなさい。

① 11月の異名はどれか。
　ア．長月　**イ**．神無月　**ウ**．霜月
② ２月の時候の挨拶はどれか。
　ア．厳寒の候、　**イ**．春寒の候、　**ウ**．早春の候、
③ 10月の時候の挨拶はどれか。
　ア．朝夕めっきり涼しさを覚える季節となりましたが、
　イ．灯火親しむころとなりましたが、
　ウ．穏やかな小春日和が続いておりますが、
④ ショートカットキー［Ctrl］＋［A］により実行される内容はどれか。
　ア．すべてを選択　**イ**．太字　**ウ**．斜体
⑤ 「新規作成」の操作を実行するショートカットキーはどれか。
　ア．［Ctrl］＋［N］　**イ**．［Ctrl］＋［S］　**ウ**．［Ctrl］＋［O］

4

次の＜Ａ群＞の各用語に対して、最も適切な説明文を＜Ｂ群＞の中から選び、記号で答えなさい。

＜Ａ群＞

① リハーサル
② クライアント
③ プレースホルダ
④ アイコンタクト
⑤ サウンド効果
⑥ ハンドアクション
⑦ 知識レベル

＜Ｂ群＞

ア．プレゼンテーションを最初から最後まで通して行う事前練習のこと。
イ．目的確認、発表準備作業、聴衆分析など、プレゼンテーション全体の企画をまとめた表のこと。
ウ．プレゼンテーションでは、説明や提示などを受ける顧客、依頼人、得意先などのこと。
エ．スライドの中で、点線や実線で囲まれた領域のこと。
オ．プレゼンテーションの実施後に行う事後検討のこと。
カ．聞き手に視線を送ること。話を聞いて理解してもらえるように促す。Ｓ字またはＺ字に全体を見渡すと効果的である。
キ．スライドを表示する際やポイントとなる場面で短く音を鳴らすこと。
ク．手や腕を使った表現のこと。
ケ．論文や講演などでの、導入部分のこと。
コ．聞き手の持つ見識や理解している用語の種類や程度のこと。

5

次の各文の〔　　〕の中から最も適切なものを選び、記号で答えなさい。

① 見舞状とは、〔**ア**．病気や災害に遭った相手に、慰めたり励ましたりするための文書　**イ**．故人を悼みお悔やみを述べる文書　**ウ**．不明な事項を質問し、回答を求める文書〕のことである。
② 〔**ア**．移動　**イ**．転送　**ウ**．返信〕のボタンは、メール本文と添付ファイルをコピーして、他の人宛てのメールを作成するものである。
③ ある事実を公表し広く一般に知らせる文書のことを〔**ア**．公告　**イ**．目論見書　**ウ**．回答状〕という。
④ 様々な業務に関わる作業を開始していいかを、上司に対して許可を求める文書のことを〔**ア**．企画書　**イ**．提案書　**ウ**．起案書〕という。
⑤ 〔**ア**．当社　**イ**．弊社　**ウ**．貴社〕は、文章で取引先や相手の所属する企業を表す用語である。
⑥ 前文挨拶として適切な表現は、〔**ア**．まずはご連絡かたがたお願い申し上げます。　**イ**．謹啓　時下、ますますご盛栄のこととお喜び申し上げます。〕である。
⑦ 用件や提案を正確に漏れなく伝えるために、文書中に盛り込まなくてはならない５Ｗ１Ｈに含まれているものは、〔**ア**．Where　**イ**．Whose　**ウ**．Which〕である。
⑧ 下の文のように、伝えたい項目や内容を短文で簡潔にまとめ、列挙して提示する文字表現のことを〔**ア**．ヘッダー　**イ**．ドロップキャップ　**ウ**．箇条書き〕という。

・ごみはお持ち帰りください
・立入禁止区域には入らないでください
・迷惑行為はおやめください

6

次の各文の下線部の読みを、ひらがなで答えなさい。

① 影像を**如実**に写し出すのも一つの芸術だ。
② 突然のことに周章**狼狽**してしまう。
③ 任務を**遂行**する。
④ **曖昧**な回答では困る。
⑤ 学問に**邁進**する。

7

次の各文の〔　　〕の中から、四字熟語の一部として最も適切なものを選び、記号で答えなさい。

① チーム一丸となって、勇猛〔ア．花冠　イ．可換　ウ．果敢〕に戦う。
② 彼の〔ア．謹言　イ．謹厳〕実直な勤めぶりは感心する。
③ さまざまな紆余〔ア．局説　イ．曲折　ウ．曲説〕を経て行く者がいる。
④ 若さに任せて猪突〔ア．無双　イ．砕身　ウ．猛進〕した頃もあった。
⑤ 将来を展望した基盤を築くのが深謀〔ア．遠慮　イ．分別〕というものだ。

8

次の＜Ａ＞・＜Ｂ＞の各問いに答えなさい。

＜Ａ＞次の各文の下線部の漢字が、正しい場合は○を、誤っている場合は〔　　〕の中から最も適切なものを選び、記号で答えなさい。

① あの人の**急性**を知っています。　〔ア．旧制　イ．旧姓　ウ．救世〕
② 責任を**天下**しないでください。　〔ア．転嫁　イ．添加〕
③ 国語**時点**を持ってきましたか。　〔ア．事典　イ．自転　ウ．辞典〕
④ 安全は**保障**されている。　〔ア．保証　イ．補償〕
⑤ 今度は**夜向**列車の旅がしたい。　〔ア．夜光　イ．夜行〕

＜Ｂ＞次の各文の下線部に漢字を用いたものとして、最も適切なものを〔　　〕の中から選び、記号で答えなさい。

⑥ 後継者を**ようせい**する。　〔ア．養成　イ．養生　ウ．要請〕
⑦ 夜の河原で**りゅうせい**を観測する。　〔ア．隆盛　イ．流星〕
⑧ この車は古くて**はいしゃ**同然だ。　〔ア．廃車　イ．配車〕
⑨ 自分の**いし**で行動しなさい。　〔ア．遺志　イ．意思〕
⑩ 大事な日に限って**むじょう**の雨が降る。〔ア．無常　イ．無上　ウ．無情〕

4 模擬問題編

■ 模擬問題　速度１回 ■

１行の文字数を30字に設定し、網掛けした漢字は同じ読みで間違って使われているため、正しい漢字に訂正して入力しなさい。ただし、網掛けをする必要はない。フォントの種類は明朝体とし、プロポーショナルフォントは使用しないこと。なおヘッダーには学年、組、番号、氏名を入力し、１行目から作成しなさい。（制限時間　10分）

脂肪酸には、炭素の数や炭素と炭素のつながり方などの違いによ	30
り、様々な種類がある。この脂肪酸は、不飽和脂肪酸と飽和脂肪酸	60
に分けられる。脂肪酸を作る炭素動詞が二重に手をつないでいるの	90
が不飽和で、一本の手だけつながっているのが飽和である。トラン	120
ス脂肪酸は、不飽和脂肪酸の一種である。	140
トランス脂肪酸は、天然の植物油にはほとんど含まれず、マーガ	170
リンやショートニングなどに含まれていて、植物油脂や動物油脂、	200
バターなどにも非核的多く含まれている。	220
また、油脂類以外の食品では、トランス脂肪酸の含有量が１％を	250
超える製品が含まれていた加工食品は、コンパウンドクリーム、生	280
クリームなどのクリーム類、ケーキ、パイ、ビスケットなどの洋菓	310
子類、マヨネーズ、チーズ、クロワッサンなどで、いずれも油脂の	340
含有量が多い食品である。	353
トランス脂肪酸は、摂取し過ぎると、血液中の悪玉コレステロー	383
ルが増えて善玉コレステロールを減らす働きがあるため、冠動脈性	413
心疾患などのリスクを高めるといわれている。また、この脂肪酸を	443
日常生活で摂り過ぎた場合には、生活習慣病になる可能性が高くな	473
るといわれているが、食品に含まれている栄養素には、同じように	503
摂り過ぎによって健康に悪影響を及ぼすといわれている食塩などが	533
ある。食塩を摂り過ぎると高血圧やがん、脳卒中のリスクが高くな	563
るといわれ、減塩は、これらの生活習慣病の予防に有功であると考	593
えられている。	601
人間は、エネルギーを脂質、炭水化物、たんぱく質から摂ってい	631
る。健康を保つためには、トランス脂肪酸だけでなく、飽和脂肪酸	661
などを含めた脂質の摂り過ぎに限らず、食品からエネルギーや栄養	691
素をバランス良く摂ることが重要である。	710

解答→別冊① P.23

■ 模擬問題　実技１回 ■ （制限時間　20分）

【書式設定】余白は上下左右それぞれ25㎜。指示のない文字のフォントは、明朝体の全角で入力し、サイズは12ポイントに統一。プロポーショナルフォントは使用不可。
【注意事項】ヘッダーに左寄せで年組、番号、氏名を入力する。
【問　　題】次のⅠ～Ⅳに従い、右のような文書を作成しなさい。

Ⅰ　標題の挿入

出題内容に合った標題のオブジェクトを、用意されたフォルダなどから選び、指示された位置に挿入しセンタリングすること。

Ⅱ　表作成

下の資料Ａ・Ｂ並びに指示を参考に表を作成すること。

資料Ａ　会社管理空港　　単位：人

空港名	空港の特徴	国際線乗降客	国内線乗降客
大阪国際空港	大阪市街地から近く便⌒利	0	13,823,922
成田国際空港	日本の玄関口で国際線が多い	27,640,233	4,825,206
関西国際空港	国際線も発着する関西の拠点	11,664,806	5,996,003

資料Ｂ　国管理空港　　単位：人

空港名	空港の特徴	国際線乗降客	国内線乗降客
那覇空港	利用観光者が多いリゾート空港	869,710	15,170,115
福岡空港	市内から近く利便性がよい	3,117,724	15,833,928
東京国際空港	国内線拠点で各地の空港に接続	7,974,122	60,449,654
新千歳空港	北海道の旅客・物流の中心	4,308,984	17,398,764

指示　1．「会社管理空港」と「国管理空港」を一つにした表を作成すること。
2．表は、行頭・行末を越えずに作成し、行間は、２．０とすること。
3．罫線は右の表のように太実線と細実線とを区別すること。
4．表の枠内の文字は１行で入力し、上下のスペースが同じであること。
5．右の表のように項目名とデータが正しく並んでいること。
6．右の表の「種別」の欄には、資料Ａ・Ｂの「会社管理空港」の場合は「会社」、「国管理空港」の場合は「国」と入力すること。
7．表内の「国内線乗降客」と「国際線乗降客」の数字は、明朝体の半角で入力し、３桁ごとにコンマを付けること。
8．ソート機能を使って、表全体を「国際線乗降客」の多い順に並べ替えること。
9．表の「国内線乗降客」と「国際線乗降客」の合計は、計算機能を使って求めること。

Ⅲ　テキスト・オブジェクトの挿入

1．挿入する文章は、用意されたフォルダなどにあるテキストファイルから取得し、校正および編集すること。
2．出題内容に合った写真のオブジェクトを、用意されたフォルダなどから選び、指示された位置に挿入すること。

Ⅳ　その他

1．問題文にある校正記号に従うこと。
2．①～⑩の処理を行うこと。
3．右の問題文にない空白行を入れないこと。
4．右の問題文の［ａ］に当てはまる語句を以下から選択し入力すること。

国外　　**海外**　　**国内**

多い

オブジェクト（標題）の挿入・センタリング

a にある空港のうち、乗降客数が大井空港をまとめました。空港ごとの概要を確認した上で、来週から開始する課題研究の資料として活用してください。

空　港　名	種別	空　港　の　特　徴	国内線乗降客	国際線乗降客
		合　　計		

①各項目名は、枠の中で左右にかたよらないようにする。

②枠内で均等割付けする。　③左寄せする（均等割付けしない）。　④右寄せする。

単位：人　⑤右寄せする。

エコエアポートとは、空港および空港周辺において、環境の保全と良好な環境の創造を進める大作対策を実施している空港をいう。環境と調和しながら発展を図るという持続的発展の考え方をもとにして、それぞれ空港の特性に応じた自主的な取組みを進めている。

テキストファイルの挿入範囲

⑥取得した文章のフォントの種類は明朝体で、3段で境界線を引かずに均等に段組みをし、「エ」を2行の範囲で本文内にドロップキャップする。

⑦枠を挿入し、枠線は細実線とする。

⑧枠内のフォントの種類はゴシック体、サイズは12ポイントとし、縦書きとする。

空港の種別

日本の空港は、拠点空港・地方管理空港・その他の空港・共用空港の四種類の空港に分類され、さらに拠点空港は会社管理空港・国管理空港・特定地方管理空港の四三つに分類される。

オブジェクト（写真）の挿入位置

⑨フォントサイズは20ポイントで、文字を線で囲み、1行で入力する。

資料作成　千竃（ちかま）　隆一

⑩明朝体のひらがなでルビをふり、右寄せする。

模擬問題編

解答→別冊①P.23

■ 模擬問題　筆記１回 ■ （制限時間　15分）　1～8計50問各２点　合計100点

1

次の各文は何について説明したものか。最も適切な用語を解答群の中から選び、記号で答えなさい。

① ある位置（ページ）から、文書の最初（最後）に移動する機能のこと。
② 主に海外で使われている、半角の英数字用の文字のデザインのこと。
③ パソコンなどで編集・レイアウトし、印刷物の版下を作成する作業のこと。
④ 無断コピーを防止する刷り込みが背景に施されている用紙のこと。
⑤ 日時や作業の節目でのデータを保存し、作業内容を付記しておくこと。

【解答群】

ア．偽造防止用紙	**イ**．dpi	**ウ**．文頭（文末）表示
エ．ＰＰＣ用紙	**オ**．文書の履歴管理	**カ**．欧文フォント
キ．和文フォント	**ク**．ＤＴＰ	

2

次の各文の下線部について、正しい場合は○を、誤っている場合は最も適切な用語を解答群の中から選び、記号で答えなさい。

① 複数の文字を１文字分の枠の中に配置し、１文字として取り扱う機能のことを**外字**という。
② 修飾されていない文字のみのデータで作成されたメールのことを**ＨＴＭＬメール**という。
③ **専門辞書**とは、分野ごとの詳細な用語を集めたかな漢字変換用の辞書のことである。
④ 本文とは別に文字列をページの上部に印刷する機能のことを**フッター**という。
⑤ ＬＡＮなどを経由して、パソコンと接続されているプリンタを**ローカルプリンタ**という。

【解答群】

ア．段落	**イ**．ネットワークプリンタ	**ウ**．標準辞書
エ．ヘッダー	**オ**．マルチウィンドウ	**カ**．組み文字
キ．バックグラウンド印刷	**ク**．テキストメール	

3

次の各問いの答えとして、最も適切なものをそれぞれのア～ウの中から選び、記号で答えなさい。

① ７月の異名はどれか。
　ア．文月　　**イ**．葉月　　**ウ**．長月
② ４月の時候の挨拶はどれか。
　ア．春寒もすっかりゆるみ、
　イ．若葉の緑もすがすがしい季節となりましたが、
　ウ．春もたけなわの今日このごろ、
③ １月の時候の挨拶はどれか。
　ア．寒冷の候、　　**イ**．厳寒の候、　　**ウ**．余寒の候、
④ Unicodeの文字コードと文字を相互変換するショートカットキーはどれか。
　ア．[Ctrl]＋[V]　　**イ**．[Alt]＋[X]　　**ウ**．[Ctrl]＋[I]
⑤ ショートカットキー[Ctrl]＋[O]により実行される内容はどれか。
　ア．すべてを選択　　**イ**．新規作成　　**ウ**．ファイルを開く

4

次の<Ａ群>の各用語に対して、最も適切な説明文を<Ｂ群>の中から選び、記号で答えなさい。

<Ａ群>

① ストーリー
② フレームワーク
③ チェックシート
④ サウンド効果
⑤ 評価（レビュー）
⑥ クライアント
⑦ リード

<Ｂ群>

ア．画面の絵や文字に動きを与えること。
イ．スライドを表示する際やポイントとなる場面で短く音を鳴らすこと。
ウ．プレゼンテーションを企画する段階で行う、聞き手に関する事前調査のこと。
エ．話を分かりやすく説得力を持ったものにするためのロジカルシンキングにのっとった説明の進め方や枠組みのこと。
オ．プレゼンテーションでは、説明や提示などを受ける顧客、依頼人、得意先などのこと。
カ．聞き手の持つ見識や理解している用語の種類や程度のこと。
キ．話のアウトラインのこと。
ク．論文や講演などでの、導入部分のこと。聞き手・読み手の関心を高める。
ケ．プレゼンテーションの実施後に行う事後検討のこと。
コ．内容が目的に合致しているか、説明不足がないか、機器の準備など、点検項目を確認する表のこと。

模擬問題編

5

次の各文の〔　　〕の中から最も適切なものを選び、記号で答えなさい。

① 取引先から提示された内容について、了解したことを伝える文書のことを〔**ア**．承諾書　**イ**．契約書　**ウ**．通知状〕という。
② 一文は60～80字程度を限度に、なるべく短く文章を作成することを〔**ア**．簡潔主義　**イ**．一件一葉主義　**ウ**．短文主義〕という。
③ 委任状とは、〔**ア**．了解しておいて欲しい事柄を、伝えるための文書　**イ**．代理であることを証明するための文書　**ウ**．申し込みや応募をする文書〕である。
④ 〔**ア**．企画書　**イ**．稟議書　**ウ**．推薦状〕とは、会議を開くことなく、部課長などの決裁者が回覧・押印して許可を与える文書のことである。
⑤ 本文で感謝を表す表現として適切なのは、〔**ア**．これもひとえに皆様方の日ごろからのご支援の賜物と、深く感謝いたしております。**イ**．この機に、皆様のご期待に添えますよう一層努力してまいる所存です。〕である。
⑥ 前文または末文で、個人宛に使い、相手の健康を喜びまた祈念するのは、〔**ア**．ご健勝　**イ**．ご盛栄　**ウ**．お気遣い〕である。
⑦ フレームワーク（考え方の骨組み）で、Who（誰が）・Why（なぜ）・When（いつ）・Where（どこで）・What（何を）・Whom（誰に）・Which（どれから）・How（どのように）・HowMuch（どのくらい）のことを〔**ア**．５Ｗ１Ｈ　**イ**．７Ｗ１Ｈ　**ウ**．ＵＳＢ〕という。
⑧ 下のように文頭の１文字を大きくし、強調する文字装飾のことを〔**ア**．段組み　**イ**．箇条書き　**ウ**．ドロップキャップ〕という。

情報技術の発展は、私たちの生活に変化をもたらしている。特に携帯端末は電話やメール、インターネット利用などサービスも多く利用範囲が広がっている。

6

次の各文の下線部の読みを、ひらがなで答えなさい。

① 私の好きな作家は、とても**語彙**が豊富な人です。
② 彼は**律儀**に約束を守る人だ。
③ 赤ちゃんに使う道具を**煮沸**消毒する。
④ **憶測**でものをいうのはよくないことだ。
⑤ 緊急時に適切な**措置**をとる。

7

次の各文の〔　　〕の中から、四字熟語の一部として最も適切なものを選び、記号で答えなさい。

① 彼とは昔からの親友で〔ア．威信　イ．維新　ウ．以心〕伝心の仲だ。
② 電光〔ア．石化　イ．石火　ウ．雪花〕の早業で作業を終えた。
③ 我ながらよくできたと自画〔ア．自賛　イ．持参〕する。
④ 自らの〔ア．品行　イ．清廉　ウ．無実〕潔白を証明する。
⑤ これらの作品は一朝〔ア．一夕　イ．一夜〕にできたものではない。

8

次の＜Ａ＞・＜Ｂ＞の各問いに答えなさい。

＜Ａ＞次の各文の下線部の漢字が、正しい場合は○を、誤っている場合は〔　　〕の中から最も適切なものを選び、記号で答えなさい。

① 両親の**身上**を察する。　〔ア．信条　イ．心情　ウ．真情〕
② **治世**豊かな人になりたい。　〔ア．地勢　イ．知性〕
③ **硬球**な素材で料理をする。　〔ア．高級　イ．高給〕
④ 有名な神社の本殿を**廃刊**する。　〔ア．拝観　イ．配管〕
⑤ 今年の夏は**異常**に暑かった。　〔ア．委譲　イ．異状〕

＜Ｂ＞次の各文の下線部に漢字を用いたものとして、最も適切なものを〔　　〕の中から選び、記号で答えなさい。

⑥ 電車を使って実家へ**きせい**する。　〔ア．規制　イ．既成　ウ．帰省〕
⑦ ボランティアの人手で**ゆうし**を募る。　〔ア．有史　イ．有志〕
⑧ **びこう**欄に説明を書き加える。　〔ア．備考　イ．尾行〕
⑨ もう少しの**しんぼう**で終了する。　〔ア．信望　イ．辛抱　ウ．深謀〕
⑩ **かいこう**一番、今年の抱負を宣言した。　〔ア．開校　イ．開港　ウ．開口〕

解答用紙→別冊②P.31　解答→別冊①Ｐ.25

■ 模擬問題　速度２回 ■

１行の文字数を30字に設定し、網掛けした漢字は同じ読みで間違って使われているため、正しい漢字に訂正して入力しなさい。ただし、網掛けをする必要はない。フォントの種類は明朝体とし、プロポーショナルフォントは使用しないこと。なおヘッダーには学年、組、番号、氏名を入力し、１行目から作成しなさい。(制限時間　10分)

学生と主婦を除く１５～３４歳の若年層で、正式な社員にならず	30
にパートやアルバイトとして働いている人、あるいは働く気はある	60
が無職の人をフリーターという。先ごろ、総務省が発表した労働力	90
調査によると、長引く不況などにより、就職環境が厳しい中で、フ	120
リーターの人数は多く、現在全国で１３０万人を超えている。	149
このフリーター問題を重く見て、近年では、文部科学省、厚生労	179
働省、経済産業省および内閣府が若者自立・挑戦プランを発表し、	209
問題の解決に向け、積極的に取り組んでいくことを明らかにした。	239
その具体的な方策の一つとして、日本版デュアルシステムの導入が	269
ある。	273
デュアルシステムとは、職業学校における教育および職業訓練と	303
企業における実習および職業訓練を平行して行う制度である。この	333
制度を以前から取り入れているドイツの場合を見てみると、国によ	363
り認定された手工業・工業などの訓練職種において行われていて、	393
教育期間は通常１６～１９歳の２年半から３年半である。訓練生は	423
生徒であると同時に、訓練契約により企業に雇用されるため、訓練	453
生賃金が至急され、社会保障制度の対象にもなる。また、訓練が実	483
際の労働に則したものになっているため、訓練から労働への移行が	513
スムーズに行われるという利点がある。ほかのヨーロッパ諸国と比	543
較してドイツの若年失業率が低いのは、この制度が導入されている	573
影響が大きい。	581
日本版デュアルシステムは、学校卒業後の未就職者やフリーター	611
を含め広く若者を対象として、交響の職業訓練機関や民間の専門学	641
校などでの職業訓練およびそれと一体となった企業での実習を一定	671
期間行うことにより、一人前の職業人を育て、職場定着を図ること	701
を目的としている。	710

模擬問題編

解答→別冊① P.24

■ 模擬問題　実技２回 ■ （制限時間　20分）

【書式設定】余白は上下左右それぞれ25㎜。指示のない文字のフォントは、明朝体の全角で入力し、サイズは12ポイントに統一。プロポーショナルフォントは使用不可。
【注意事項】ヘッダーに左寄せで年組、番号、氏名を入力する。
【問　　題】次のⅠ～Ⅳに従い、右のような文書を作成しなさい。

Ⅰ　標題の挿入

出題内容に合った標題のオブジェクトを、用意されたフォルダなどから選び、指示された位置に挿入しセンタリングすること。

Ⅱ　表作成

下の資料Ａ・Ｂ並びに指示を参考に表を作成すること。

資料Ａ　主な展示品・設置年・収蔵品数　　単位：件

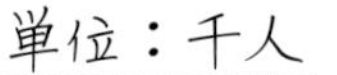

施　設　名	主　な　展　示　品	設置年	収蔵品数
京都国立博物館	京都文化を中心とした文化財	１８８９	6,708
東京国立近代美術館	近代美術と東京に関する作品	１９５２	15,976
国立国際美術館	国内外の現代美術に関する作品	１９７７	7,136
東京国立博物館	東洋諸地域における基調文化財	１８７２	114,362
京都国立近代美術館	近代美術と京都に関する作品	１９６３	12,220
奈良国立博物館	仏教美術を中心とした文化財	１８８９	1,834
国立西洋美術館	西洋美術などに関する作品	１９５９	5,643

資料Ｂ　入館者数　　単位：千人

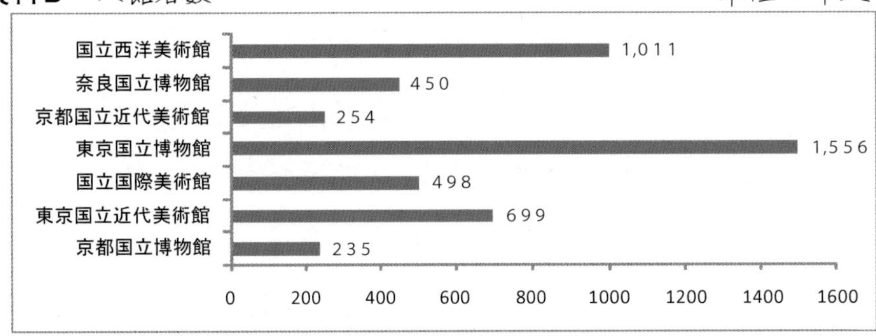

指示
1．「国立美術館」と「国立博物館」の二つに分けた表を作成すること。
2．表は、行頭・行末を越えずに作成し、行間は、２．０とすること。
3．罫線は右の表のように太実線と細実線とを区別すること。
4．表の枠内の文字は１行で入力し、上下のスペースが同じであること。
5．右の表のように項目名とデータが正しく並んでいること。
6．表内の「収蔵品数」と「入館者数」の数字は、明朝体の半角で入力し、３桁ごとにコンマを付けること。
7．ソート機能を使って、二つの表それぞれを「入館者数」の多い順に並べ替えること。

Ⅲ　テキスト・オブジェクトの挿入

1．挿入する文章は、用意されたフォルダなどにあるテキストファイルから取得し、校正および編集すること。
2．出題内容に合ったグラフのオブジェクトを、用意されたフォルダなどから選び、指示された位置に挿入すること。

Ⅳ　その他

1．問題文にある校正記号に従うこと。
2．①～⑪の処理を行うこと。
3．右の問題文にない空白行を入れないこと。
4．右の問題文の［ａ］に当てはまる語句を以下から選択し入力すること。

東洋　　内外　　西洋

オブジェクト（標題）の挿入・センタリング

国立博物館や国立美術館は、文化有形財や美術に関する作品などを収集・保管し、私たちが鑑賞できるようにしています。機会があれば、ぜひ行ってみたいものです。

A．国立美術館

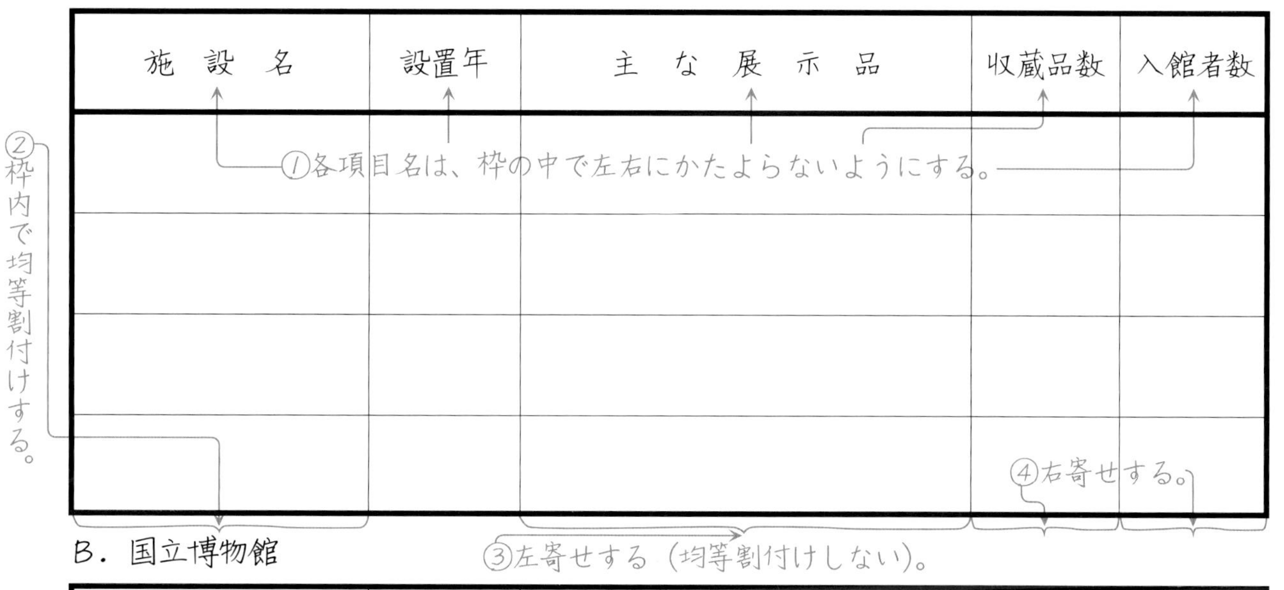

施　設　名	設置年	主　な　展　示　品	収蔵品数	入館者数

B．国立博物館

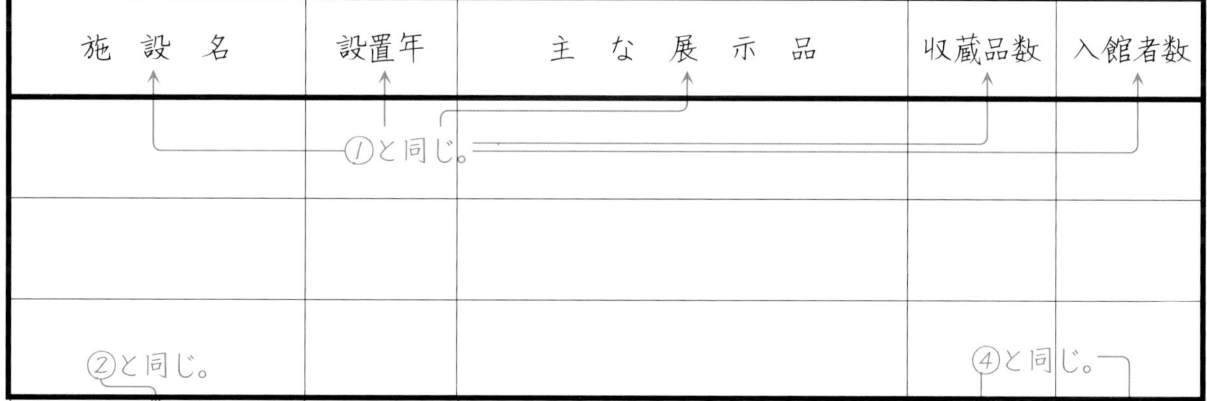

施　設　名	設置年	主　な　展　示　品	収蔵品数	入館者数

単位：収蔵品数は件、入館者数は千人 ←⑤右寄せする。

東京国立博物館は、我が国の総合的な博物館として、日本を中心に広く a の諸地域にわたる文化財の収集や保管をしている。一般に観覧するとともに、これに関連する調査研究及び教育普及事業等を行っている。そのことにより、貴重な国民的財産である文化財の保存及び活用を図ることを目的としている。

ストの種類は明朝体、サイズは12ポイントとし、「東」を2行の範囲で本文内にドロップキャップする。

スタイルの範囲

⑦枠を挿入し、枠線は細実線とする。

⑧枠内のフォントの種類はゴシック体、サイズは12ポイントとし、縦

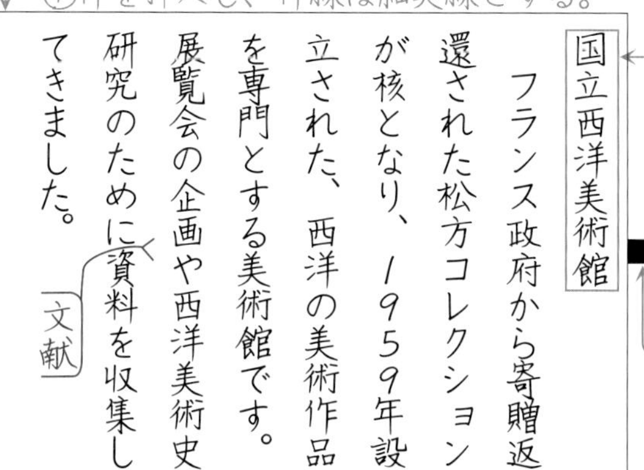

国立西洋美術館

フランス政府から寄贈返還された松方コレクションが核となり、１９５９年設立された、西洋の美術作品を専門とする美術館です。展覧会の企画や西洋美術史研究のために文献資料を収集してきました。

⑨フォントサイズは２０ポイントで、文字を線で囲み、1行で入力する。

オブジェクト（グラフ）の挿入位置

⑩グラフ内の「国立西洋美術館」の文字を指すように、枠線から図形描画機能で矢印を挿入する。

資料作成者　畫田（かくた）　咲代 ←⑪明朝体のひらがなでルビをふり、右寄せする。

解答→別冊① P.24

模擬問題編

■ 模擬問題　筆記２回 ■ （制限時間　15分）　1～8計50問各２点　合計100点

1

次の各用語に対して、最も適切な説明文を解答群の中から選び、記号で答えなさい。

① 標準辞書　② Unicode　③ Reply
④ プロパティ　⑤ マルチウィンドウ

【解答群】

ア．アイコンやプログラムなど、オブジェクトの属性または属性の一覧表示のこと。
イ．画面上に複数の作業領域を表示し、同時に作業が進められる機能のこと。
ウ．漢字やひらがな・カタカナなどの全角の日本語用の文字のデザインのこと。
エ．世界中の文字を一元化して扱うことを目的に、それぞれの文字に一つの番号を割り当てた表のこと。
オ．ある話題や内容について、行を改めて書かれた文章のひとまとまりのこと。
カ．ＩＭＥがデフォルトで使用するかな漢字変換用の辞書のこと。
キ．電子メールにおいて、返信を意味する語句のこと。
ク．複数の文字を１文字分の枠の中に配置し、１文字として取り扱う機能のこと。

2

次の各文の下線部について、正しい場合は○を、誤っている場合は最も適切な用語を解答群の中から選び、記号で答えなさい。

① **バックグラウンド印刷**とは、他のデータを、ひな形となる文書の指定した位置へ入力して、複数の文書を自動的に作成・印刷する機能のことである。
② 当面使う予定のない文書を、必要に応じて取り出せるように整理し、書庫などで管理することを**文書の保管**という。
③ 削除したメールを保存しておく記憶領域のことを**メーラ**という。
④ **ユーザの設定**とは、インストール直後の各種プロパティの初期設定のことである。
⑤ 本文とは別の文字列を、ページの下部に印刷する機能のことを**フッター**という。

【解答群】

ア．部単位印刷　**イ**．文頭（文末）表示　**ウ**．デフォルトの設定
エ．ゴミ箱　**オ**．差し込み印刷　**カ**．メールボックス
キ．ヘッダー　**ク**．文書の保存

3

次の各問いの答えとして、最も適切なものをそれぞれのア～ウの中から選び、記号で答えなさい。

① ５月の異名はどれか。
　ア．睦月　**イ**．弥生　**ウ**．皐月
② ９月の時候の挨拶はどれか。
　ア．ヒグラシの声に季節の移ろいを覚えるころとなりましたが、
　イ．朝夕めっきり涼しさを覚える季節となりましたが、
　ウ．日増しに秋も深まり、
③ 11月の時候の挨拶はどれか。
　ア．向寒の候、　**イ**．清秋の候、　**ウ**．霜寒の候、
④ 「上書き保存」の操作を実行するショートカットキーはどれか。
　ア．Ctrl＋A　**イ**．Ctrl＋S　**ウ**．Ctrl＋N
⑤ ショートカットキーCtrl＋Shiftにより実行される内容はどれか。
　ア．ファイルを開く　**イ**．終了　**ウ**．日本語入力システムの切り替え

4

次の＜Ａ群＞の各説明文に対して、最も適切な用語を＜Ｂ群＞の中から選び、記号で答えなさい。

＜Ａ群＞

① 聞き手に視線を送ること。話を聞いて理解してもらえるように促す。
② 発表時の注意事項や台本をメモする領域のこと。スライドショーを実行する際、スクリーンには表示されない。
③ プレゼンテーションの効果を高めるための、プレゼンターの話し方やアピール方法のこと。
④ プレゼンテーションを最初から最後まで通して行う事前練習のこと。
⑤ ディジタル信号の映像・音声・制御信号を１本のケーブルにまとめて送信する規格のこと。
⑥ 契約の決裁権・決定権を持つ人物や、内容を理解し同意してもらう聞き手のこと。
⑦ スライドの地に配置する模様や風景などの静止画像データのこと。

＜Ｂ群＞

ア．ＨＤＭＩ
イ．キーパーソン
ウ．フレームワーク
エ．背景デザイン
オ．ＶＧＡ
カ．デリバリー技術
キ．ノートペイン
ク．クライアント
ケ．アイコンタクト
コ．リハーサル

5

次の各文の〔　　〕の中から最も適切なものを選び、記号で答えなさい。

① 送信者に加え、知ることができるすべてのアドレスに一斉送信されるのは、
〔**ア**．全員返信（Reply-All）　**イ**．返信　**ウ**．転送〕のボタンである。
② 業務に関わる作業を開始していいかを、上司に対して許可を求める文書のことを
〔**ア**．起案書　**イ**．企画書　**ウ**．提案書〕という。
③ 申請書とは、〔**ア**．ある事実を公表し広く一般に知らせる文書
イ．申し込みや応募をするための文書　**ウ**．代理であることを証明するための文書〕のことである。
④ 〔**ア**．簡潔主義　**イ**．一件一葉主義　**ウ**．短文主義〕とは、箇条書きなどを利用して、理解しやすい文章を作成することである。
⑤ 有価証券の募集または売り出しのためにその相手方に対して提供する文書のことを
〔**ア**．通知状　**イ**．目論見書　**ウ**．仕様書〕という。
⑥ 〔**ア**．幸甚　**イ**．僭越　**ウ**．哀悼〕とは、人の死を悲しみいたむことである。
⑦ 末文挨拶で取引のお願いとして適切なのは、
〔**ア**．今後とも、倍旧のお引き立てのほどお願い申し上げます。
イ．今後とも、何とぞご用命を賜りますようお願い申し上げます。〕である。
⑧ 下のような文章の文字修飾で用いられていないのは、〔**ア**．段組み　**イ**．組み文字
ウ．ドロップキャップ〕である。

イ	ンターネットを利用した通信販売の取扱	量が、年々増加している。従来の衣類や食品、日用品	だけでなく、電子書籍のサービスも始まった。

6

次の各文の下線部の読みを、ひらがなで答えなさい。

① 監督にとって、初めて**采配**を振る試合だ。
② 雨漏りしている母屋の屋根を**普請**する。
③ 両者の戦力は**拮抗**しており、接戦となった。
④ 不利となる証拠書類を**隠蔽**する。
⑤ あの話は、**荒唐**無稽だと判断した。

7

次の各文の〔　　〕の中から、四字熟語の一部として最も適切なものを選び、記号で答えなさい。

① 〔ア．一日　イ．一心　ウ．一念〕発起して試験勉強を始めた。
② 彼は、ボランティア先で縦横〔ア．無人　イ．無尽　ウ．無塵〕に活動した。
③ 父の座右の銘は、不言〔ア．実効　イ．実行〕だ。
④ あきらめる前に起死〔ア．回生　イ．一週　ウ．打尽〕の策を講じた。
⑤ 開業に向けて資金集めに東奔〔ア．南走　イ．西走　ウ．北走〕した。

8

次の＜Ａ＞・＜Ｂ＞の各問いに答えなさい。

＜Ａ＞次の各文の下線部の漢字が、正しい場合は○を、誤っている場合は〔　　〕の中から最も適切なものを選び、記号で答えなさい。

① 可燃物があるのでここは**夏季**厳禁です。　〔ア．火気　イ．下記〕
② **磁性**植物の保護を進める。　〔ア．自制　イ．自生〕
③ **急行**している田畑の活用策を考える。　〔ア．休校　イ．旧交　ウ．休耕〕
④ ここは**申請**な場所と崇められています。　〔ア．新制　イ．新生　ウ．神聖〕
⑤ **無塩**バターで調理する。　〔ア．無縁　イ．無煙〕

＜Ｂ＞次の各文の下線部に漢字を用いたものとして、最も適切なものを〔　　〕の中から選び、記号で答えなさい。

⑥ 市議会を**ぼうちょう**しに出掛けた。　〔ア．傍聴　イ．防潮　ウ．膨張〕
⑦ 新たに電気の**はいせん**工事を依頼した。　〔ア．敗戦　イ．配線〕
⑧ **たいせい**のあるウイルスが発見された。　〔ア．体制　イ．耐性　ウ．体勢〕
⑨ 流暢な英語にすごいと**かんしん**する。　〔ア．関心　イ．歓心　ウ．感心〕
⑩ 彼の**じょうき**を逸した行動に注意をした。　〔ア．常軌　イ．蒸気〕

解答用紙→別冊②P.31　解答→別冊①P.25

ビジネス文書部門（筆記）出題範囲　※　下位級のものは上位級で出題されることもある。

1．筆記１（機械・文書）

⑴機械・機械操作

	第３級	第２級	第１級
一般	ワープロ（ワードプロセッサ） 書式設定 余白（マージン） 全角文字、半角文字、横倍角文字 アイコン フォントサイズ フォント プロポーショナルフォント 等幅フォント 言語バー ヘルプ機能 テンプレート	ルビ 文字ピッチ 行ピッチ 和欧文字間隔 文字間隔 行間隔 マルチシート ワークシートタブ	ＤＴＰ プロパティ デフォルトの設定 ユーザの設定 ＶＤＴ障害 ＵＳＢポート ＵＳＢハブ
入力	ＩＭＥ クリック、ダブルクリック、ドラッグ タッチタイピング 学習機能 グリッド（グリッド線） デスクトップ ウィンドウ マウスポインタ（マウスカーソル） カーソル プルダウンメニュー ポップアップメニュー	コード入力 手書き入力 タブ インデント ツールボタン ツールバー テキストボックス 単語登録 定型句登録 オブジェクト 予測入力	
キー操作	ショートカットキー ファンクションキー テンキー Ｆ1、Ｆ6、Ｆ7、Ｆ8、Ｆ9、Ｆ10 NumLock Shift＋CapsLock BackSpace、Delete、Insert Tab Shift＋Tab Esc、Alt、Ctrl、PrtSc	Ctrl＋C Ctrl＋P Ctrl＋V Ctrl＋X Ctrl＋Z Ctrl＋Y	Ctrl＋A Ctrl＋B Ctrl＋I Ctrl＋N Ctrl＋O Ctrl＋S Ctrl＋U Ctrl＋Shift Alt＋F4 Alt＋X
出力	インクジェットプリンタ レーザプリンタ ディスプレイ、スクロール プリンタ、プリンタドライバ プロジェクタ、スクリーン 用紙サイズ、印刷プレビュー Ａサイズ（Ａ３・Ａ４） Ｂサイズ（Ｂ４・Ｂ５） インクジェット用紙、フォト用紙 デバイスドライバ	dpi、ドット、画面サイズ、解像度 ルーラー 用紙カセット 手差しトレイ トナー インクカートリッジ 袋とじ印刷 レターサイズ 再生紙、ＰＰＣ用紙、感熱紙	マルチウィンドウ 文頭（文末）表示 ヘッダー、フッター 差し込み印刷 バックグラウンド印刷 部単位印刷 ローカルプリンタ ネットワークプリンタ 裏紙（反故紙） 偽造防止用紙 和文フォント、欧文フォント
編集	右寄せ（右揃え） センタリング（中央揃え） 左寄せ（左揃え） 禁則処理、均等割付け、文字修飾 カット＆ペースト コピー＆ペースト	網掛け 段組み 背景 塗りつぶし 透かし	置換 段落 ドロップキャップ
記憶	保存 名前を付けて保存 上書き保存 フォルダ フォーマット（初期化） 単漢字変換、文節変換 辞書、ごみ箱、互換性 ファイル、ドライブ ファイルサーバ ハードディスク ＵＳＢメモリ	ＪＩＳ第１水準、ＪＩＳ第２水準 常用漢字、合字、機種依存文字 異体字、文字化け バックアップ ファイリング 拡張子 文書ファイル 静止画像ファイル	組み文字 外字 文書の保管 文書の保存 文書の履歴管理 専門辞書 標準辞書 Unicode ＪＩＳコード シフトＪＩＳコード
電子メール		メールアドレス メールアカウント アドレスブック To、Cc、Bcc、From 添付ファイル 件名、メール本文、署名 ネチケット	ＨＴＭＬメール リッチテキストメール テキストメール 受信箱、送信箱、ゴミ箱 メールボックス メーラ メーリングリスト Fw、PS、Re、Reply

⑵文書の種類

			第３級	第２級	第１級
通信文書（一般文書）	社内文書		ビジネス文書、信書、通信文書 帳票、社内文書	通達、通知、連絡文書、回覧 規定・規程	報告書、稟議書、起案書
	社内文書／社外文書				企画書、提案書
	社外文書	社交文書	社外文書、社交文書	挨拶状、招待状、祝賀状 紹介状、礼状	推薦状、弔慰状、見舞状
		取引文書	取引文書	添え状、案内状、依頼状	照会状、契約書、承諾書 苦情状、通知状、督促状 詫び状、回答状、目論見書
		その他			公告
帳票	社内文書			願い、届	帳簿
	社外文書／取引文書			取引伝票、見積依頼書、見積書 注文書、注文請書、納品書 物品受領書、請求書、領収証 委嘱状、誓約書、仕様書、確認書	委任状、申請書
	印鑑の種類			電子印鑑、代表者印、銀行印 役職印、認印、実印、押印 捨印、タイムスタンプ	

⑶文書の作成と用途

	第３級	第２級	第１級
文書の構成・作成	社外文書の構成 前付け、本文、後付け ビジネス文書の構成の例 ビジネス文書で扱う語彙の意味と使い分け	電子メール［発信］の構成と注意	５Ｗ１Ｈ、７Ｗ２Ｈ 文書主義、短文主義 簡潔主義、一件一葉主義 箇条書き、忌み言葉 重ね言葉、禁句 電子メール［受信］の構成と注意 ビジネス文書で扱う語彙の意味と使い分け
校正記号	行を起こす、行を続ける、誤字訂正、余分字を削除し詰める 余分字を削除し空けておく、脱字補充、空け、詰め、入れ替え 移動、大文字に直す、書体変更、ポイント変更 下付き（上付き）文字に直す 上付き（下付き）文字を下付き（上付き）文字にする		
記号・罫線・マーク	記号の読みと使用例 マーク・ランプの呼称と意味	記号・マークの読みと使い方	
文書の受発信	受信簿、発信簿、書留 簡易書留、速達、親展		

⑷プレゼンテーション

	第２級	第１級		
プレゼンテーション	プレゼンテーション プレゼンテーションソフト タイトル サブタイトル スライド スライドショー レイアウト 配付資料 ツール ポインタ レーザポインタ スクリーン（３級用語参照） プロジェクタ（３級用語参照）	クライアント キーパーソン プレゼンター 知識レベル ストーリー フレームワーク 起承転結 三段論法 結論先出し法 リード アニメーション効果 サウンド効果 プレゼンテーションの流れ	発表準備 プランニングシート チェックシート 聴衆分析（リサーチ） プレビュー リハーサル 評価（レビュー） フィードバック スライドマスタ プレースホルダ 背景デザイン アウトラインペイン スライドペイン	ノートペイン デリバリー技術 発問 アイコンタクト ボディランゲージ ハンドアクション ＨＤＭＩ ＶＧＡ ＵＳＢ ５Ｗ１Ｈ（１級文書参照） ７Ｗ２Ｈ（１級文書参照）

⑸電子メール

	第３級	第２級	第１級
電子メール		⑴機械・機械操作に統合して解説	

２．筆記２（ことばの知識）

	第３級	第２級	第１級
漢字・熟語	常用漢字の読み 現代仮名遣い 熟字訓とあて字の読み 慣用句・ことわざ	頻出語 三字熟語 同訓異字 慣用句・ことわざ	難読語 四字熟語 同音異義語